★畜禽健康养殖丛书★

蛋鸡健康高产养殖手册

主编　康相涛　田亚东

河南科学技术出版社

·郑州·

图书在版编目（CIP）数据

蛋鸡健康高产养殖手册/康相涛，田亚东主编．—郑州：河南科学技术出版社，2011.1

（畜禽健康养殖丛书）

ISBN 978－7－5349－4592－2

Ⅰ.①蛋…　Ⅱ.①康…②田…　Ⅲ.①卵用鸡－饲养管理－手册　Ⅳ.①S831.4－62

中国版本图书馆 CIP 数据核字（2010）第 139400 号

出版发行：河南科学技术出版社

地址：郑州市经五路 66 号　邮编：450002

电话：（0371）65737028　65788613

网址：www.hnstp.cn

策划编辑：陈淑芹

责任编辑：张　鹏

责任校对：耿宝文

封面设计：张　伟

版式设计：栾亚平

责任印制：张　巍

印　刷：郑州文华印务有限公司

经　销：全国新华书店

幅面尺寸：140 mm×202 mm　印张：11.125　字数：300 千字

版　次：2011 年 1 月第 1 版　2011 年 1 月第 1 次印刷

定　价：18.00 元

如发现印、装质量问题，影响阅读，请与出版社联系。

本书编写人员名单

主　编　康相涛　田亚东

编　者（以姓氏笔画为序）

田亚东　孙桂荣　李国喜

康相涛　韩瑞丽

前 言

我国是一个蛋鸡生产大国，但不是一个生产强国，农村小群体大规模的生产模式在我国蛋鸡行业中仍占主体地位。在以农户简易饲养为主的生产方式下，蛋鸡生产仍然存在环境设施条件差、技术水平普遍不高、生物安全措施不完善、重大疫情控制能力不足、产品质量无法保证等问题。而随着我国经济的飞速发展，人们生活水平的不断提高，禽产品的消费已从温饱型向安全、优质、健康型方向转变。在这种大背景下，广大蛋鸡生产者摒弃粗放管理的习俗，树立健康养殖的理念非常重要。

本书分绪论（康相涛编）、蛋鸡健康养殖的环境条件（田亚东编）、蛋鸡健康养殖的品种选择和繁育技术（康相涛编）、蛋鸡健康养殖饲料生产技术（田亚东编）、蛋鸡健康养殖技术（孙桂荣编）、蛋鸡场的经营管理与产品质量控制（韩瑞丽、李国喜编）、蛋鸡生物安全与疫病防治技术（韩瑞丽、李国喜编）七章，内容涵盖当前蛋鸡健康养殖过程中必须具备的条件和应掌握的技术等。其内容丰富，取材广泛，既有理论知识的阐述，又有实际应用方法的介绍，结合我国农村的实际情况，运用了一些国内外养鸡的先进成果，总结了我们在教学、生产、技术服务和推广工作中的经验。本书适于我国家禽生产者、有关科研人员、家禽场技术工人、养禽专业户、基层科技人员阅读参考。

由于编写水平所限，书中不妥及错误之处，敬请广大读者批评指正。

编　者

2010 年 9 月

目 录

第一章
绪　论

改革开放以来，我国蛋鸡生产取得了长足的发展，实现了由松散式的家庭副业向规模数量型的全面转化，蛋鸡存栏、出栏总量和鲜蛋产量已连续 25 年居世界首位，成为世界蛋鸡生产大国之一。据统计，2007 年，良种蛋鸡祖代存栏量为 38 万套，父母代存栏量为 2 400 万套，商品代蛋鸡年饲养量 15 亿只左右，鸡蛋产量 2 150 万吨，占世界鸡蛋总量的 40%。人均鸡蛋消费量为 16.5 千克，达到发达国家水平。随着蛋鸡业的技术发展水平和集约化程度不断提高，市场竞争日趋激烈，药物残留、重金属超标、环境污染、疫病盛行已影响到人类的食品安全和人身安全。因而，动物的健康养殖问题已经成为人们普遍关注的焦点。中共中央、国务院 2007 年 01 号文件《关于积极发展现代农业、扎实推进社会主义新农村建设的若干意见》，明确提出要发展健康养殖业。

第一节　健康养殖的概念与内涵

一、健康养殖的概念

健康养殖的概念最早出现于 20 世纪 90 年代中后期我国的海

水养殖，当时我国对虾养殖正遭受白斑综合征（WSS）病毒病的严重侵袭。徐启家等（2000）针对海水养殖中使用频繁的“健康养殖”一词，将其定义为：对于可进行养殖的生物种，在较长的养殖时间内，不患病害的产业化。他认为健康养殖的种类不应仅限于某一种，而应包括可进行产业化养殖的所有水产动物；生产过程的病害也不能仅仅局限于某一种病害如某种病毒病，而应该包括影响产业化生产的多种病害；对于是否发生病害的养殖生产时间，不应只看一两年或三五年，而应该有一段较长的时间范畴。健康养殖的概念应该具有整体性（指整个海淡水养殖业）、宏观性和生态性的内涵。石文雷（2000）认为：“健康养殖”是指根据养殖对象的生物学特性，运用生态学、营养学原理来指导养殖生产，也就是说要为养殖对象营造一个良好的、有利于快速生长的生态环境，提供充足的全价饲料，使其在生长发育期间最大限度地减少疾病的发生，使生产的食用产品无污染、个体健康、肉质鲜嫩、营养丰富与天然鲜品相当。张国红是最早将“健康养殖”引入畜牧养殖业并完善和拓展这一概念的学者。他在大连（2001）召开的“畜产品安全高层研讨会”上提出：“健康养殖”就是指以保护动物健康、保护人类健康、生产安全营养的畜产品为目的，最终以无公害畜牧业的生产为结果；无公害畜产品是指产地环境、生产过程和产品质量符合国家有关标准和规范的要求，经认证合格获得认证证书，并允许使用无公害农产品标志的未经加工或者初加工的畜产品。杨宁（2004）认为，现代健康养殖就是为畜禽营造优良的生活、生产环境，应用先进的现代工艺设备，提供优质的营养饲料，建立科学的现代管理体系，进行集约化生产，保证生产过程最优化和安全化，从根本上保障畜禽健康，充分发挥资源优势和畜禽生产性能，生产优质、无残留、无污染的无公害健康畜禽产品的现代养殖方式。一方面它是要为鸡创造良好的生产、生活环境；另一方面是需要先进的工艺设备，提供优质的饲料、科学的管理体系，进行集约化生产，主要是保证生产过程的集约化和安全化。健康有两层含义：一是要保证畜禽的健康，只有让鸡很健康，才能发挥它的资源优势和生产潜力；二是要有利于人的健康，作为食品它必须是优质、无残留、无污染、无公害的食品。健康养殖，包括小环境（如通风、温度、光照的控制）和大环境（周边的隔离）的控制技术，鸡场的综合防疫技术、鸡蛋的质量控制技术和饲料正确选择等问题。刘学馨等（2007）认为，畜禽健康养殖就是立足于传统畜牧业，着眼于当前畜牧兽医先进科技，解决畜牧业生态环保、无公害、规模化、标准化、安全优质等问题，实现基础设施完善、管理科学、资源节约、环境友好，追求产量、质量、效益和环境的统一，既要注重"安全和优质"双重质量保证，又实现"环境与经济"双重效益。

综上所述，"健康养殖"是一个动态的概念，其内涵与外延随社会的发展、科技的进步、人类对健康需求的不断变化而变化。尽管目前概念上还没有得到明确和统一，但人们对健康养殖业本身的认识正逐渐清晰。健康养殖业是以安全、优质、高效、无污染为主要目标的可持续发展的养殖业，是在以追求数量增长为主的传统养殖业的基础上实现数量、质量和生态效益并重发展的现代养殖业。

二、健康养殖的内涵

从以上的健康养殖概念分析，健康养殖的内涵至少包括生态平衡、资源优化、动物健康、产品安全四个层面，具体应满足下列要求：

第一，合理利用资源（包括水、土地、种、饲料等）。

第二，人为控制养殖生态环境条件，养殖环境能尽量满足养殖对象的生长、发育、繁殖和生产。

第三，各种养殖模式和防疫手段能使养殖对象保持正常的活动和生理机能，并尽可能通过养殖对象的自身免疫系统，抵御病原入侵以及环境的突然变化。

第四，投喂适当且能完全满足其营养需求的饲料。

第五，有效防止疾病的大规模发生，最大可能地减少疾病危害。

第六，养殖产品无污染、无药物残留、安全、优质。

第七，养殖环境无污染，养殖废弃物未经无害化处理不得排放。

因此，健康养殖是一个系统工程，有其空间性、时间性、指向性、可操作性四个基本特性。空间性是指特定的养殖系统及其所处的微生物环境和区域生态环境；时间性是指该系统随着人的生产行为的开始而存在、生产行为的结束而消失；指向性是指"健康"相对于养殖系统的生态安全性、养殖对象的健康生长和人对养殖产品的健康需求而言；可操作性是指生产模式可以通过物化技术（如机械设备、优良种质、配合饲料、药物及添加剂等）、生产技能与经验（如疫病防治技术等）以及软技术（组织管理方式、方法、措施等）得以实现。由此可见，蛋鸡健康养殖技术是多项技术的基础，涉及品种繁育、鸡场选址、鸡舍设计、环境控制、营养配方、免疫防疫、科学饲养、产品加工和鸡粪处理等。

第二节　影响蛋鸡健康高产养殖的因素

影响蛋鸡健康高产的因素很多，归结起来主要有遗传、环境、饲养管理、疫病等四大类。

一、遗传因素对蛋鸡健康高产养殖的影响

在影响农业高效、优质生产的众多因素中，品种的科技贡献起了重要的作用。根据世界粮农组织和发达国家对畜牧生产各项科学技术评估，遗传育种所起的作用最大，为40%。优良的品种不仅具有较高的生产潜力，还具有较强的适应性和抗病能力。因此，应选择适合当地生长条件、具有较好的生长性能、较高的经济效益和抗病力的优良品种。引进品种时，应符合“健康、无疾病、不带病原体”的检疫要求。另外，繁育体系不健全，种鸡场建设不规范，孵化设施和孵化条件简陋也会导致品种质量下降，抗病力差，生产性能参差不齐，产品达不到规范化生产要求。

二、环境条件对蛋鸡健康高产养殖的影响

蛋鸡的饲养环境是指鸡体周围的空间以及直接或间接影响鸡只的生长、发育、繁殖、产蛋、健康的外界条件，有外部大环境和舍内小环境之分。饲养环境控制的好坏直接关系到蛋鸡养殖的经济效益。

外部大环境主要指鸡场的选址以及场内建筑规划与布局，它直接关系到鸡场的生产水平、经济效益、社会效益和环境效益等，影响着鸡群的健康状况。要选择生态环境优良的地方建养殖场，避免工农业“三废”的污染。同时，大气、水、土壤必须经专门机构监测达到规定的标准。依据中华人民共和国农业部2001年发布的行业标准（蛋鸡），无公害使用标准包括：GB 7959—2001《粪便无害化卫生标准》，GB 15618—2001《土壤环境质量标准》，GB 18596—2001《畜禽养殖业污染物排放标准》，NY 5027—2001《无公害食品、畜禽饮用水水质标准》。鸡场内各建筑物的位置应根据生产环节、建筑物之间的功能关系、兽医卫

生防疫要求等方面进行合理布局，避免交叉污染。

舍内小环境主要包括温度、湿度、通风、光照、空气质量、噪声等。温度对蛋鸡的生长、产蛋、蛋重、蛋壳质量、受精率与饲料转化率均有显著影响；湿度通常与温度共同对蛋鸡机体产生影响，适温时湿度对机体无明显影响，高温或低温时，相对湿度才发挥作用；通风影响蛋鸡的散热和舍内空气质量，通风不良，对羽毛生长和健康不利；光照一方面影响营养素的摄入，保证蛋鸡正常的生长发育，另一方面作为信号刺激能促进排卵，增加产蛋量；空气质量受舍内氨、硫化氢、二氧化碳等有毒有害气体及尘埃的浓度的影响，其好坏不仅关系到蛋鸡对新城疫、支原体等呼吸道疾病的易感性，而且影响生产性能；噪声能引起家禽恐慌，使鸡生长发育缓慢，产蛋量下降，蛋品质降低。

三、饲养管理对蛋鸡健康高产养殖的影响

鸡舍卫生条件差、饲养管理不当，会使蛋鸡发生疫病、生产性能下降；死亡淘汰率（以下简称死淘率）增大；劣质水中不仅含大量的细菌和毒素，影响鸡体内正常的生理过程，引起鸡生产性能下降甚至发病，而且还会因含大量矿物质会阻塞饮水器而断水，影响生产性能，有时会使饮水器溢水造成舍内地面潮湿，易引起蛋鸡腿部疾病和胸部囊肿；饲料是蛋鸡健康高产的物质基础，营养不平衡、发霉、变质、污染严重的饲料易引起家禽生长发育不良、生产性能降低，甚至中毒、生病、死亡；运动缺乏，易使笼养蛋鸡骨骼发育低下，骨骼的功能不健全，抗逆能力差，易患笼养疲劳症；蛋鸡受到惊吓，易使蛋鸡生长发育减缓或停滞，生产性能、饲料转化率、抵抗力均下降，严重时引起死亡。

四、疫病对蛋鸡健康高产养殖的影响

随着我国养鸡业的迅速发展，规模化、集约化程度不断提

高，鸡病的发生、发展也呈现新的流行特点：疫病传播速度加快，新的疫病不断增多，疫病非典型化，变异株和超强毒株不断出现，混合感染病例增多，一些细菌性疾病的发生率高、治愈率低、危害增大，病原耐药性增加。蛋鸡一旦感染，轻者消瘦、抵抗力下降、生产性能降低，重者大批死亡。

第三节 国内外蛋鸡健康养殖发展的现状及相关标准体系建设

一、国内外蛋鸡健康养殖发展的现状比较

发达国家现代蛋鸡饲养的发展起步早，发展迅速，工厂化、集约化的蛋鸡养殖业于20世纪五六十年代就已开始，随着科技的进步，生产水平和自动化程度不断提高。20世纪80年代后，发达国家已经建立了先进的集约化产销体系，在保证卫生质量安全的前提下，实现了生产的规模化、产品的标准化、包装的统一化和物流配送的现代化，蛋鸡业健康养殖标准化的程度相对较高。我国尽管是全球最大的鸡蛋生产和消费大国，但不是蛋鸡产业强国，与欧美等发达国家相比，蛋鸡产业链暴露出许多亟待解决的问题，重点体现在以下几方面。

（一）集约化、规模化程度低

从欧美一些蛋鸡饲养先进的国家来看，饲养场数量逐渐减少，而蛋鸡饲养规模在不断扩大。以美国为例，1975年美国蛋鸡规模企业（至少有7.5万只蛋鸡）有10 000家，2009年仅余255家。在255家规模企业中，196家企业饲养量小于100万只，43家企业介于100万～500万只，10家企业介于500万～1 000万只，4家介于1 000万～1 500万只，有2家超过2 000万只。前10名的规模企业饲养量占全国总量的44%，前60名的规模企

业饲养量占全国总量的 86%。就连过去靠中小养鸡场作为支撑体系的日本，饲养规模也在逐年扩大，全国养殖场的数量已从 1975 年的 50.73 万户减少到 2006 年的 3 600 户。而我国蛋鸡产业小规模大群体的产业模式仍占主导地位。2006 年统计，我国共有蛋鸡场 779 436 家，超过 80% 的鸡蛋来自不足 1 万只的小规模鸡场和农户散养。除农村自食外，上市成交量为 500 多亿元，商品率为 41%。这表明我国蛋鸡业商品化和产业化仍处在较低水平。

（二）生产技术水平和机械化程度低

发达国家的养鸡业十几年来蛋鸡数量并没有大量增加，但依靠科学的饲养方法，蛋鸡的单产水平不断上升。单鸡年产蛋量为 19 千克，料蛋比 2.25∶1，死淘率仅为 6%。喂料、饮水、集蛋、清粪及环控等日常工作程序均实现了机械化、自动化操作，人均饲养量已超过 3.5 万只。而目前我国单鸡年产蛋量为 15 千克，料蛋比为 2.70∶1，死淘率 20%。

（三）专业化生产布局和产业链条不完整

目前国际上从品种的培育到商品蛋的生产，均已形成了专业化的布局。尤其是近年来国际上的一些大型育种公司相继兼并，资源优化，品种覆盖面广，企业垂直整合度高，形成了从种鸡、孵化、商品代到产品销售的完整产业链。而我国蛋鸡产业的饲养模式分为龙头企业的规模化养殖、公司 + 农户、农民蛋鸡养殖专业户、传统的农户散养等，蛋鸡良种自主率低，生物安全隐患大，产业链条不完整，市场风险抵抗力差。

（四）鸡蛋产品结构和质量落后

在发达国家，家禽养殖企业都是集约化经营，实施严格的生物安全措施，有效地控制了疫病的发生，鸡蛋质量安全稳定，产品结构丰富。鸡蛋产品不仅采用消毒杀菌后严格分级包装，而且生产无脂肪蛋、低胆固醇蛋和营养均衡蛋以及液态蛋等高附加值的鸡蛋产品。如欧洲、美国和日本 60% ~100% 的鸡蛋都进行了分级和包装，30%的鸡蛋进行了深加工。而我国的禽蛋业大多是小规模大群体的农户散养，给禽病控制带来很大障碍，疫病和药残导致我国鸡蛋的安全性不高。另外，我国的蛋品业整体加工技术水平不高，有腌蛋、松花蛋、漕蛋、茶蛋等再制蛋技术，但精深加工水平低，产品结构落后，绝大部分是鲜蛋类初级产品，只有0.25%的鸡蛋进行了分级和深加工，产品附加值低，保鲜、储藏期短，竞争力弱，效益低。

（五）健康养殖标准化生产管理体制

发达国家对安全食品的标准不但种类繁多，要求具体，对食用产品的生产、加工、销售、包装、运输、储存、标签、品质、等级、食品添加剂和污染物、兽药和杀虫剂残留物允许最大含量也都作了详细要求，而且标准与规范注重与国际先进技术标准接轨。我国近年来尽管也注重了蛋鸡的无公害生产，但管理还很不完善，标准执行的强制性还没有真正体现，健康养殖标准化生产管理技术相对落后，不仅方便快速检测技术跟不上，而且无公害食品安全风险评估能力也相对较差。

二、国内外畜禽健康养殖标准化发展历程

健康养殖以保护动物健康、保护人类健康、生产安全营养的畜产品为目的，最终以无公害畜牧业的生产为结果。健康养殖关键技术的研究和标准制定已成为当前世界各国实施养殖业绿色技术壁垒的最直接和有效的手段。

（一）国外畜禽健康养殖标准化发展历程

早在20世纪70年代，食品药物残留问题就引起了国际上的广泛关注；80年代，世界卫生组织（WHO）和联合国粮农组织（FAO）成立的国际食品法典委员会（CAC）下设了食品中兽药残留法典委员会（CCBVDF）。国际有机农业运动联合会（IFOAM）于1980年制定了《有机食品生产和加工基本标准》，并

且每 2 年修订一次。虽然不是一个官方的标准，但是很多国家在制定相关的标准时都参考了该标准。目前世界上生产有机食品的国家有 100 多个，31 个国家已经颁布并实施有机食品法规、标准，另有 9 个国家已经发布有关标准但尚未开始实施。有机畜产品是有机食品中发展较快的食品，发展有机畜牧业，生产有机畜产品已成为世界公认的生产安全畜产品的理想途径。欧盟于 1971 年发布《饲料添加剂导则》，首次提出控制药物残留的问题；1990 年颁布了动物源性食品中兽药的最高残留限量（MRL）标准；1991 年制定有机农业与有机食品法，随后多次进行修法工作，补充相关细则，包括农场层级的有机生产原则及可使用的肥料与土壤改良剂、杀虫剂、喂食物质、喂食添加物、动物营养剂、动物厩舍的清洁与消毒剂等项目与施用标准，以及验证机构必须具备的验证条件与预警措施，甚至是有机标示的说明内容（如字形、字体）与有机标示的使用标准，均有明确的规范。美国于 1975 年即开始实施国家药物残留计划（NRP），1982 年建立了《避免动物源性食品药物残留数据库》，明确规定了动物源性食品药物残留限量标准，供兽医和养殖者查询，现已发展成为国际性数据库；1990 年，美国国会通过《有机食品生产法》，规定所有在美国流通的有机农产品和畜禽产品，均需向有机农产品认证机构申请辅导与通过认证，才可以有机农产品和畜禽产品的名义贩卖。日本农林水产省于 2000 年发布了关于有机食品检查和认证标准，2004 年又制定了《日本有机畜产品农业标准》，标准中对有机畜禽饲养设施条件、饲料的供给、饲养、有机畜产品加工管理、有机畜产品卫生保健、畜禽来源等方面进行了规范，并将其纳入《日本农业标准法实施法令》（JAS），规定在所有的有机畜产品得到 LAS 认证后，方可允许加贴“有机”或类似术语的标签，才能进入日本市场。

（二）我国畜禽健康养殖标准化发展历程

20 世纪 80 年代以来，我国相继颁布实施了一批有关畜牧业的标准。截至目前，我国已组织制定农业国家标准 400 多项，行业标准 1 200 余项，无公害食品行业标准 199 项，农业地方标准 1.76 万余项。如《绿色食品饲料及饲料添加剂使用准则》、《绿色食品兽药使用准则》和《绿色食品动物卫生准则》；《无公害畜禽肉产地环境要求》和《无公害畜禽肉产品安全要求》；《畜禽养殖业污染物排放标准》；《无公害食品 蛋鸡饲养管理准则》和《无公害食品 蛋鸡饲养饲料使用准则》等。其标准化工作涉及畜禽品种、营养需要、饲养管理、环境控制、畜产品质量与安全、畜牧兽医器械、饲料、动物防疫以及畜产品的加工、贮存、包装、运输等方面，目的在于保证畜禽产品质量，保障人民群众身体健康，促进畜牧业可持续发展。

第二章
蛋鸡健康养殖的环境条件

第一节　蛋鸡健康养殖环境的选择和布局

一、健康养殖环境的选择

蛋鸡场选址是否合适，关系到鸡场的生产水平、经济效益、社会效益和环境效益，影响着鸡群的健康状况。因此，选择场址时，必须根据本场的经营方式、生产特点等，结合当地的自然、社会条件做出科学决策，并注意将来扩大发展的可能性。

（一）地势地形

养鸡场应选在地势较高、干燥平坦、排水良好和向阳背风的地方。平原地区一般场地比较平坦、开阔，场地应选择在比周围地段稍高的地方，以利排水；在靠近河流、湖泊的地区，所选场地应比当地水文资料中最高水位高 1～2 米，以利防洪；山区应选在稍平缓坡上，坡面向阳，总坡度不超过 25%，建筑区坡度应在 2.5% 以内，以减少工程挖、填土投资。同时，建成投产后也避免给场内运输和管理带来不便。此外，还要注意地质构成、防断层、滑坡、塌方，也要避开坡底和谷地及风口，免受山洪及暴风雪袭击。对地形的了解可以查找当地的地形图，并进行必要的实地勘探和测量，绘出地形图，标明比例尺。可以在图上量好拟建场地的面积、坡度、坡向和建筑物间的距离等，作为场址选择和总平面布置的参考。

（二）水质水源

水质水源关系着生产、生活用水和建筑施工用水，必须高度重视。首先要了解水源的情况，如地面水（河流、湖泊）的流量，汛期水位；地下水的初见水位和最高水位，含水层的层次、厚度和流向。水质情况需了解酸碱度、硬度、透明度、有无污染源和有害化学物质等。如有条件，则应提取水样做水质的物理、化学和生物污染等方面的化验分析。了解水源水质状况是为了便于计算拟建场地地段范围内水资源的供水能力能否满足鸡场的需水量。根据已建鸡场比较公认的经验数字，每只蛋鸡昼夜用水量为1.2～1.5千克，每只存栏鸡昼夜用水量为0.5～0.9千克。我国颁布的NY 5027—2008明确规定了畜禽饮用水的水质安全指标，见表2－1。

表2－1　畜禽饮用水的水质安全指标

项目		标准值	
		畜	禽
感官性状及一般化学指标	色	≤30°	
	混浊度	≤20°	
	臭和味	不得有异臭、异味	
	总硬度（以 $CaCO_3$ 计），毫克/升	≤1 500	
	pH值	5.5～9.0	6.5～8.5
	溶解性总固体，毫克/升	≤4 000	≤2 000
	硫酸盐（以 SO_4^{2-} 计），毫克/升	≤500	≤250
细菌学指标	总大肠菌群，MPN/100毫升	成年畜100，幼畜和禽10	

续表

项目		标准值	
		畜	禽
毒理学指标	氟化物（以 F^- 计），毫克/升	≤2.0	≤2.0
	氰化物，毫克/升	≤0.20	≤0.05
	砷，毫克/升	≤0.20	≤0.20
	汞，毫克/升	≤0.01	≤0.001
	铅，毫克/升	≤0.10	≤0.10
	铬（六价），毫克/升	≤0.10	≤0.05
	镉，毫克/升	≤0.05	≤0.01
	硝酸盐（以 N 计），毫克/升	≤10.0	≤3.0

（三）土壤地质

对拟建鸡场地质状况的了解，主要是收集当地附近地质的勘察资料，地质的构造状况，如断层、陷落、塌方及地下泥沼地层。对土层土壤的了解也很重要，如土层的土壤对基础的耐压力。膨胀土的土层不能作为房舍的基础土层，它会导致基础裂断崩塌；回填土的地方，土质松紧不均，也会造成基础下沉房舍倾斜。遇到这样的土层，需要做好加固处理，严重的、不便处理的或投资过大的，则应放弃选用。此外，了解拟建附近土质情况，对施工用材也有意义，如沙层可以作为沙浆、垫层的用料，可以就地取材节省投资。鸡群对土壤的要求，如为地面散养的，一般以沙壤土或灰质土壤为宜；离地饲养的与土壤无直接关系，主要考虑是否便于排水，使场区雨后不致积水过久而造成泥泞的工作环境。

（四）气候因素

气候因素主要指与建筑设计有关和造成鸡场小气候有关的气候气象资料，如气温、风力、风向及灾害性天气的情况。气候资料除房舍施工设计需要使用外，对鸡场日常管理工作，如防暑、防寒日程的安排，鸡舍朝向，防寒、遮阳设施等均有意义。风向、风力对鸡舍的方位朝向布置，鸡舍排列的距离、次序等均有关系，主要考虑如何排污，对环境卫生及防疫工作有利。

（五）“三通”（供水、电源、交通）条件

供水和排水要统一考虑。除前面述及对水源水质的选择外，拟建场区附近如有地方自来水公司供水系统，可以尽量引用，但需要了解供水量能否保证。进行饮水免疫时，应注意自来水中残留的氯对疫苗效力的影响。大型鸡场最好能自备深井修建水塔，采用深层水作为主要供水来源，或者自来水供量不足时作为补充水源。鸡场污水排出的条件以及当地的排水系统也应调查清楚，如排水方式、纳污能力、污水去向、纳污地点、距居民区水源距离、是否需要处理、能否与农田灌溉系统或水产养殖综合利用相结合等。如果需要自行处理，则每栋禽舍都要修建渗水池，还要了解土壤的纳污能力。鸡舍的日常生产生活和洗刷消毒污水的排除，都有污染居民水源的可能性，要给以足够的重视。

现代化鸡场的孵化、育雏、机械通风、补充光照以及生活用电都要求有可靠的供电条件。如果供电无保证，则需自备发电机，以保证场内供电的稳定可靠。电力安装容量每只种鸡为3～4.5瓦，蛋鸡为2～3瓦。

鸡场的饲料、产品以及其他生产物资，职工生活物品均需大量的运输能力。拟建场区交通运输条件是否方便，距地方交通主干线的距离，路面是否平整等均需要调查了解。如果路面不好，或者需要修路，则在建场工程量计算时需说明重要性，并单独计划申请经费，不能回避问题，以免日后给生产生活造成困难。

（六）环境疫情

拟建场地的环境及附近的兽医防疫条件的好坏是影响鸡场成败的关键因素之一。特别注意不要在原有旧鸡场上建场或扩建，

忽视这个问题会给鸡场防疫工作带来很大困难，甚至导致失败。对附近的历史疫情也要做周密的调查研究，特别注意附近的兽医站、畜牧场、集市贸易、屠宰场距拟建场地的距离、方位、有无自然隔离条件等，以对本场防疫工作有利为原则。

综上所述，鸡场应设在环境比较僻静而又卫生的地方，一般要求离居民点的距离应保持在 1 000 米以上；鸡场相互间距离应在 500 米以上，大型鸡场之间应不少于 1 000 ~ 1 500 米；与各种化工厂、畜禽产品加工厂、动物医院等的距离应不小于1 500米，而且不应将养鸡场设在这些设施的下风向；其位置应选择交通方便，接近公路，靠近消费地和饲料来源地，一般要求距主要公路和铁路不少于 500 米，距次级公路 100 ~ 200 米为宜。

二、建筑物的种类

（一）蛋鸡场建筑物的种类

蛋鸡场建筑物的种类，按房舍用途划分：①生产性用房：包括孵化室（厂）、育雏舍、育成鸡舍（中雏舍、大雏舍）、种鸡舍、商品蛋鸡舍、商品肉鸡舍等；②间接生产性用房：包括饲料加工间和饲料库、蛋库、兽医室、消毒更衣室等；③行政管理用房：包括行政办公室、接待室、会议室、图书资料室、财务室、值班门卫室以及配电、水泵、锅炉、车库、机修等用房；④职工生活用房：包括食堂、宿舍、托儿所、医务室、浴室等房舍。现将各种建筑物的要求分述如下：

1. 孵化厂（室）

（1）孵化厂的总体布局：

1）孵化厂址选择：孵化厂应为独立隔离单元，有其专用的出入口，与鸡场各自分立门户。与鸡舍的距离应保持至少 150 米，以避免来自禽舍病原微生物的横向传播。同时，由于孵化厂的废弃物又是病原微生物的传染源，因此，孵化厂应远离饲料厂或饲料加工、贮存车间。

2）孵化厂的规模：可根据每周或每次入孵蛋数，每周或每次出雏数，以及相应配套的入孵机与出雏机数量来决定。规划孵化厂的占地面积时，要计算孵化室、出雏室以及附属的操作室和淋浴间等的建筑面积。此外，还要考虑废杂物污水处理、厂内道路、停车场和花坛等的占地面积。

3）孵化厂的生产用房：原则上以从种蛋进入孵化厂到雏鸡发送的生产流程，由一室至毗邻的另一室循序运行，不能交叉往返设计。这样的流程既方便操作，又有利于各操作室相互隔离，减少人员交互来往传播病原。孵化厂各个房间要经常清洗和消毒，墙壁和地面要坚固耐湿。从种蛋到雏鸡发送在孵化厂中的生产流程和孵化厂的总体布局示例，如图 2－1 所示。

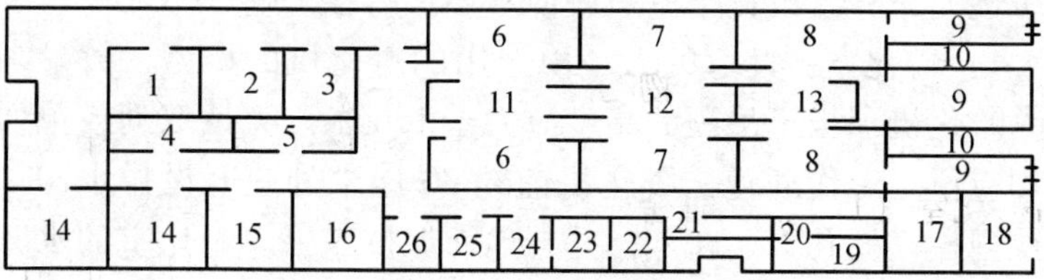

图 2－1　孵化厂总体布局示意

1. 收蛋间　2. 蛋库　3. 熏蒸间　4. 制冷间　5. 预热间　6. 入孵间　7. 出雏间　8. 雌雏鉴别间　9. 雏禽存放间　10. 垫料库　11. 蛋盘洗涤间　12. 照检间　13. 出雏盘洗涤间　14. 办公室　15. 试验室　16. 休息室　17. 修理间　18. 变电间　19. 男更衣室　20. 男浴室　21. 男更衣室　22. 女更衣室　23. 女浴室　24. 女更衣室　25. 女厕　26. 男厕

4）孵化厂的给水要求：孵化厂用水量和排水量都很大，因此，供水的自来水管的管径要足够大，还要保持足够的水压，以利于冲洗。同时，孵化厂还应注意下水道的修建，坡度要稍大一些，这样有助于碎蛋壳和其他污物的流泻。

5）孵化厂的通风要求：孵化厂的通风系统尤为重要，其目的在于供给新鲜空气，排除二氧化碳和排除孵化机、出雏机和存放室雏鸡散发的热量。由于孵化厂内各室对温度和相对湿度的要求各异，因此，每室应作为独立单位进行通风换气。

（2）孵化厂各类建筑物的要求：

1）种蛋接收与装盘室：种蛋经消毒处理后，在此室剔除破损和不合格种蛋，然后装盘，上蛋架车。因此，此室的面积宜宽大些，以利于蛋盘的码放和蛋架车的运转。室温保持在 18～20 ℃为宜。

2）消毒室：用作对待孵的种蛋进行熏蒸或喷雾消毒处理。此室不宜过大，应按 1 次熏蒸种蛋总数计算。门、窗、墙、天花板的结构要严密，并设排气装置。

3）种蛋存放室：此室的墙壁和天花板应隔热性能良好，通风缓慢而充分。设置空调机，使室温保持在 13～15 ℃。

4）孵化室：此室的大小由选用的孵化机的机型、数量来决定。孵化机顶板至吊顶的高度应大于 1.6 米。无论双列或单列排放均应留足工作通道，孵化机前约 30 厘米处应开设排水沟，上盖铁栅栏，栅孔 1.5 厘米，并与地面保持齐平。孵化室的水磨地面应平整光滑，地面的承载能力应大于 7 千帕。室温保持在 22～24 ℃。孵化室的废气通过水浴槽排出，以免雏鸡绒毛被吹至户外后，又被吸进通风系统而重新带入孵化厂各房间中。专业孵化厂应设预热间。

5）出雏室：基本要求与孵化室相同。

6）洗涤室：孵化室和出雏室旁应单独设置洗涤室，分别洗蛋盘和出雏盘。洗涤室内应设有浸泡池。地面设有漏缝板的排水阴沟和沉淀池。

7）雏鸡性别鉴定和集装室：室温应保持在 29～31 ℃，用于雏鸡性别鉴定及注射马立克疫苗与分级。

8）雏鸡存放室：装箱后的暂存房间，室外设雨篷，便于雨天装车。室温要求 25 ℃左右。

9）照检室：应安装可调光线明暗的百叶塑料窗帘。

2. 育雏舍 育雏舍是养育从出壳至 6～8 周龄的雏鸡的专用房舍。由于人工育雏需保持较稳定的温度，无论采用哪种给温方式，室温范围都应为 20～25 ℃，逐渐下降，不宜低于 20 ℃。因此，育雏舍的建筑要求与其他鸡舍不同，其特点为房舍较矮，墙壁较厚，地面干燥，屋顶装设天花板，以利于保温。同时，要求通风良好，但气流不宜过速，既保证空气新鲜，又不影响温度变化。在采用笼养方式时，其最上一层与天花板的距离应有 1.5 米的空间。

育雏舍的建筑有开放式和密闭式两种，可根据地区气候条件、育雏季节和育雏任务选用。

开放式简易育雏舍，可采用单坡或双坡单列式，跨度为 5～6 米，高度 2.6 米左右，北面墙应稍厚，可留 1 米左右的通道，南面设置小运动场，其面积约为房舍面积的 2 倍。

密闭式育雏舍与其他密闭式鸡舍的建筑要求相同，它是一种顶盖和四壁隔热良好、无窗（附设有应急窗）、完全密闭（只有进、出气孔与外界沟通）的鸡舍。舍内的小气候通过各种设施进行控制或调节，使之尽可能地接近最适宜于鸡体生理机能的需要。进行人工通风和光照，通过变换通风量的大小和速度在一定程度上控制舍内的温度和相对湿度，使维持在一个比较合适的范围内。这种鸡舍虽然造价高，投资大，但能调节环境，长年生产，而且饲养密度大，成活率高。因此，目前国内外的许多大型机械化养鸡场多采用密闭式鸡舍。

育雏舍的建筑形式、大小和栋数，随鸡场的性质以及内部设施的要求而不同。在采用笼养方式和环境调节的情况下，对于雏鸡接受阳光和附设运动场等条件，可不予考虑。

3. 育成鸡舍 育成鸡舍是养育离温后的雏鸡转入育成阶段

的专用房舍。其建筑要求有足够的活动面积，以保证生长发育的需要，使育成鸡具有良好的体质。因此，无论采用何种管理方式，对每平方米的容纳密度应有合理的安排。

开放式育成鸡舍，可以充分利用阳光，保证空气新鲜，并可设宽敞的运动场，扩大活动面积。对冬季的保温和夏季的防暑，必须备有取暖和降温的设施。特别是对种鸡和商品蛋鸡，为防止早熟，保证适时开产，执行光照制度时，又必须备有遮光设施。因此，开放式育成鸡舍受自然环境因素的影响较大，其利用率和使用效果都不够理想。

密闭式育成鸡舍，其建筑要求如育雏室所述，由于可以实现人为控制环境，故无论采用网上平养或叠层笼养，均可取得良好成绩，且能长年周转使用，充分发挥鸡舍和设备的经济效益。

上述育雏舍和育成鸡舍二者的建筑面积和容纳密度，应根据该场的饲养水平和规模，有计划地进行配套，以便合理安排周转使用。

4. 产蛋鸡舍　产蛋鸡舍其建筑形式有开放式、密闭式和开放与密闭综合式等，应根据因地制宜的原则予以选择。产蛋鸡舍的建筑面积，以各种饲养管理方式而不同。目前，一般较大规模的蛋鸡场基本上采用笼养。笼养产蛋鸡的鸡笼排列形式有以下几种类型：叠层式、全阶梯式、半阶梯式、阶梯叠层综合式、单层平置式等。选用某一种类型时，应配合建筑形式，并考虑饲养密度、清粪和通风换气设施三者之间的关系。

5. 饲料加工间和饲料库　鸡场饲料加工间和饲料库，其建筑面积根据鸡群规模和不同日龄的饲料需要量及当地供应的原料种类等因素进行设计。特别是有些地区还没有饲料公司供应各种定型的全价饲料，需由各场自行加工，按不同营养需要的配方配制日粮。为此，鸡场的饲料加工用房，应包括有原料仓库、粉碎加工间、搅拌混合间或附设压粒和烘干间、成品贮藏库等。其粉碎、搅拌的动力和装备，至少应能满足1周以上的需要量；成品贮藏库的容量，应能贮备各种配方日粮2～3周的需要量，以便更换饲料品种时留有缓冲过渡的余地。

6. 生活用房　鸡场的生活用房，包括宿舍、食堂、托儿所或幼儿园等。主要是解决职工生活福利的需要，可根据人员编制及具体情况考虑安排。一般生活用房应修建在场外的生活区内。

7. 行政用房　鸡场的行政管理用房，包括门卫传达室、进场消毒室、办公室、试验室、车库、电机房、垫料库等。场内若无孵化室时还应另设蛋库。

鸡场的大门出入口，应设有汽车消毒池，大小为300厘米×300厘米×（15～20）厘米，并附有0.4兆帕气压的水龙头冲洗车轮，防止车轮带来疫病。进场消毒池应设有更衣间、卫生间、淋浴间、工作服间等，供职工使用。

办公室可分设场长室、技术室、会议室（接待和学习兼用）等，供日常办公和职工业余活动之用。

试验室应分设病理解剖室、处理间和焚化室等。虽属行政用房，但不得建在行政区内，而应设在生产区下风向的地方，并用围墙加以隔离。

（三）鸡场的总体布局

鸡场的总体布局，亦称为总平面布置，主要是做好各种房舍的平面相对位置的确定。它包括各种房舍分区规划，供水排水和供电等管线的线路布置，以及场内防疫卫生环境保护设施的安排。合理的总平面布置可以节省土地面积，节省建设投资，给管理工作带来方便。因此，这是一项十分重要的工作。

1. 鸡舍各种建筑物的分区规划　首先，应考虑员工的工作和生活集中场所的环境保护，使其尽量不受饲料粉尘、粪便气味和其他废物的污染；其次，要注意生产鸡群的防疫卫生，尽量杜绝污染源对生产鸡群环境污染的可能性。综合性鸡场对鸡群的防疫环境尤应注意，各个不同日龄的鸡群之间须分成小区，并有一定的隔离设施。鸡场各种房舍分区规划，按地势和风向安排。就地势的高低和风向的主导风向，将各种房舍从防疫环境需要的先后次序，依次排列。如地势与风向不是同一方向，而防疫要求又不好处理时，则以风向为主，与地势的矛盾可用其他设施加以解决，如挖沟设障或利用偏角（与主导风向线垂直的 2 个偏角）。总之，以使水流绕过和避开主风向为原则。按环境要求和环境保护的需要，养鸡场分区规划先后顺序及总平面布置如图 2－2 所示。

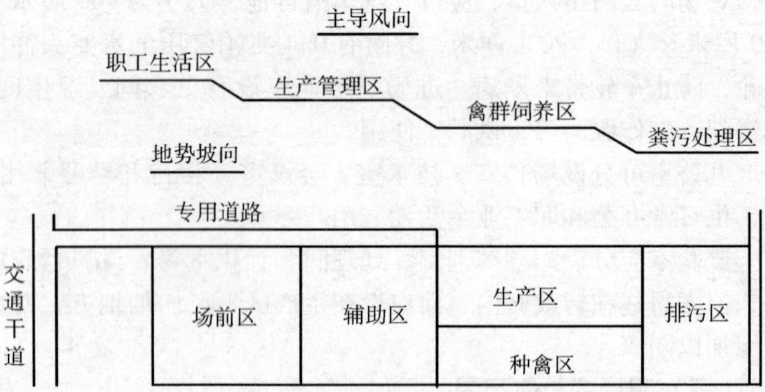

图 2－2　养鸡场分区规划及总平面布置

鸡场的分区规划，要因地制宜，根据拟建场区的自然条件（地势地形、主导风向和交通道路）的具体情况进行，不能生搬硬套采用别场图纸，尤其是养鸡场的总体平面布置，更不能随便引用。

2. 总体平面布置的主要依据

（1）养鸡场的生产工艺流程：在考虑总平面布置方案时，应选择生产工艺流程各环节中工作联系最频繁、劳动强度最大、又属整个生产最关键的环节为中心，从有利于组织生产活动的原则出发，来安排好各种房舍的平面位置。例如，综合性蛋鸡场从孵化开始，育雏、育成、蛋鸡以及种鸡饲养，完全由本场解决，则各鸡群间生产工艺流程顺序是种鸡（舍）—种蛋（室）—育雏（舍）—育成（舍）—蛋鸡（舍）。由于鸡群类型较多，鸡舍的种类也相应增多。此外，还有生产辅助性用房等，其总平面布置比较复杂。

养鸡场的性质和规模虽然各异，但从生产工艺的2条主要流程线分析，却有共同之处。其一是饲料（库）—鸡群（舍）—产品（库），房舍间联系最频繁、劳动量最大的是各种鸡舍与饲料库之间及产品库（蛋、肉鸡）之间；另一为饲料（库）—鸡群（舍）—粪污（场），其末端为粪污处理场。因此，饲料库、蛋库和粪场要靠近生产区，但又不能设在生产区内，因为三者均需与场外联系。饲料库、蛋库或粪场为相反的2个末端，因此，其平面位置也应是相反方向或偏角的位置。

（2）注意卫生防疫条件：综合性鸡场鸡群组成比较复杂，各种不同年龄、不同批次的大小鸡群同时饲养于一个鸡场中，对生产管理和防疫工作十分不利。因此，对其相应的鸡舍建筑在进行总平面布置时，在饲养区（生产区）内还要分区规划，形成各个不同阶段鸡群的小区，以便为改善防疫环境创造有利条件。各个小区之间既要联系方便，又要符合卫生的要求，并要有防疫隔离的条件。

根据养鸡场的工艺流程，综合性鸡场的总平面布置，同一功能的鸡舍应相对集中，按其流程顺序，将相衔接的2个生产工艺环节尽量靠近。各种鸡舍的平面位置，应该根据鸡群在鸡场生产中的经济价值和鸡群的自然免疫力，以防疫需要为主，依次排列。例如，种鸡群与生产鸡群的2个小区，种鸡区应布置在饲养区防疫环境的最优位置；2个小区中的育雏育成鸡舍又优于成年鸡舍的位置，而且育雏育成鸡舍与成年鸡舍的间距要大于本群鸡舍的间距，并须设沟、墙（或树木、绿篱）、门卡等隔离条件，以确保育雏育成鸡群的防疫安全。为了充分发挥雏鸡舍的利用率，综合性鸡场的种鸡和蛋鸡所需更新的育成鸡，往往采用统一培育，2个小区只在种鸡区内设育雏育成鸡舍，为2个小区培育育成鸡群，不可在蛋鸡区内培育，以利防疫。有条件的地方，综合性鸡场内各个小区可以加大距离，使之形成各个专业性分场，便于控制疫病。孵化室与场外联系较多，如在一个综合场内，宜建在靠近场前区的入口处，而且要与场内鸡群有隔离条件。如另设分场，则可以单独建点，宜建在鸡场专用道路的入口处，不宜深入场区尽头。种鸡虽属鸡场的核心，但种鸡舍不能布置在鸡场的中心位置。

(3) 改善生产劳动条件：养鸡场的某些饲养管理工作，虽然可以采用劳力密集型的饲养工艺，不必追求机械化程度，但是在生产管理中的一些环节，仍须使用机械，以减轻人的劳动强度，改善劳动条件。有些生产管理环节目前还不具备条件，但也要从长远考虑，为便于实行机械化或提高机械化水平创造条件，给以后的发展留有余地。与鸡场总平面布置有关的机械项目，主要是供水和运输两个方面。进行鸡场总平面布置规划设计，需将各种鸡舍排列整齐，便于饲料、粪便、产品、供水等直线往返，减少转弯拐角及机械停行，以提高机械效率，节省功耗。

(4) 合理设计铺设道路管线：养鸡场内道路、上下水管道、供电线路的铺设，是鸡场建筑设计中的一项重要内容。这些线路设计得是否合理，直接关系着建材和资金的合理使用。而这些道路管线的设计又直接受建筑物的排列和场地规划设计的影响。因此，考虑总平面布置时，在保证鸡舍之间所应有的卫生间隔的条件下，各建筑物之间的距离要尽量缩短，建筑物排列要紧凑，以缩短修筑道路、铺设给排水管道和架设供电外线的距离，节省建筑材料和建场资金。

3. 鸡舍间距　鸡舍间距是鸡场总平面布置的一项重要内容，它关系着鸡场占地面积。而合理的间距应以符合防疫、通风排污和防火三方面的要求为标准。

（1）防疫要求：鸡群以鸡舍分群，鸡舍是鸡群防疫隔离的条件，因此，应尽量减少或杜绝鸡舍之间相互感染疫病的可能性。鸡舍借助通风系统经常排出污秽气体和水汽，这些气体和水汽中夹杂着饲料粉尘和微粒，如某栋鸡舍中的鸡群发生了疫情，病原菌会通过排出的微小物粒被携带出去，威胁着相邻的鸡群。为了防病，鸡舍排出的污气尘埃等微小物粒，不能进入相邻鸡舍。为此，从防疫卫生要求确定鸡舍间距时，应取最为不利时的间距所需要的数值，即当风向与鸡舍长轴垂直时背风面涡旋范围最大的间距。同济大学烟风洞剖面模型的试验结果表明，背风面涡旋区长度与鸡舍高度成5∶1 的比例。因此，开放式鸡舍间距应为5 倍的鸡舍高度。而当主导风向入射角为30°～60°时，涡旋长度约为鸡舍高度的3 倍，此时对开放式鸡舍的防疫、通风更为有利。对于密闭式鸡舍，由于鸡舍的通风换气多采用相邻鸡舍相互排气和进气，故影响不大，为鸡舍高度3 倍的间距即可满足防疫的要求。

（2）通风排污要求：为了改善鸡场的环境，有效地排除各栋鸡舍散逸于场区的污秽气体和粉尘、毛屑等有毒有害物质，鸡舍的间距大小，要考虑场区的排污效果。场区排污需要借助于自然通风，要利用主导风向与鸡舍长轴所形成的角度，可以适当缩小鸡舍间距。正如上述所做的鸡舍模型烟风洞试验记录结果所表明，当风向角为30°～60°时，背风面的涡旋区较小，此时即使缩小间距，鸡舍建筑群内仍能获得比较好的排污效果。因此，确定鸡舍间距时，为减少占地面积，同时又必须满足场区通风排污效果的需要，可使鸡舍的长轴与主导风向所夹角度取30°～60°，用

1.3～1.5倍鸡舍高度的鸡舍间距，即可达到通风排污的要求。

（3）防火要求：鸡舍的防火问题，除了确定建筑材料抗燃性能外，建筑物的防火间距也是一项重要的防火措施。鸡舍的防火间距可以参照民用建筑的防火间距规定。民用建筑的最大防火间距是12米，鸡舍多为砖混结构，无须采取最大防火间距，多采用10米左右，相当于2～3倍鸡舍高度。一般能够满足防疫要求的间距，也可满足防火等其他间距的要求。

鸡舍间距的大小，根据不同要求与鸡舍高度的比值各有不同。排污间距为2倍鸡舍高度，防火间距为2～3倍鸡舍高度，日照间距为1.5～2倍鸡舍高度；防疫间距视鸡舍形式的不同而有差别，为3～5倍鸡舍高度。综合几种因素的要求，取3～5倍鸡舍高度的间距，即可满足各方面的要求。

4. 鸡场道路 道路是总体布置的一个组成部分，是场区建筑物之间、建筑物与建筑设施、场内与场外之间联系的纽带。它对生产活动的正常进行和卫生防疫以及提高工作效率起着重要作用。它的功能是为人员流动、运输饲料、产品和鸡场的废弃物的处理提供短捷而方便的路线，因此，需要合理的布置和设计。

为了场区环境卫生和防止污染，场内道路应该净污分道，互不交叉，出入口分开。净道是饲料和产品的运输通道；污道为运输粪便、死禽、淘汰鸡以及废弃设备的专用道。为了保证净道不受污染，在布置道路时可按梳状布置，道路末端只通鸡舍，不再延伸，更不要与污道贯通。净道和污道以草坪、池塘、沟渠或者果木林带相隔。与场外相通的道路，至场内的道路末端终止在蛋库。料库以及排污区的有关建筑物或建筑设施，不能直接与生产区道路相通。

由于鸡场道路多为末端封闭，需要在道路的尽头设置回车的场地。如果受土地面积限制，无条件设置回车场，可以利用道路与鸡舍一端鸡舍间距的空地，按道路要求砌成硬地面，作为回车所需的场地。

三、蛋鸡健康养殖的设备

现代化养鸡生产，日趋高度集约化和工厂化，生产过程已逐步从部分环节机械化发展为全程机械化。养鸡生产过程中的机械化与自动化的基础是各种养鸡设备。养鸡设备按系列可分为孵化、育雏、育成、产蛋、喂食、饮水、清粪、集蛋、饲料加工、鸡舍通风采暖与照明等设备。现将养鸡场的各种主要设备和用具介绍如下。

（一）孵化设备

现代化的专业孵化厂和兼有孵化任务的家禽场，一般使用电气孵化器进行生产。孵化器根据鸡蛋胚胎发育所需的孵化条件，利用电气设备来操作，实现了孵化过程的机械化和自动化，从而大大减轻了劳动强度，提高了雏鸡质量和孵化效果。

孵化器的式样和型号很多，大小不一，但其构造原理基本相同。孵化器一般由机体结构、机械系统和控制系统组成。机体结构包括孵化器外壳、孵化蛋盘、出雏盘及配套设备；机械系统主要指转蛋系统和通风系统；控制系统包括控温、控湿和报警装置。另外，还有照明和安全系统等。通常一台孵化器可以完成整个孵化过程——从入孵直至出雏；可以整批入孵或分批入孵。为了给鸡蛋的胚胎发育创造良好的条件，提高孵化效果和管理水平，现代的孵化器都采用孵化机和出雏机两种机具配套组成，使孵化设备更臻完善。

（二）饲养管理设备

1. 笼具设备

（1）育雏笼：一般为四层重叠式育雏笼，可多组并联起来，包括电热控温育雏器和普通活动采食笼，每单笼长为 1.4 米，宽为 0.7 ~ 0.9 米，高 1.7 ~ 1.8 米，层笼高 33 厘米，承粪间距 10

厘米，四周为可调节的采食、饮水挡网，外挂食槽或水槽，每组饲养量200~300只。

（2）育成笼：适用于饲养7~20周龄鸡，有四层阶梯式和叠层式。四层阶梯笼每层笼长1.9米、宽0.38米、高0.34米，全架笼宽为2.1米、高1.6~1.8米，饲养量160只左右；四叠层育成笼全长1.8~1.9米、宽1.26米、高1.7~1.85米，饲养量200~220只。

（3）蛋鸡笼：蛋鸡笼大小尺寸，通常是以来航鸡为设计基础。鸡笼的容积须能满足其一定的活动面积、一定的采食位置和一定的高度，同时为了使产下的蛋能及时滚出笼外，其笼底应有一定的倾斜度。根据以上要求，蛋鸡笼的排列须由许多小的单体笼组成，每个单体小笼有养2只、3只或4~5只鸡的。蛋鸡单体笼的尺寸，一般前高为445~450毫米，后高为400毫米，笼底坡度为9°~10°，笼深为310~350毫米，伸出笼外的集蛋槽为120~160毫米。笼宽以采食位置而定，每只鸡的采食位置为100~110毫米。产蛋鸡笼的种类，有个体记录育种二阶梯笼，人工授精种鸡二阶梯笼、三阶梯笼，普通三阶梯蛋鸡笼。阶梯式有全架和半架、全阶梯和半阶梯之分。

2. 喂料及饮水设备

（1）喂料设备：家禽的饲料消耗通常占总开支的70%~80%，而给料工作占用的劳力也最多。因此，大型机械化养鸡场为提高劳动效率，采用机械喂料系统。现将目前常用的一些给料机械介绍如下。

1）链式给料机：这是普遍采用的一种给料机械，适用于平养或笼养。它由盛料箱、链环及长料槽、转角轮、驱动器等部分组成。链环装在长料槽内，长料槽的转角处设有转角轮。工作时，驱动器通过链轮将链环带动，使它在长料槽内循环回转。当链环通过盛料箱的底部时，即将箱中的饲料带出，运送到长料槽中。长料槽用可调支架直接架设在地面上，或用吊索和绞车吊挂在屋梁上。每条长料槽的间距为 2 ~ 3 米，用于肉鸡的间距可稍小，蛋鸡、种鸡应较大。笼养时，长料槽设在笼前的适当高度，并保持同一水平。

2）螺旋式给料机：这是近年来普遍用于平养的一种饲料输送机械。整套系统包括贮料塔、盛料箱、驱动器、料盘和手动绞车等。饲料由舍外贮料塔先输送至舍内盛料箱，再由盛料箱分送到各料盘里。2 个工序均用螺旋式输送机分别完成。螺旋式给料机适应不同日龄和各品种鸡群的饲养要求。每 10 平方米的鸡舍面积内应设置 3 个料盘。每个料盘能满足 50 ~ 60 只鸡的需要。

3）塞盘式给料机：这种给料系统亦分为饲料输送机和自动给料机两部分，与螺旋式给料系统相似。塞盘式饲料输送机安装在贮料塔的底部，由塞盘链、驱动器、输料管、转角轮和回料管等部分组成。工作时，驱动器带动塞盘链，使其在输料管和回料管中循环回转，于是塞盘链就把饲料从塔底带出，沿输料管输送到舍内的盛料箱中。

4）给料车：给料车分骑跨式给料车和自走式给料车两种。骑跨式给料车又称抱笼式给料车，常用于叠层式或阶梯式笼养鸡舍。在鸡笼架的顶部装有角钢或工字钢制的轨道，轨上装有四轮小车。小车由钢索牵引，或安装 1 台 400 瓦的减速电动机，电器控制箱也装置在给料车上。车的两侧挂有盛料斗，车的底部逐渐倾斜而缩小，形成下料口，并伸入料槽内，与槽底保持 30 毫米左右的间隙。自走式给料车一般常用于单层笼养鸡舍，由于它的盛料箱容量有限（300 千克左右），不宜用于 2 层以上的笼养。自走式给料车的动力，有蓄电瓶式和汽油机式两种。给料车从贮料塔装来饲料，运行到鸡笼附近，靠伸出来的螺旋输送器把饲料提升到滑道里，直接往料槽给料；当螺旋输送器停止工作时，器内的饲料又自行滑回料箱。滑道的角度可以调节，以适应不同高度的料槽。滑道用后还可以折叠起来，便于行走。

5）料槽：料槽的材料，一般采用24～26号镀锌铁板，焊锡接缝，不易生锈腐蚀。料槽口需用2～3毫米的铁丝卷边，增加强度和防止变形。连接成长料槽时，应注意保持水平。料槽设计时，应考虑到鸡的采食方便，防止甩料造成浪费，同时要考虑到取材经济耐用，加工制造工艺简单。料槽的宽度既要满足机械给料的需要，又要照顾手工给料时也较方便。

6）喂料桶：料桶容量因鸡龄而异，有2.5～10千克简易料桶或与螺旋弹簧自动送料联用。

7）开食盘：多为塑料或木板制成的圆形或方形食盘。

（2）饮水设备：饮水设备分为乳头式、杯式、槽式、吊塔式和真空式。雏鸡开始阶段和散养鸡多用真空式、吊塔式和水槽式，笼养鸡和平养鸡现在趋向使用乳头式饮水器。

1）槽式饮水器：这种饮水器使用相当普遍。通常多采用“V”形或“U”形水槽，深度为50～60毫米，上口宽50毫米，前者的底角呈45°。水槽的供水方式有两种：一种方式是采用长流水，另一种方式是利用浮球阀自动供水。槽式饮水器的优点是取材和制造简单，稳定可靠。缺点是如发生鸡病，鸡群中容易传染；水槽里易落入饲料、粪便和灰尘等杂物，需定期清洗。

2）杯式饮水器：这种饮水器是由阀帽、挺杆、触发板和水杯等部分组成。当水杯与自来水管接通时，由于水压作用，将阀帽封闭；若要使水进入水杯，用手指轻压触发板，触动挺杆而将阀帽推开，水即进入杯内。使用杯式引水器时，必须注意水的清洁和具有合适的水压。

3）吊塔式饮水器：这种饮水器用无毒塑料制成，由饮水盘、配重物（沙袋或水袋）或防摆杆、软管和弹簧开关等构成。饮水器通过拉簧及绳索悬吊在屋梁上，另由软管将水引进圆盘槽内。加水时，水在盘槽里升高1/3左右，由于水的重量把弹簧拉长，压紧软管停水。当饮水消耗到一定程度，水盘重量减轻，弹簧收缩而松开软管，水又流进盘槽。使用时，饮水器的吊挂高度必须合适，务使盘槽边缘与雏鸡的背部或成鸡的眼部齐平。

4）乳头式饮水器：这是供水系统中另一种理想的鸡用饮水器。它的特点是适应鸡仰头饮水的习性，比其他形式的饮水器更便于防疫、清洁卫生、节约用水，并可免除清洁刷洗工作；结构简单，日常维护保养工作量少。但它要求制造精度较高，否则易产生漏水现象。乳头式饮水器的构造，由于取材各异而类型很多，但其工作原理基本相同，主要由阀体、阀座和阀芯等部件组成，组装好的饮水器将其与尼龙水管管壁的开孔连接。由于管内水压，使阀芯经常关闭。鸡饮水时向上触动下阀芯，于是阀门开启，水即缓缓地流出。

3. 环境控制及其他设备

（1）保温设备：

1）育雏伞：亦称伞形育雏器，是养鸡场给雏鸡育雏期保温广泛使用的常规设备。常用的94YH—1300型育雏伞，高度250毫米，装有温度控制器，控温范围20～50℃，有效加温面积为2平方米，功率为1.2千瓦，每伞可容纳雏鸡350～500只。

2）红外线育雏器：分红外线热灯泡和红外线加热器两种。红外线灯泡的规格为250瓦，有发光和不发光两种，使用时由4个灯泡等距连成一组，悬挂于离地面40～60厘米高处，随所需温度进行升降调节。用红外线灯育雏，温度稳定，垫料干燥，育雏效果良好，但耗电多，灯泡容易老化，成本较高。远红外线加热器是利用远红外线发射源发出远红外辐射线，为加热的物体所吸收而使物体升温，达到加热的目的。它不仅能使室内温度升高，空气流通，环境干燥，并且具有杀菌及增加动物体内血液循环、促进新陈代谢、增强抗病能力的作用。

3）热风炉：由热风炉和轴流风机组成。它是以空气为介质，煤为燃料，为鸡舍提供无污染的洁净热空气，用于鸡舍的加温。优点是设备结构简单，热效率高，送热快，成本低。

4）生活用取暖铁煤炉：常用的生活暖炉每个可供10平方米采暖使用，但一定要装排气烟筒。

（2）通风降温设备：

1）通风设备：禽舍的通风方法分自然通风和强制通风两种。开放式鸡舍一般采用自然通风，密闭式或半密闭式鸡舍需强制通风。通风装置由通风机和风扇控制器组成。通风机有离心式、轴流式和螺旋桨式三种，一般多采用螺旋桨式。通风机的换气量，依风扇叶片的直径和电动机的转速而不同。设计通风装置时，应参考鸡的换气量和鸡舍饲养只数来算出鸡舍需要的换气量，然后根据所选用通风机的性能算出必需的台数。风扇控制器是带热敏元件的电源控制器，可以按温度变化自动控制电风扇，改变转速或自动开关以变换通风量。

2）降温设备：在炎热的夏季，当外界温度超过32℃时，从增加控制鸡舍的通风量入手，已不能为鸡群提供舒适而凉爽的环境，此时应采用蒸发降温的方式。目前，国内外生产的降温设施有喷嘴和湿垫两种蒸发系统：①喷嘴系统：在整个禽舍的重要位置上安装喷嘴，尤其是气流最大的地方。水由喷嘴喷出即被雾化，然后蒸发于空气中。②湿垫系统：湿垫又叫蒸发垫，这套冷却系统由蒸发垫、水循环系统和排风扇组成。通常蒸发垫安装在封闭鸡舍的上风墙的一端，排风扇安装在另一端。排风扇使空气经蒸发垫而引入鸡舍，从而降低了进入空气的温度。

（3）光控、断喙设备：

1）光控设备：光控设备主要由光照自动控制器和光源组成，光照自动控制器能按时开灯和关灯，自动调节光照强度。其有石英钟机械控制和电子控制两种。

2）断喙器：断喙器类型很多，有脚踏式、手提式和自动式，采用电热原理将220伏交流电降低至0.6～1.1伏，低电压大电流将刀片烧热发红切断喙甲，刀片温度可根据不同鸡龄需要调节输入电流而改变。

（4）集蛋设备：

1）产蛋箱：产蛋箱是平养产蛋母鸡必备的设备，通常蛋鸡10个窝位外形尺寸为1.53米×0.31米×0.85米，每窝供4只母鸡产蛋。

2）机械化自动集蛋装置：机械化自动集蛋装置有阶梯式和平置式两种。与9LJT—316G型三层全阶梯鸡笼组相配套的9DJ—450D型阶梯式集蛋装置，是由纵向输蛋线、降蛋器、横向输蛋线和升蛋器等部分组成的。输蛋量为每小时4 000～5 000枚，其生产效率比人工捡蛋提高3～4倍。

平置式（或简易单层笼养）集蛋装置主要由集蛋输送带和集蛋车组成。鸡蛋产出后，随底网的坡度滚入笼前的集蛋槽，槽上装有输送带，由集蛋车分别带动。集蛋车安放在集蛋间的地面双轨上，工作时，推动需要集蛋的输送带处，将车上的动力输出轴插入输送带的驱动轮，开动电动机，使输送带转动，送出的蛋均滚入集蛋车的盘内，再由手工装箱，或转送至整理车间。

3）防湿运蛋箱及蛋托：防湿运蛋箱，用高密度聚乙烯复合材料制作，每箱装蛋15千克，外形尺寸650毫米×340毫米×230毫米；塑料蛋托，外形尺寸303毫米×297毫米×43毫米，每托盛蛋30枚。

4）蛋品处理及其机械化：蛋品整理车间的机械装置和用具，包括有总集蛋输送带、洗蛋机、照蛋灯、分级机、涂油喷雾器和装箱用的真空吸盘等，按处理程序构成一条流水作业线。目前，鸡蛋处理机型号很多，可按鸡场的规模予以选用。一般小型的每小时可处理蛋3 000枚，大型的每小时可处理蛋1.5万～2万枚。

（5）清粪设备：鸡舍内的清粪方式分人工清粪和机械清粪。

一般简易的单层笼养，大多采用清粪小车。小车前端装有清粪推板，将鸡粪堆集成堆，再由螺旋输送器送到小车牵引的拖斗运走。多层笼养和大面积网养则需用机械化清粪装置。清粪装置的形式有多种，随鸡笼鸡组的排列和布局予以选用。目前，机械清粪广泛使用的是牵引式刮粪机和传送带清粪装置。

1）牵引式刮粪机：这种装置由刮粪板、钢索、张紧轮、卷筒和减速电动机等部件组成。它可以在1条牵引索上安装几个刮粪板，因而适用于一个平面上的几条粪沟同时清粪。它的特点是构造简单，维修方便。近年来多采用杠杆式刮粪板单向刮粪。

2）传送带清粪装置：传送带清粪装置由传动机构、驱动减速机构、主从动滚筒、托辊、输送带等部件组成。在叠层式笼养时，采用传送带清粪是一种较好的方法，它可以省去承粪板或粪槽的设置，使鸡直接排粪于传送带上，定时开动减速电动机将粪送至一端，由固定刮板或转刷铲落至集粪沟里。

（三）饲料加工设备

根据饲料加工的工艺流程，蛋鸡饲料生产所需的机械设备主要有粉碎机、配料计量秤、混合机、制粒设备以及输送设备等。

1. 粉碎机 有锤片式及辊式。一般多使用锤片式，它结构简单，坚固耐用，适于加工各种精粗饲料。

2. 配料计量秤 按其工作原理可分为容积式和重量式两种。容积式的优点是结构简单，造价低，操作维修方便，但配合比例的精确度低。现在我国制造较好的容积式配料器配料误差为1%（按重量计算值），一般的可达3%。而重量式的配合比例精确度可达0.1%～0.2%，自动化程度高，但结构复杂，造价高，维修保养难度大。

3. 混合机 养鸡场常用的饲料混合机有立式和卧式两种。

（1）立式混合机：又称垂直搅龙式混合机，优点是混合均匀，动力消耗少，但混合时间长，生产率低，卸料不充分。

（2）卧式混合机：主要工作部件是钢带制成的搅动叶片，叶片分内外两层，它们的螺旋方向相反。在工作中饲料受叶片的推动，使里外层饲料作对向运动，以达到混合的目的。优点是混合效率高，质量好，卸料迅速；缺点是动力消耗较大。

4. 制粒设备　混合后的粉状饲料经制粒，可使饲料的营养及食用品质等各方面都得到不同程度的改善和提高。由于饲料原料的品种、组分不同，成品规模不同，对制粒设备的性能、结构参数等亦有不同的要求。制粒工序中一般都配有制粒、冷却、碎粒及分级等设备，有的还配有油脂喷漆系统。

5. 输送设备　主要有斗式提升机、刮板输送机及螺旋输送机等。如用于垂直或倾斜度很大的饲料运送，可采用斗式提升机；如在水平方向或小于45°的倾斜输送，可采用刮板输送机或螺旋输送机；如加工车间形成流水线时，可利用风机组成气力输送装置进行饲料的运送。

现在的配合饲料机组已具有相当高的自动化程度，如江苏省正昌、牧羊集团生产的饲料加工机组已将粉碎、电脑配料秤、混合、油脂喷涂、制粒、冷却、破碎、分筛、称料打包融为一体，由电脑程序自动控制，执行流水线生产作业。

第二节　蛋鸡健康养殖过程中废弃物的无害化处理

目前我国的蛋鸡生产正在由原来的小型、分散经营向中、大型企业经营方向发展，在生产大量蛋品的同时，还产生大量鸡粪、废水、死亡鸡等废弃物，如对其处理不当，任意倾倒、排放或堆积，将对环境造成严重的污染。因此，鸡场废弃物的处理，是控制鸡场环境卫生、改善卫生防疫条件、减少公害的重要措施，也是达到变废为宝、化害为利目的的关键。

一、蛋鸡场生产废弃物对环境的污染和危害

（一）污染大气

据有关研究测定，粪便中散发气味的气体约由 120 种化合物组成，其中主要成分有氨、二氧化氮、硫化氢、二氧化碳、甲烷、甲基硫醇、三甲基氨、醇、醛、醚和粪臭素等气体。恶臭气体会直接影响鸡的健康，降低产肉、产蛋性能和抗病力。同时，难闻的异味和有害气体会影响工作人员的健康及工作效率。

（二）污染土壤、水源

未经处理的鸡粪和污水如直接排放进入附近的水域或深入地下，将使土壤、地面和地下水受到污染。结果使地表水溶解氧含量降低，硫化氢等有毒、有害物质含量增加，这样的水用于农田灌溉，可使作物晚熟或不熟，受害作物甚至出现大面积腐烂，造成减产或绝收。污水渗入地下，使地下水源恶化，水质变坏，危害人、畜健康。

（三）传染疾病

带病鸡及其粪便和死鸡如不经处理，则变为传播疾病的传染源。鸡舍内的污染物是致病细菌和真菌传播的载体；尘埃和空气可加速这些病原体的传播。污染物中的寄生虫体、虫卵，以及滋生的蚊蝇，可使病原菌种类、数量增大，寄生虫的大量繁殖和污染，会造成传染病和寄生虫病的蔓延。在大面积暴发流行时，将给养鸡业带来灾难性的危害。

二、污染物的无害化处理和利用

（一）鸡粪的无害化处理和利用

养鸡场最主要的废弃物是粪便，妥善处理好粪便是解决养鸡场环境保护的主要问题。

1. 鸡粪的异味处理 世界各国关于鸡粪除臭技术的研究工

作，目前可归纳为两类。第一类通过合理配制饲粮，以提高饲料消化率，从而减少粪便的排出量；增加饲料中蛋白质的消化吸收，以减少因氮的排放而产生的臭气。它又可分为三种：一是调节鸡饲料中氨基酸的平衡；二是通过改进饲料的加工工艺或添加蛋白酶等方法达到提高蛋白质消化率的目的；三是在饲料中加入臭气吸附剂，如蛭石、膨润土等。第二类是以控制鸡粪臭味为主要目的而采取的一些措施，主要有五种：一是使用遮蔽剂，即用一种混合型芳香化合物遮蔽粪臭味；二是使用中和剂，它是应用芳香性油与产生臭气的化合物发生化学反应，减少臭气的浓度；三是应用生物除臭剂，其原理是通过饲料中加入某种微生物，利用微生物产生的酶类降解产生臭气的化合物；四是使用吸附剂，如泥炭、沸石等化合物；五是使用化学除臭剂，应用一些具有强氧化作用的化学物质、氧化气味物质或添加杀菌剂，减少粪便堆积过程中产气微生物的繁殖，目前常用的有过氧化氢、高锰酸钾、甲醛等。

2. 用作农家肥　利用土壤的容纳能力，将其直接施于农田，既给土壤提供了丰富的有机质，又通过土壤中微生物发酵，改良了土壤结构，从而提高农作物的产量。但在使用前，应对鸡粪进行处理。有效的方法是采用腐熟堆肥法，有利于杀灭鸡粪中的细菌和寄生虫卵。也可用以下方法进行处理。

（1）高温堆沤处理法：高温堆沤处理法是将畜禽粪便、作物秸秆、垃圾、肥土等混合堆积进行自然发酵。由于堆内疏松多孔且空气流通，温度容易升高，一般可达 60 ~ 70 ℃，基本可杀死虫卵和病菌，同时也会使杂草种子丧失生存能力。虽然用这种方法肥料腐熟快，灭菌效果显著，但肥料肥分损失也较严重。如能在粪堆外面用泥密封或用细土覆盖，即可有效防止肥分损失。

（2）化学药剂处理法：如果农田急等用肥，而用高温堆沤处理又来不及时，可在粪便中直接加人适量的杀虫药剂，如

20%氨水、50%敌百虫或40%福尔马林等，都能起到杀菌杀卵的作用。另外，在粪便中加人一些化学肥料，如尿素、硝酸胺等，也同样可以达到除卵灭菌的目的。若在加入药剂后密封了3~5天再使用，效果则更佳。

（3）沼气发酵处理法：利用鸡粪在沼气池和罐内产生再生能源——沼气，既净化了场区环境，又有效地防止了鸡粪对人和鸡的危害。沼气又可作为能源，节约了煤电。发酵后的残留物无毒无味，不招蚊蝇，是很好的农作物肥料。鸡粪是沼气发酵的优质原料之一，尤其是高水分的鸡粪效果更好。鸡粪或秸秆以2∶1~3∶1的比例，在碳氮比13∶1~30∶1、pH值为6.8~7.4的条件下，利用微生物进行厌氧发酵，产生可燃性气体。当前能做到每千克鸡粪产生0.8~0.9立方米的可燃性气体，该气体的发热值很高，可以为生产和生活提供能源。

沼气发酵后的沼渣和沼液是农业生产的优质有机肥料和土壤改良剂，沼渣可以做底肥，沼液适宜做追肥用，沼渣也可用于养鱼、栽培食用菌和蚯蚓养殖等。

3. 作为动物饲料　与其他家畜相比较，鸡的消化道较短，饲料在消化道内的通过速度快，饲料消化率较低，饲料中营养物质未得到充分的消化和吸收即排出。所以鸡粪中仍含有大量未被利用的营养物质，如粗蛋白、粗脂肪、必需氨基酸和大量维生素等，用于养鱼效果良好，但必须经过科学无害化的处理。

处理方法有干燥处理、发酵处理等多种。干燥处理多采用机械热烘干，通过高温、热化、灭菌、脱臭等流水技术处理将鲜鸡粪制成干粉状；发酵处理是将鲜鸡粪烘干至含水率约为40%，再加入10%的玉米面，搅拌均匀，装入发酵罐内加热到40~50℃进行发酵，保持8小时，然后加热到80℃以上，持续10分钟，灭菌并杀死寄生虫卵，即成再生饲料。

（二）病死鸡的无害化处理

蛋鸡在饲养过程中，因疾病、管理及气候等方面的原因，会使鸡不可避免地发生死亡。在正常情况下，蛋鸡的每月死亡率为1%左右。如果暴发传染病，则死亡率更高。病死鸡的处理方法主要有以下四种：

1. 深坑掩埋　病死鸡不能直接埋入土壤中，因为这样容易造成土壤和地下水被污染。深埋时，应当建造用水泥板或砖块砌成的专用深坑。美国典型的禽用深坑长2.5~3.6米，宽1.2~1.8米，深1.2~1.8米。深坑建好后，要用土在其上方堆出一个0.6~1米高的小坡，使雨水向四周流走，并防止重压。地表最好种上草。深坑盖采用加压水泥板，板上留出2个圆孔，套上PVC管，使坑内部与外界相连。平时管口用牢固、不透水、可揭开的顶帽盖住。使用时通过管道向坑内扔死禽。此方法尚未发现环境污染的问题。

2. 焚烧处理　对病死畜禽特别是患有重大传染病的畜禽进行焚烧处理是一种常用的方法。以煤或油为燃料，在高温焚烧炉内将病死畜禽烧成灰烬。此方法可以避免地下水及土壤的污染，但常会产生较大的臭气，而且消耗燃料较多，处理成本较高。

3. 饲料化处理　死畜禽本身的营养成分丰富，蛋白质含量高。如果在彻底杀灭病原体的前提下，对死畜禽作饲料化处理，则可获得优质的蛋白质饲料。如利用蒸煮干燥机对死畜禽进行处理，通过高温、高压先做灭菌处理，然后干燥、粉碎，可获得粗蛋白达60%的肉骨粉。

4. 堆肥处理　堆肥的基本原理与粪便的堆肥处理相同。美国在20世纪80年代对死鸡和鸡粪作混合堆肥处理进行了广泛而深入的研究，认为这是一种既经济又有效的简便方法。通过堆肥发酵处理，可以消灭病菌和寄生虫，而且对地下水和周围环境没有污染。处理后转化形成的腐殖质是一种公认的优质有机肥。

（三）孵化废弃物的处理和利用

鸡蛋在孵化过程中也有大量的废弃物产生。第一次验蛋时可挑出部分未受精蛋（白蛋）和少量早死胚胎（血蛋）。出雏扫盘之后的残留物以蛋壳为主，有部分中后期死亡的胚胎（毛蛋），这些构成了孵化厂废弃物。

孵化废弃物经高温消毒、干燥处理后，可制成粉状饲料加以利用。由于孵化废弃物中有大量蛋壳，故其钙含量非常高，一般在17%～36%。生产表明，孵化废弃物加工料在生长鸡日粮中可替代6%的肉骨粉或豆粕，在蛋鸡料中则可占到16%。

（四）废水的无害化处理

蛋鸡场废水，主要由部分残余的或全部粪尿和饲料残渣、冲洗水组成，有的还包括工人生活、生产过程中产生的废水。废水富含高浓度的有机物和大量病原体。因此，必须加强废水的管理，防止废水对周围环境水体造成污染。

1. 废水的前处理　蛋鸡场废水在进行处理前，针对废水中的大颗粒物质或易沉降的物质，通常采用固液分离技术进行前处理。前处理技术一般有过滤、离心、沉淀等。常用的机械过滤设备有自动转鼓过滤机、转辊压滤机等。

2. 化学处理　通过向污水中加入某些化学物质，利用化学反应来分离、回收污水中的污染物质，或将其转化成无害的物质。处理的对象主要是污水中溶解性或胶体性污染物的去除。常用的方法有混凝法、化学沉淀法、中和法、氧化还原法等。

3. 微生物处理　根据微生物对氧的需求情况，废水的微生物处理法分为好氧生物处理法、厌氧生物处理法和自然生物处理法三种。

好氧生物处理法又分为活性污泥法和生物膜法两种。活性污泥法本身就是一种处理单元，它有多种运行方式。生物膜法有生物滤池、生物转盘、生物接触氧化池及生物流化床等。

厌氧生物处理法又名生物还原法，主要用于处理高浓度的有机废水和污泥，使用的处理设备主要是厌氧反应器。

自然生物处理法是独立于好氧生物处理和厌氧生物处理之外的废水生物处理方法，往往存在好氧、兼性和厌氧微生物的共同作用。自然生物处理又称为生态处理，包括稳定塘（氧化塘）处理、土地处理和湿地处理。氧化塘又有好氧塘、兼性塘、厌氧塘、曝气塘和水生植物塘之分。土地处理法有漫流法、渗滤法、灌溉法及毛细管法等。废水中有机污染物是多种多样的，为达到相应处理要求，往往需要通过几种方法和几个处理单元组成的系统进行综合处理。

第三章 蛋鸡健康养殖的品种选择与繁育技术

畜禽生产的关键是品种。世界粮农组织和发达国家评估报告显示，在影响农业动物高效、优质生产的众多因素中，品种的科技贡献最大，为 40%。因此，要实施蛋鸡的健康养殖，必须选择抗病力强、生产性能高的蛋鸡品种。

第一节　现代蛋鸡品种分类

家禽品种是人类生活和生产活动的产物，也是人类的生活资料和生产资料。人类从自身的需要出发，经过长期有意、无意的选择，创造了众多的家禽品种。

一、现代蛋鸡品种的概念

现代蛋鸡品种是蛋鸡遗传育种工作者运用遗传育种学原理，在传统的标准品种或地方品种的基础上，采用品系育种和品系杂交方法，培养出的具有特定商业代号的高产群体，也称配套系。

现代品种与标准品种及地方品种具有不同的概念。

标准品种是指经家禽技术人员有目的、有计划的系统选育，按育种组织制定的标准鉴定承认的，并列入标准品种志的品种。其注重的是血统的一致和典型的外貌特征，尤其注意羽色、冠形、体形等。收录到《大不列颠家禽标准品种志》和《美洲家禽标准品种志》的标准品种很多，但只有少数标准品种在某些生产性能上具有很强的优势，而被作为现代品种的育种素材，成为现代商业生产的主力，而大量的标准品种则因为生产性能无竞争力而逐步退出了现代养鸡生产。现代蛋鸡生产中常用的标准品种有"单冠白来航"、"洛岛红"、"新汉夏"和"横斑（芦花）洛克"等。现代的商用鸡种的祖先主要来自于这些品种或这些品种间复杂杂交的后代。

地方品种是劳动人民在长期的生产实践中，凭经验习惯选育出的具有一定特点，生产性能比较高，遗传性稳定，并在某一区域数量大、分布广的群体。其中浙江的"仙居鸡"、山东的"济宁百天鸡"都是著名的蛋用地方品种；另外，河南的"卢氏鸡"、四川"旧院黑鸡"、江西"东乡鸡"的绿壳蛋性状也很有特色。现代蛋鸡生产中，可以将绿壳蛋作为标记性状，用于生产"保健蛋"。

标准品种和地方品种都是经验育种阶段的产物，而现代品种则是现代育种的结晶，主要强调的是高产、稳产、优质、规格化的生产性能，是对标准品种和地方品种的继承和发展。

二、现代蛋鸡品种的分类

现代蛋鸡分类法主要以经济用途、经济性状和某些外貌特征或生产特性为分类依据。一般蛋用型鸡种，按所产蛋壳颜色不同，可分为白壳蛋鸡、褐壳蛋鸡、粉壳蛋鸡、绿壳蛋鸡四大类。

（一）白壳蛋鸡

全部来源于单冠白来航品种变种，通过培育不同的纯系来生产两系、三系或四系杂交的商品蛋鸡，雏鸡多采用羽速自别雌雄。白壳蛋鸡体型小，性成熟早，产蛋多，饲料效率高，无就巢性，适于集约化笼养管理。但其蛋重小，神经质，胆小怕人，抗应激性较差；好动爱飞，平养条件下需设置较高的围栏；啄癖多，特别是开产初期啄肛造成的伤亡率较高。国内外著名的白壳蛋鸡品种如下：

1. 京白 904　京白 904 为三系配套，是北京市种禽公司育成的北京白鸡系列中产蛋性能最佳的配套杂交鸡。父本为单系，母本两个系。这种杂交鸡的突出特点是早熟、高产、蛋大、生活力强、饲料报酬高。商品代 0 ~ 20 周龄育成率 92.17%；20 周龄体重 1.49 千克；群体 150 日龄开产（产蛋率达 50%），72 周龄产蛋数 288.5 枚，平均蛋重 59.01 克，总蛋重 17.02 千克；每千克蛋耗料 2.33 千克；产蛋期存活率 88.6%；产蛋期末体重 2 千克。由此表明，京白 904 最适合于密闭鸡舍饲养，在开放式鸡舍饲养时，产蛋性能发挥就略差一些。

2. 京白 823　京白 823 是北京市种禽公司从 1975 年起，以引进的商品蛋鸡为素材，在科研院校育种专家的通力合作下育成的两系配套杂交鸡。其 0 ~ 20 周龄育成率 96%；20 周龄体重 1.54 千克；156 日龄达 50% 产蛋率，72 周龄产蛋 255.6 枚，平均蛋重 58.4 克，总蛋重 14.93 千克；每千克蛋耗料 2.57 千克；产蛋期末体重 1.98 千克；产蛋期存活率 89.2%。

3. 京白 938　京白 938 是北京市种禽公司的科技人员为实现白壳蛋鸡羽速自别雌雄，减少翻肛鉴别公母带来的不利影响和费用，在原有京白 823 和 904 配套纯系的基础上，进行快羽和慢羽的选育。其 20 周龄育成率 94.4%；20 周龄体重 1.19 千克；21 ~ 72 周龄饲养日产蛋 303 枚，平均蛋重 59.4 克，总蛋重 18 千克；产蛋期存活率90%～93%。

4. 滨白42　滨白42是东北农学院利用引进素材育成的两系配套杂交鸡，是目前滨白鸡系列中产蛋性能最好、推广数量最多、分布最广的高产蛋鸡。其0～20周龄育成率96.9%；20周龄体重1.49千克；160日龄达50%产蛋率；72周龄产蛋量257.2枚，平均蛋重58克，总蛋重14.92千克，每千克蛋耗料2.72千克；产蛋期末体重1.96千克；产蛋期存活率85.3%。

5. 滨白584　滨白584是东北农业大学的专家从1986年起，引进海赛克斯白父母代作育种素材，与原有滨白鸡纯系进行杂交组合品系选育，经过6年的工作，1992年筛选出品系配套的滨白584高产蛋鸡。其72周龄饲养日产蛋量281.1枚，平均蛋重59.86克，总蛋重16.83千克，蛋料比1∶2.53，产蛋期存活率91.1%。

6. 星杂288　星杂288是由加拿大雪佛公司育成的。星杂288早先为三系配套，目前为四系配套。该品种的产蛋遗传潜力为300枚，雪佛公司保证入舍鸡产蛋量260～285枚，20周龄体重1.25～1.35千克，产蛋期末体重1.75～1.95千克，0～20周龄育成率95%～98%，产蛋期存活率91%～94%。

7. 海赛克斯白　海赛克斯白系荷兰优利布里德公司育成的四系配套杂交鸡。以产蛋强度高、蛋重大而著称，被认为是当代最高产的白壳蛋鸡之一。该鸡种135～140日龄见蛋，160日龄达50%产蛋率，210～220日龄产蛋高峰就超过90%以上，总蛋重16～17千克。据英国、瑞典、德国、比利时、奥地利等国测定，72周龄产蛋量274.1枚，平均蛋重60.4克，每千克蛋耗料2.6千克；产蛋期存活率92.5%。

8. 巴布可克B－300　巴布可克B－300系美国巴布可克公司育成的四系配套杂交鸡。由于巴布可克公司已被法国依莎公司兼并，该鸡现称“依莎巴布可克B－300”。该鸡的特点是产蛋量高，蛋重适中，饲料报酬高。商品鸡0～20周龄育成率97%，产蛋期存活率90%～94%，72周龄入舍鸡产蛋量275枚，饲养日产蛋量283枚，平均蛋重61克，总蛋重16.79千克，每千克蛋耗料2.5～2.6千克，产蛋期末体重1.6～1.7千克。

9. 尼克白鸡 尼克白鸡系美国辉瑞公司育成的三系配套杂交鸡。其72周龄产蛋量272枚，平均蛋重60.1克，每千克蛋耗料2.5千克；产蛋期末体重1.81千克；产蛋期存活率92.54%。

10. 罗曼白 罗曼白系德国罗曼公司育成的两系配套杂交鸡，即精选罗曼SLS。由于其产蛋量高，蛋重大，引起了人们的重视。其0～20周龄育成率96%～98%；20周龄体重1.3～1.35千克；150～155日龄达50%产蛋率，高峰产蛋率92%～94%，72周龄产蛋量290～300枚，平均蛋重62～63克，总蛋重18～19千克，每千克蛋耗料2.3～2.4千克；产蛋期末体重1.75～1.85千克；产蛋期存活率94%～96%。

11. 海兰W－36 海兰W－36系美国海兰国际公司育成的配套杂交鸡。其0～18周龄育成率97%，平均体重1.28千克；161日龄达50%产蛋率，高峰产蛋率91%～94%；32周龄平均蛋重56.7克，70周龄平均蛋重64.8克，80周龄入舍鸡产蛋量294～315枚，饲养日产蛋量305～325枚；产蛋期存活率90%～94%。雏鸡可通过羽速自别雌雄。

12. 迪卡白 迪卡白系美国迪卡布公司育成的配套杂交鸡。据德国1988～1989年抽样测定资料：500日龄产蛋299.5枚，平均蛋重61.1克，总蛋重18.26千克，每千克蛋耗料2.4千克；产蛋期存活率97.9%。

13. 雅康白 雅康白壳蛋鸡是以色列育成的配套杂交鸡，开产日龄为160～167天，72周龄产蛋290枚左右，平均蛋重62～64克，产蛋期死亡率6%～8%，蛋料比为1∶2；快慢羽速自别雌雄。

（二）褐壳蛋鸡

褐壳蛋鸡多为洛岛红、洛岛白、苏塞克斯等兼用型鸡或合成系之间的配套杂交鸡。最主要的配套模式是以洛岛红（含隐性金色基因 s）为父系，洛岛白或白洛克（含显性银色基因 S）等作母系，雏鸡采用金银色实现羽色自别雌雄。利用横斑基因作自别雌雄时，则以洛岛红、澳洲黑等非横斑羽品种作父系，以横斑洛克为母系。褐壳蛋鸡蛋重大，蛋的破损率较低，适于运输和保存；鸡的性情温顺，对应激因素的敏感性较低，耐寒性好，啄癖少，死淘率较低，但褐壳蛋鸡体型大，耗料多，有偏肥的倾向，耐热性较差。国内外著名的褐壳蛋鸡品种如下：

1. 依莎褐　依莎褐系法国依莎公司育成的四系配套杂交鸡，是目前国际上最优秀的高产褐壳蛋鸡之一。依莎褐父本两系为红褐色，母本两系均为白色，商品代雏可用羽色自别雌雄。其 0 ~ 20 周龄育成率 97% ~98%；20 周龄体重 1.6 千克；23 周龄达 50% 产蛋率；25 周龄母鸡进入产蛋高峰期，高峰产蛋率 93%；76 周龄入舍鸡产蛋量 292 枚，饲养日产蛋量 302 枚，平均蛋重 62.5 克，总蛋重 18.2 千克，每千克蛋耗料 2.4 ~2.5 千克；产蛋期末母鸡体重 2.25 千克；存活率 93%。

2. 海赛克斯褐　海赛克斯褐系荷兰尤利布里德公司育成的四系配套杂交鸡。该鸡在世界分布也较广，是目前国际上产蛋性能最好的褐壳蛋鸡之一。父本两系均为红褐色，母本两系均为白色，商品代雏鸡可用羽色自别雌雄。其 0 ~ 20 周龄育成率 97%；20 周龄体重 1.63 千克；78 周龄产蛋量 302 枚，平均蛋重 63.6 克，总蛋重 19.2 千克；产蛋期存活率 95%。目前全国各地均有饲养，普遍反映该鸡种不仅产蛋性能好，而且适应性和抗病力强。

3. 罗曼褐　罗曼褐是德国罗曼公司育成的四系配套、产褐壳蛋的高产蛋鸡。父本两系均为褐色，母本两系均为白色。商品代雏鸡可用羽色自别雌雄。其0～20周龄育成率97%～98%，152～158日龄达50%产蛋率；0～20周龄总耗料7.4～7.8千克，20周龄体重1.5～1.6千克；高峰期产蛋率为90%～93%，72周龄入舍鸡产蛋量285～295枚，12月龄平均蛋重63.5～64.5克，入舍鸡总蛋重18.2～18.8千克，每千克蛋耗料2.3～2.4千克；产蛋期末体重2.2～2.4千克；产蛋期母鸡存活率94%～96%。

4. 迪卡褐 迪卡褐是美国迪卡布公司育成的四系配套杂交鸡。父本两系均为褐羽，母本两系均为白羽。商品代雏鸡可用羽色自别雌雄。其20周龄体重1.65千克；0～20周龄育成率97%～98%；24～25周龄达50%产蛋率；高峰产蛋率达90%～95%，90%以上的产蛋率可维持12周，78周龄产蛋量为285～310枚，蛋重63.5～64.5克，总蛋重18～19.9千克，每千克蛋耗料2.58千克；产蛋期存活率90%～95%。

5. 黄金褐 黄金褐是美国迪卡布公司培育的配套系蛋鸡，其特点是体型较小，外貌与迪卡褐无多大区别。黄金褐商品鸡育成期育成率96%～98%，产蛋期存活率94%～96%。72周龄入舍鸡产蛋量290～310枚，平均蛋重63～64克，高峰产蛋率92%～95%。蛋料比1:(2.07～2.28)。开产体重1.45～1.6千克，成年母鸡体重2.05～2.15千克。

6. 罗斯褐 罗斯褐为英国罗斯公司育成的四系配套杂交鸡。父本两系褐羽，母本两系白羽，商品代雏鸡可根据羽色自别雌雄。其0～18周龄总耗料7千克，19～76周龄总耗料45.7千克；18周龄体重1.38千克，76周龄体重2.2千克；25～27周龄产蛋高峰，72周龄入舍鸡产蛋量280枚，76周龄产蛋量298枚，平均蛋重61.7克，每千克蛋耗料2.35千克。

7. 农大褐 农大褐是北京农业大学以引进的素材为基础，利用合成系育种法育成的四系配套杂交鸡。父本两系均为红褐色，母本两系均为白色。其特点是父母代和商品代雏鸡都可用羽色自别雌雄。商品代0～20周龄育成率96.7%；20周龄鸡的体重1.53千克；163日龄达50%产蛋率，72周龄产蛋量278.2枚，平均蛋重62.85克，总蛋重16.65千克，每千克蛋耗料2.31千克；产蛋期末体重2.09千克；产蛋期存活率91.3%。

8. 海兰褐　海兰褐是美国海兰国际公司育成的四系配套杂交鸡。父本红褐色，母本白色。商品代雏鸡可用羽色自别雌雄。其0～20周龄育成率97%；20周龄体重1.54千克，156日龄达50%产蛋率，29周龄达产蛋高峰，高峰产蛋率91%～96%，18～80周龄饲养日产蛋量299～318枚，32周龄平均蛋重60.4克，每千克蛋耗料2.5千克；20～74周龄蛋鸡存活率91%～95%。

9. 星杂566　星杂566是加拿大雪佛公司培育的四系配套杂交鸡。星杂566是采用非横斑与横斑的伴性遗传原理实现雏鸡羽色自别雌雄。商品代鸡72周龄产蛋量245～265枚，平均蛋重64克，总蛋重15.7～17千克；每千克蛋耗料2.5～2.7千克。与星杂566羽色相似的蛋鸡还有哈可、海兰黑鸡等。

10. B－6鸡　B－6鸡是国内选育的唯一黑羽的褐壳蛋鸡，是中国农业科学院畜牧研究所育成的两系配套杂交鸡，用引进的素材通过封闭群家系选育方法育成的。父本羽色红褐，母本鸡为斑纹洛克，俗称芦花鸡，商品代鸡可用羽色自别雌雄：公雏绒毛黑色，头顶上有一白色的亮斑，母雏绒毛也是黑色，但头顶上没有黑色亮斑。公雏长大后羽毛呈杂色的斑纹，母雏长大后羽毛变成黑色或麻黑、麻黄色。商品代0～20周龄育成率93.5%；20周龄体重1.68千克；155日龄达50%产蛋率，72周龄产蛋量274.6枚，平均蛋重58.28克，总蛋重16.01千克，每千克蛋耗料2.54千克；产蛋期末体重2.1千克；产蛋期存活率82.7%。该鸡种体型偏大，蛋重偏小。公雏带有色羽毛，生长快，肉质好，很受养殖者欢迎。

11. 京红 1 号 京红 1 号是北京华都峪口禽业有限责任公司在我国饲养环境下自主培育出的优良褐壳蛋鸡配套系，配套系父母代雌雄自别准确率高达 98% 以上，商品代自别准确率接近 100% 。具有适应性强、开产早、产蛋量高、耗料低等特点。商品代蛋鸡育雏育成期成活率 96% ~98% ，产蛋期成活率 92% ~95% ，高峰产蛋率 93% ~96% ，产蛋期料蛋比（2.1 ~2. 2）:1；72 周龄产蛋总重可达 19. 4 千克以上。

（三）粉壳蛋鸡

粉壳蛋鸡是由洛岛红品种与白来航品种间正交或反交所产生的杂种鸡，其蛋壳颜色介于褐壳蛋与白壳蛋之间，呈浅褐色，严格地说属于褐壳蛋，群众都称其为粉壳蛋。其羽色以白色为背景，有黄、黑、灰等杂色羽斑，与褐壳蛋鸡又不相同。因此，就将其分为粉壳蛋鸡一类。

1. 星杂 444 星杂 444 是加拿大雪佛公司育成的三系配套杂交鸡。商品代 72 周龄产蛋量 265 ~280 枚，平均蛋重 61 ~63 克，每千克蛋耗料 2. 45 ~2. 7 千克，产蛋期存活率 91. 3% ~92. 7% 。

2. 农昌 2 号 农昌 2 号是北京农业大学育成的两系配套杂交鸡，父系为白来航品系，母系为红褐羽的合成系。商品雏可通过羽速自别雌雄。0 ~20 周龄育成率 90. 2% ；开产体重 1. 49 千克；161 日龄达 50% 产蛋率，72 周龄产蛋量 255. 1 枚，平均蛋重 59. 8 克，总蛋重 15. 25 千克，每千克蛋耗料 2. 55 千克；产蛋期末体重 2. 07 千克；产蛋期存活率 87. 8% 。

3. B –4 鸡 B –4 鸡是由中国农业科学院畜牧研究所以星杂 444 为素材育成的两系配套杂交鸡。父系为洛岛红品种，母系为白来航品种。该杂交鸡羽色灰白带有褐色或黑色羽斑。0 ~20 周龄育成率 93. 4% ；开产体重 1. 78 千克；165 日龄达 50% 产蛋率，72 周龄产蛋 254. 3 枚，平均蛋重 59. 6 克，总蛋重 15. 16 千克，料蛋比 2. 75:1；产蛋期末存活率 82. 9% 。

4. 自别雌雄新型 B－4 鸡 自别雌雄新型 B－4 鸡是中国农业科学院畜牧研究所在原 B－4 鸡的基础上经过几年选育，于 1993 年建立起纯快羽和纯慢羽的配套品系，实现了商品鸡自别雌雄的目标，既可羽速自别雌雄，也可部分羽色自别雌雄，这是新型 B－4 鸡的突出特点。自别雌雄准确率达 98% 以上。商品鸡 0～20 周龄育成率 96%，155 天达 50% 产蛋率，25 周龄进入 80% 以上产蛋高峰期，其最高产蛋率 96.3%，72 周龄饲养日产蛋 276.7 枚，平均产蛋率 76%，平均蛋重 60.7 克，总蛋重 16.8 千克，蛋料比 1∶2.51；产蛋期末体重 1.72 千克；存活率 87.7%。

5. 京白 939 京白 939 是北京市种禽公司的科研人员1993～1994 年进行选育的粉壳蛋鸡配套系。父本为褐壳蛋鸡，母本为白壳蛋鸡。杂交商品鸡可羽速自别雌雄。20 周龄育成率 95%，产蛋期存活率 92%，20 周龄体重 1.51 千克，21～72 周龄饲养日产蛋量 302 枚，平均蛋重 62 克，总蛋重 18.7 千克。

6. 雅康粉壳蛋鸡 雅康粉壳蛋鸡是以色列“PBU”育种公司育成的配套杂交鸡。父本为白来航品种，带有快羽基因，母本白羽产褐壳蛋，有洛克型鸡的血型，带慢羽基因。因此，商品代可用羽速自别雌雄。雅康鸡属中型蛋鸡，0～20 周龄育成率 96%～97%；160 日龄达 50% 产蛋率，72 周龄产蛋 265～280 枚，平均蛋重 61～63 克；产蛋期存活率 91%～94%。

7. 海兰灰 海兰灰是美国海兰公司培育出的高产粉壳鸡，父本与海兰褐鸡父本为同一父本，母本白来航。商品代初生雏鸡全身绒毛为鹅黄色，有小黑点呈点状分布全身，可以通过羽速鉴别雌雄，成年鸡背部羽毛呈灰浅红色，翅间、腿部和尾部成白色，皮肤、喙和胫的颜色均为黄色，体型轻小清秀。其 0～18 周龄成活率为 98%；达 50% 产蛋率平均日龄 151 天；高峰期产蛋率 94%；20～74 周龄饲养日产蛋数 310 枚，成活率达 93%；72

周龄产蛋量18.4千克；料蛋比为2.3∶1。

8. 罗曼粉 罗曼粉是德国罗曼公司培育出的高产粉壳蛋鸡，商品代白羽，抗应激能力强。0～18周龄成活率97%～98%；18～78周龄成活率94%～96%；18周龄体重1.4～1.5千克；50%产蛋率日龄140～150天；入舍鸡78周龄产蛋量335～340枚；平均蛋重63～64克。

9. 尼克珊瑚粉 尼克珊瑚粉是由美国尼克国际公司育成的配套杂交鸡。其特点是开产早、产蛋多、体重小、耗料少、适应性强。商品代的生产性能为：150～155日龄开产，80周龄产蛋量325～345枚，平均蛋重60～62克，料蛋比为（2.1～2.3）∶1；18周龄体重1.35千克；产蛋期成活率89%～94%。

10. 京粉1号 京粉1号是北京华都峪口禽业有限责任公司在我国饲养环境下自主培育出的优良粉壳蛋鸡配套系，雏鸡雌雄自别准确率接近100%。具有适应性强、开产早、产蛋量高、耗料低等特点。商品代蛋鸡育雏育成期成活率96%～98%，产蛋期成活率92%～95%，高峰产蛋率93%～96%，产蛋期料蛋比为（2.1～2.2）∶1；72周龄产蛋总重可达19.4千克以上。

（四）绿壳蛋鸡

1. 东乡黑羽绿壳蛋鸡 东乡黑羽绿壳蛋鸡由江西省东乡县农业科研所和江西省农业科学院畜牧所培育而成。体型较小，适应性强，羽毛全黑、乌皮、乌骨、乌肉、乌内脏，喙、趾均为黑色。母鸡羽毛紧凑，单冠直立，冠齿5～6个，眼大有神，大部分耳叶呈浅绿色，肉垂深而薄，羽毛片状，胫细而短，成年体重1.1～1.4千克。大群饲养的商品代，绿壳蛋比率为80%左右。由于该品种抱窝性较强（15%左右），因而产蛋率较低。

2. 三凰绿壳蛋鸡 三凰绿壳蛋鸡由江苏省家禽研究所（现中国农业科学院家禽研究所）选育而成。有黄羽、黑羽两个品系，其血缘均来自于我国的地方品种，单冠、黄喙、黄腿、耳叶红色。开产日龄 155 ~ 160 天，开产体重母鸡 1.25 千克，公鸡 1.5 千克；300 日龄平均蛋重 45 克，500 日龄产蛋量 180 ~ 185 枚，父母代鸡群绿壳蛋比率 97% 左右；大群商品代鸡群中绿壳蛋比率 93% ~95%。成年公鸡体重 1.85 ~ 1.9 千克，母鸡 1.5 ~ 1.6 千克。

3. 三益绿壳蛋鸡　三益绿壳蛋鸡由武汉市东湖区三益家禽育种有限公司杂交培育而成，其最新的配套组合为东乡黑羽绿壳蛋鸡公鸡做父本，国外引进的粉壳蛋鸡做母本，进行配套杂交。商品代鸡群中麻羽、黄羽、黑羽基本上各占 1/3，可利用快慢羽鉴别法进行雌雄鉴别。母鸡单冠、耳叶红色、青腿、青喙、黄皮；开产日龄 150 ~ 155 天，开产体重 1.25 千克，300 日龄平均蛋重 50 ~ 52 克，500 日龄产蛋量 210 枚，绿壳蛋比率 85% ~ 90%，成年母鸡体重 1.5 千克。

4. 新杨绿壳蛋鸡　新杨绿壳蛋鸡由上海新杨家禽育种中心培育。父系来自于我国经过高度选育的地方品种，母系来自于国外引进的高产白壳或粉壳蛋鸡，经配合力测定后杂交培育而成，以重点突出产蛋性能为主要育种目标。商品代母鸡羽毛白色，但多数鸡身上带有黑斑；单冠，冠、耳叶多数为红色，少数黑色；60% 左右的母鸡青脚、青喙，其余为黄脚、黄喙；开产日龄 140 天（产蛋率 5%），产蛋率达 50% 的日龄为 162 天；开产体重 1.0 ~1.1 千克，500 日龄入舍母鸡产蛋量达 230 枚，平均蛋重 50 克，蛋壳颜色基本一致，大群饲养鸡群绿壳蛋比率 70% ~75%。

5. 招宝绿壳蛋鸡　招宝绿壳蛋鸡由福建省永定县雷镇闽西招宝珍禽开发公司选育而成。该鸡种和江西东乡绿壳蛋鸡的血缘来源相似。母鸡羽毛黑色，黑皮、黑肉、黑骨、黑冠。开产日龄较晚，为 165 ~ 170 天，开产体重 1.05 千克，500 日龄产蛋量 135 ~ 150 枚，平均蛋重 42 ~ 43 克，商品代鸡群绿壳蛋比率 80% ~85%。

6. 昌系绿壳蛋鸡 昌系绿壳蛋鸡原产于江西省南昌县。该鸡种体型矮小，羽毛紧凑，未经选育的鸡群毛色杂乱，大致可分为四种类型，即白羽型、黑羽型（全身羽毛除颈部有红色羽圈外，均为黑色）、麻羽型（麻色有大麻和小麻）、黄羽型（同时具有黄肤、黄脚）。头细小，单冠红色；喙短稍弯，呈黄色。体重较小，成年公鸡体重1.30～1.45千克，成年母鸡体重1.05～1.45千克，部分鸡有胫毛。开产日龄较晚，大群饲养平均为182天，开产体重1.25千克，开产平均蛋重38.8克，500日龄产蛋量89.4枚，平均蛋重51.3克，就巢率10%左右。

7. 矮小型绿壳蛋鸡 矮小型绿壳蛋鸡育成于河南农业大学家禽种质资源场，由我国地方绿壳蛋鸡品种导入矮小基因选育而成。体型较小，成年鸡仅体重1.2～1.4千克，羽色为黄麻羽和黑羽，500日龄产蛋量210～220枚，绿壳率96%，平均蛋重45克左右。

第二节 现代蛋鸡品种的特征

一、优良的生产性能

现代蛋鸡品种均是采用现代育种方法培养出的商业配套系，其具有明确的育种目标，即全面提高生产性能。为实现这一目标，育种者广泛运用现代遗传育种原理和方法，不断提高纯系育种群的育种值，并利用杂种优势，使商品鸡和种鸡的生产性能得到持续不断的遗传改良。因此，现代蛋鸡品种的突出特征是生产性能不断提高，群体高产、整齐、规格化。如现代的白壳蛋鸡年产蛋量已超过300枚，而其母源单冠白来航标准品种仅为220枚左右。现代家离品种并不像标准品种那样强调完全一致的外形特征，有些纯系培育过程中采用合成系育种，冠形和羽色并不完全一致，但只要不影响生产性能的提高，外貌上的变异是允许的。

二、特有的商品命名

现代蛋鸡业以商业育种为标志，品种是商业化育种的产物。蛋鸡品种名称完全脱离了原有的标准品种名称，而采用育种公司命名或商业代号。如京白 904（北京种禽公司）、海兰 W36（美国海兰公司）、罗曼 LSL（德国罗曼公司）实质上都属于单冠白来航的品种变种。有时育种公司倒闭或被兼并后，原有纯系和配套系被其他公司收购，商业品种名称也随之而变，但实质还是相同的。因此，称现代鸡种为品种是不确切的，一般称为商用品系。

三、专门化配套品系

现代蛋鸡生产均是采用培育成的专门化的杂交配套系。种鸡和商品代鸡严格划分，不同代次的种鸡按固定的杂交繁育模式向下垂直单向传递纯系的遗传进展，直至配套出商品代，商品代专门用于产蛋，产蛋结束后不再进行肥育作肉用。因为从遗传上讲，要同时提高产蛋量和生长速度是十分困难的，所以，已基本没有兼用型鸡种的存在。蛋鸡配套系中，父系和母系分别着重对蛋重和产蛋量进行选择，通过杂交获得高的产蛋总重。

第三节　蛋鸡健康养殖品种繁育技术

20 世纪以前，世界各国的养鸡业，大多是采用地方品种鸡以及标准品种鸡。20 世纪 30 年代，美国的海兰公司率先借用玉米杂交育种方面的原理应用在蛋鸡育种中，即先培育不同性状的纯系鸡群，然后开展品系杂交。至20世纪40年代，杂交鸡进入市场，并迅速取代了纯繁鸡，成为商品鸡生产的主流。到70年代以后，大规模工厂化养鸡生产中几乎全部采用了杂交鸡。杂交配套模式以最早的二元杂交逐步发展到了三元和四元杂交，以便在父母代利用杂种优势、提高繁殖性能。由此在现代养鸡生产中形成了结构复杂、层次分明的杂交繁育体系。

一、杂交繁育体系的结构

杂交繁育体系是将纯系选育、配合力测定以及种鸡扩繁等环节有机结合起来形成的一套体系。在杂交繁育体系中，将育种工作和杂交扩繁任务划分给相对独立而又密切配合的育种场和各级种鸡场来完成，使各个部门的工作专门化。完善的杂交繁育体系形成一个金字塔结构，由育种体系和制种体系两大部分组成。

（一）育种体系

在育种场内同时进行多个纯系的选育工作，经过配合力测定，选育出具有明显杂种优势、生产性能突出的杂交组合，固定下来形成配套系进入制种程序。育种体系由种质资源场、育种场、配合力测定站组成，各部分的功能如下：

1. 种质资源场 种质资源场收集、保存各种品种、品系，进行繁殖、观察，研究它们的特征、特性及其遗传状况，发掘可能利用的基因，给育种场提供育种素材。种质资源场又称“基因库”。

2. 育种场 育种场采用现代化的育种方法，培育出专门化品系或配套系，在育种场内，还可以根据育种进程的需要，开展系间配合力测定工作。

3. 配合力测定站 配合力测定站一方面了解育种场培育的纯系是否可以用来生产高产的商品代杂交鸡，另一方面是要确定各系在配套生产中的制种位置。为减少盲目性，要对每一杂交组合可能的成绩进行对比测定，测定站所采用的饲养管理条件应一致，测定的结果可定期予以公布。

（二）制种体系

利用育种场提供的配套纯系进行扩繁（杂交制种）。扩繁过程中，必须按照固定的配套模式将纯系内获得的遗传进展依次传递下来，并将不同纯系的特长组合在一起，产生杂种优势，最终体现在商品代，使商品代的生产性能得以提高，同时还要在数量上满足市场对商品鸡的需求。制种体系由曾祖代场、祖代场、父母代场组成，各部分功能如下：

1. 曾祖代场　曾祖代场又叫原种繁殖场，是制种体系的中心。任务是根据育种场和测定站的测定结果，将最优组合的亲代（由育种场培育而来）进行扩群繁殖，进行纯繁制种及纯繁保种（选育提高），为祖代场提供各品系的单性鸡（A♂、B♀、C♂、D♀）。

2. 祖代场　祖代场又叫一级种鸡场，任务是由曾祖代场引入纯系单性别种鸡（祖代鸡），在此进行第一次杂交制种（A♂×B♀；C♂×D♀），为父母代场提供一代杂交单性鸡（AB♂、CD♀）。

3. 父母代场　父母代场又叫二级种鸡场。任务是饲养祖代场提供的父母代种鸡，进行第二次杂交，生产三元或四元杂交鸡，供商品场使用。

4. 商品生产场　商品生产场专门饲养商品代杂交鸡用于生产商品蛋。

二、杂交繁育体系的形式

杂交繁育体系根据参与杂交配套的纯系数目分两系杂交、三系杂交、四系杂交甚至五系杂交等，而以三系杂交和四系杂交最为普遍。

（一）两系杂交

两系杂交是比较原始的形式，由两个系杂交进行商品代的生产，是最简单的杂交配套模式。两系杂交从纯系育种群到商品代的距离短，因而遗传进展传递快，但不能在父母代利用杂种优势来提高繁育性能，而且扩繁层次少，故供种量少，对育种公司的利益不利。因此，大型育种公司基本已不提供两系杂交的配套组合。

（二）三系杂交

三系杂交是目前应用较为普遍的配套模式，由 3 个纯系参与生产商品代。三系配套时，父母代母本是二元杂交种，其繁殖性能有一定的杂种优势，再与父亲杂交仍可在商品代产生杂种优势，对提高商品代性能是有利的。在供种数量上，目标经过祖代和父母代二级扩繁，供种量可大幅度增加，而父系虽然只有一级扩繁，但公鸡需要量本来就少，所以完全可满足需要。

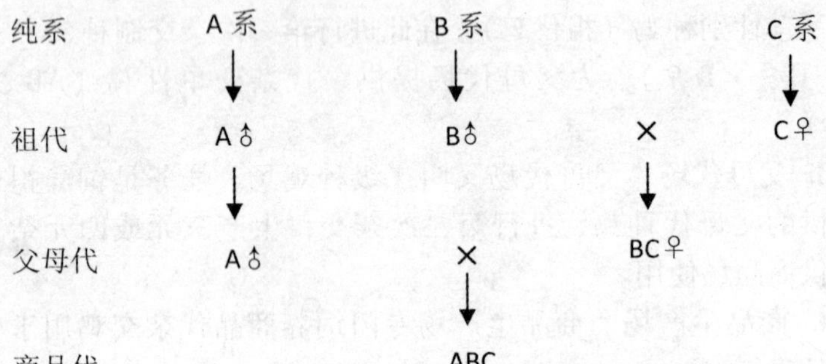

图 3－1　三系杂交配套

（三）四系杂交

四系杂交是仿照玉米自交系双杂交模式建立的。从育种公司的商业角度看，四系配套时，父母代父本和母本都是二元杂交种，有利于控制种源，保证供种的连续性，保护育种公司的利益。但从鸡育种中积累的资料看，四系杂交遗传进展传递比三系杂交慢，四系杂种的生产性能不但没有明显超过两系杂种和三系杂种，而且在多数情况下不如后者或基本相近。实际生产中，有不少育种公司的鸡种是按四系配套宣传和报价，而以三系配套的形式供种。

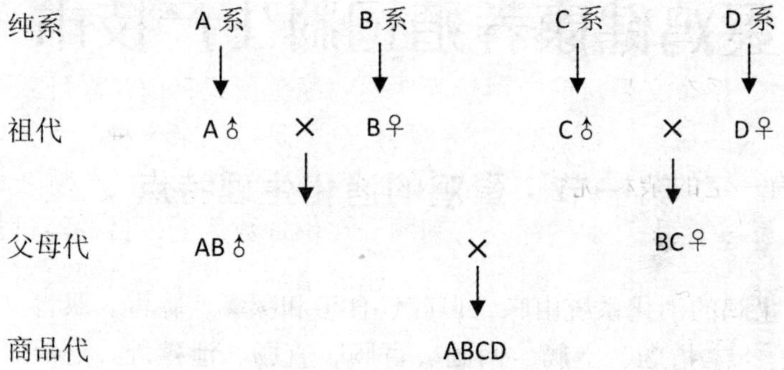

图3－2　四系杂交配套

此外，有时还能见到五系配套的鸡种，但这种配套形式不管在遗传进展的传递速度还是杂种优势的利用都没有什么好处，因而在生产中没有多少实用价值。

第四章
蛋鸡健康养殖饲料生产技术

第一节　蛋鸡的消化生理特点

蛋鸡的消化系统由喙、口腔、食道和嗉囊、腺胃、肌胃（砂囊）、十二指肠、空肠、回肠、盲肠、直肠、泄殖腔、肝脏、胰腺等组成。

蛋鸡靠喙采食饲料，喙呈圆锥形，稍向下弯曲。喙端有丰富而敏感的物理感受器，因此，饲料的物理特性（如颗粒的大小和硬度）对鸡的摄食及消化影响很大。蛋鸡对不同直径粒度大小的选择与喙的口径大小有关，适度的颗粒大小及硬度有助于提高蛋鸡的生产性能。

鸡口腔内无牙齿，舌较硬，肌组织较少，舌黏膜上缺乏味觉乳头，仅分布有数量少、结构简单的味蕾，只能经验性地感觉味道。鸡的味蕾数为猪的 0.16%，为兔的 0.14%。幼龄鸡仅有 12 个味蕾，3 月龄增加到 24 个左右。鸡的味觉敏感度低，对苦味健胃剂，如龙胆末、番木鳖酊等不能反射性地引起健胃作用，而大蒜、醋等助消化作用强。鸡对水温敏感，不喜欢饮高于气温的水，但不拒绝饮冰冷的水。在高温环境中，饮水温度应低，能增加饮水量，缓解热应激。

鸡口腔中唾液腺不发达，能分泌含少量淀粉酶的酸性黏液，消化作用不大，只能起润湿饲料便于吞咽的作用。

饲料与口腔内分泌的黏液混合后经食道进入嗉囊。嗉囊是食道进入胸腔入口处之前形成的膨大部位。鸡的嗉囊比较发达，主要起储存食物的作用。由于鸡不属逆呕动物，因此一旦发生药物中毒，不宜使用催吐剂排毒，而应实施嗉囊切开术。嗉囊内食物由于唾液和食道黏液的渗入，并栖居有大量的微生物，能使进入的食物在这些微生物的作用下发酵、软化、膨胀和溶解，并产生大量有机酸和少量挥发性脂肪酸，少部分被就地吸收，大部分在消化道后段被吸收。据实验，鸡切除嗉囊后食欲不振，饲料消化吸收率下降。全天自由采食的鸡，饲料能在嗉囊中停留发酵，可提高饲料的消化吸收率。

鸡的胃分为腺胃和肌胃。腺胃又称前胃，位于食管胸段与肌胃之间。鸡的腺胃呈纺锤形，腺胃黏膜有 30 ~ 40 个乳头，当鸡患新城疫、禽流感和喹乙醇中毒时，腺胃乳头可能出血。鸡的腺胃黏膜缺乏主细胞，胃液（胃蛋白酶原和盐酸）由其壁细胞分泌。由于腺胃的体积小，食物在腺胃停留的时间较短，胃液的消化作用主要是在肌胃内进行。肌胃与腺胃相通，又称沙囊，肌层发达，内有一层黄色的角质膜，是碳水化合物和蛋白质的复合物，其组织构造特殊，坚韧，对蛋白酶、稀酸、稀碱及有机溶剂均有抗性，并具有磨损脱落和不断修补更新的特点。肌胃内一般有沙砾，当肌胃进行收缩运动时，沙砾便和食物混合，将食物磨碎，起着口腔的咀嚼作用，同时也提高了食物与胃液的接触表面积，使之更易消化。据报道，如将肌胃内沙砾除去，鸡对饲料的消化率可降低 25% ~ 30%，粪中出现整粒饲料。如鸡从小就饲喂磨得很细、缺乏纤维和沙砾的饲料，常发生肌胃发育不良，腺胃扩张的现象。

鸡肠道分为小肠和大肠，小肠与肌胃相连接，由十二指肠、空肠和回肠组成，是蛋白质、碳水化合物、脂肪、维生素以及矿物元素进行消化和吸收的主要场所。在小肠中有肠液、胰液和胆汁，肠液由小肠黏膜分泌，含有肠肽酶、肠脂肪酶、肠激酶及淀粉酶等。胰液由胰腺分泌，含有淀粉酶、脂肪酶和胰蛋白酶。胆汁由肝脏分泌并流入胆囊，在采食消化时被挤压进十二指肠，可起到乳化脂肪、激活胰脂肪酶的作用。胆汁内含有胆酸盐、胆色素、胆固醇、磷脂和无机盐，不含有消化酶。大肠由 2 条发达的盲肠和 1 条很短的直肠组成。盲肠位于小肠和直肠的交界处，盲端向心，但食糜可通过肠道逆蠕动进入盲肠。盲肠内有大量的细菌和微生物，可分解食糜中的蛋白质和氨基酸，产生氨、胺类和有机酸，并能利用非蛋白氮物质合成菌体蛋白质以及 B 族维生素和维生素 K 等。鸡的直肠很短，只有 3 ~4 厘米，无消化作用，只能吸收水分和一部分盐类。

泄殖腔是禽类特有的器官，是肠管末端膨大而形成的腔道，为消化、泌尿、生殖三系统的共同通道。成鸡泄殖腔最宽横径 2. 5 厘米，背腹径 2. 0 厘米，前后长 2. 5 厘米，如存积粪便时体积更大。泄殖腔内有两个由黏膜形成的不完整环行襞，把泄殖腔分为粪道、泄殖道和肛道。由于粪尿混合一起排泄，因此消化试验不易进行。

由于鸡的消化道短，成年鸡仅为 150 厘米左右，体长与消化道的长度比为 1∶(4 ~6)，故饲料通过消化道的时间大大短于家畜。一般饲料在采食后 4 小时可排出，24 小时内可排泄不能消化的部分。因此，配制蛋鸡饲粮时，要充分适应鸡的消化生理特点，使饲料中营养物质在鸡消化能力允许条件下，最大限度消化可能消化的营养物质，提高饲料利用效率。研究表明，鸡对谷实类饲料的消化率与家畜无明显差异，但对饲料粗纤维的消化能力很低，尽管盲肠可消化粗纤维，但进入盲肠内的食糜仅有 6% ~

10%，因此蛋鸡饲料粗纤维的含量不易过高。一般不应超过5%，否则将降低饲料利用率，造成饲料的浪费。另外，鸡自身合成B族维生素与利用非蛋白氮合成蛋白质的能力非常差，饲料中必须提供足够的维生素和蛋白质。

第二节 蛋鸡的营养需要和饲养标准

蛋鸡的营养需要是指蛋鸡在一定的环境条件下，维持生命正常、健康生长和产蛋或达到一定的生产成绩，对能量和各种营养物质种类和数量的需求。由于鸡的体温高，新陈代谢旺盛，生长发育速度快，生产性能高，因而按单位体重比其他家畜需要更多的营养素。构成鸡饲粮的营养素有40多种，其中包含碳水化合物、脂肪、蛋白质和氨基酸、维生素、矿物质等，此外，水及氧气亦是重要的营养成分。能量不是一种营养素，而是能产生能量的营养素在代谢过程中被氧化时的一种特性。能量为维持机体代谢和产肉、产蛋所必需，因而在鸡的营养需要中也包括能量需要。

一、能量

鸡的一切生理过程，包括正常生长、运动、呼吸、循环、吸收、排泄、繁殖、神经传导、体液分泌和体温调节等都需要能量。能量存在于营养物质分子的化学键中，提供能量是有机物营养的一种功能。饲粮的能量水平是决定蛋鸡采食量的主要因素之一，自由采食时，鸡在一定范围内有调节采食量以满足能量需要的本能，能使最终采食的能量绝对量基本一致。在各阶段饲粮中维持一定的能量水平，是保证蛋鸡健康生长和产蛋的重要条件。

（一）能量来源

鸡所需要的能量主要来源于碳水化合物、脂肪和蛋白质。谷物中的碳水化合物是鸡维持生命和生产所需的主要能量来源，在家禽总的能量需要中，由碳水化合物提供的能量部分为70%～80%。碳水化合物包括淀粉、糖类和粗纤维。在饲料成分中淀粉作为家禽热能来源价格最便宜，而鸡体代谢旺盛，需要的能量较多，必须喂给含淀粉多的饲料。鸡消化道相对较短，对粗纤维的消化能力低，饲粮中纤维不可过多，但纤维有利于胃肠蠕动，能增强食欲，纤维过少时易发生食羽、啄肛等不良现象，因此，一般饲粮中纤维含量应控制在2.5%～5%。

脂肪的热能价值高，其发热量为碳水化合物的2.25倍，是蛋白质的1.66倍。在鸡的饲粮中通过添加脂肪提高能量水平，不仅提供给鸡所必需的脂肪酸，促进脂溶性维生素A、维生素D、维生素E、维生素K的吸收，而且由于脂肪在动物体内的热增耗较低，更有利于蛋鸡在热应激条件下促进生长、产蛋和改善饲料效率。

蛋白质虽然也可分解供能，但其效率低且不经济，原因在于有一部分能量以尿酸的形式从尿中排出，导致蛋白质的能量价值却远低于燃烧值，并且蛋白质饲料相对昂贵，用其供能成本太高。

能量的单位用焦耳表示，生产中以前常用卡、千卡、兆卡表示，其换算关系如下：

1卡（cal）=4.184焦耳（J）

1焦耳（J）=0.239卡（cal）

（二）能量代谢

鸡采食饲料后，三大营养物质经消化吸收进入体内，在糖酵解、三羧酸循环或氧化磷酸化过程可释放出能量，最终以ATP的形式满足机体需要。在鸡体内，三种有机物的代谢过程就伴随着能量的转化过程，能量转换和物质代谢密不可分。鸡食入的能量、损耗的能量及沉积的能量，是按能量守恒定律进行的，称为能量平衡。能量根据不同的测定方法和生理意义分为多种，如总能、消化能、代谢能、净能。饲料能量利用情况及饲料各种能值之间相互关系如图 4－1 所示。

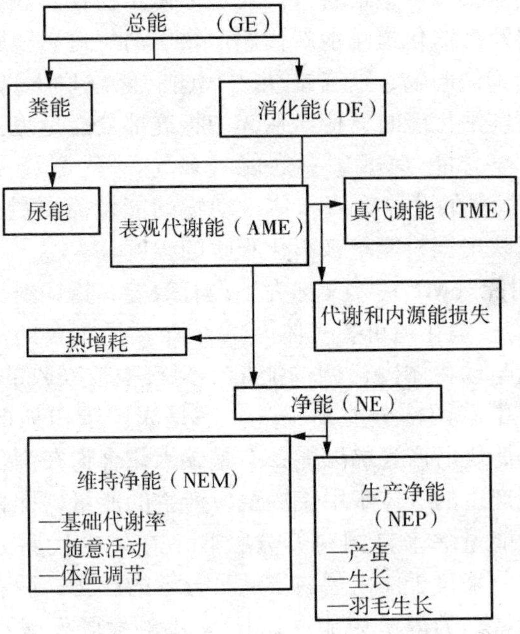

图 4－1　饲料能量利用情况及饲料各种能值之间相互关系

1. 总能（GE）　饲料中的有机物完全氧化燃烧生成二氧化碳、水和其他氧化产物时释放的全部能量，主要为碳水化合物、粗蛋白和粗脂肪能量的总和。总能是化学能，在体外通过测热计测定，其只表示饲料完全燃烧后化学能转变成热能的多少，并不说明被动物利用的有效程度，因此用总能来衡量饲料能量价值的大小极不准确，它只是作为其他能量评定的基础。

2. 消化能（DE） 饲料的可消化营养物质中所含的能量为消化能。动物采食饲料后，未被消化吸收的营养物质等由粪便排出体外，粪便燃烧所产生的能量为粪能（FE）。饲料表观消化能（ADE）=饲料总能（GE）－粪能（FE）。由于粪中除了未被消化吸收的饲料养分外，还含有消化道中微生物及其代谢产物、消化道分泌物及经消化道排泄的代谢产物、消化道黏膜脱落细胞三部分，称为粪代谢物，所含能量为代谢粪能（FME），所以，计算饲料的真实消化能时，应该从粪中将这部分能量除去。真消化能（TDE）=总能（GE）－粪能（FE）+代谢粪能（FME）。用DE评定饲料的营养价值和估计动物的能量需要量比GE更为准确，可反映出饲料能量被消化吸收的程度。

3. 代谢能（ME） 又称为生理有效能，指饲料消化能减去尿能（UE）及消化道可燃气体能量（Eg）后剩余的能量，即饲料中真正参与动物体内代谢的能量。饲料中被吸收的营养物质，在利用过程中有两部分能量损失。一是尿中蛋白质的尾产物尿素、尿酸等燃烧所产生的尿能；二是碳水化合物在消化道内经微生物酵解所产生的气体中甲烷燃烧所产生的能量，即胃肠甲烷气体能。尿中能量除来自饲料养分吸收后在体内代谢分解的产物外，还有部分来自于体内蛋白质动员分解的产物，后者称为内源氮，所含能量称为内源尿能（UeE）。鸡的大肠发酵产生的气体较少，通常气体能可以忽略不计。因此鸡的表观代谢能（AME）=消化能（DE）－尿能（UE）或代谢能（ME）=总能（GE）－粪能（FE）－尿能（UE）；真代谢能（TME）=总能－（粪能+尿能）+（代谢粪能+内源尿能）。TME反映饲料的营养价值比AME准确，但其测定更麻烦，故实践中常用AME。

4. 净能（NE） 是饲料中用于动物维持生命和生产产品的能量，即饲料的代谢能扣去饲料在体内的热增耗（HI）后剩余的那部分能量。热增耗又称体增热，是指绝食动物饲给饲粮后短时间内，体内产热量高于绝食代谢产热的那部分热能，它以热的形式由体表散失。在冷应激环境中，热增耗是有益的，可用于维持体温。但在炎热条件下，热增耗将成为鸡的额外负担，设法降低体增热是提高饲料利用率和生产性能的主要措施之一。

净能包括维持净能（NEM）和生产净能（NEP），NEM 指饲料能量用于维持生命活动、适度随意运动和维持体温恒定部分。这部分能量最终以热的形式散失掉。NEP 指饲料能量用于沉积到产品中的部分，对鸡来说，指产蛋净能和增重净能等。

测定饲料净能，除进行代谢试验外，还要测定饲料在动物体内产生的体增热。用净能评定饲料的营养价值比代谢能科学和准确。但由于测定净能费时费工、所需装置比较复杂，当今饲料营养价值表中所列净能值多是推算出来的。

评定鸡能量需要及饲料能量价值的体系是代谢能体系。因为鸡的粪尿均从泄殖腔排出，要测定消化能则必须做人工肛门将粪尿分开，而采用代谢能评定体系则较简易方便。从准确度和精确度上看，测定代谢能值重复试验的变异要比测定生产净能的变异小得多，变异来源于测定误差和各种饲料及日粮热增耗的差异。

（三）能量利用效率

饲料能量的利用率常用总效率和纯效率两种指标表示。其中总效率指产出的产品中所含的能量与摄入饲料的有效能（指消化能或代谢能）之比。净效率指生产的产品能量与摄入饲料中扣除用于维持后的有效能（指消化能或代谢能）的比值。影响饲料能量利用效率的因素有蛋鸡本身、营养水平、饲粮组成、环境及其他生理因素等。

1. 蛋鸡本身　蛋鸡的品种、性别及年龄不同，影响同种饲料的能量效率。差异的原因在于具有不同的生长速度、不同的消化生理特点和生化代谢机制以及不同的内分泌特点。如中型的褐壳蛋鸡能量需求高于同期的轻型白壳蛋鸡；公鸡每单位代谢体重的维持需要比母鸡高 30%；产蛋母鸡比非产蛋的姊妹母鸡高 20% ~30%；基础代谢率在鸡的前 4 周龄内随年龄增大而增大，以后逐渐下降，性成熟时又上升。

2. 营养水平 适宜的营养水平范围内，随着饲喂水平的增加，饲料有效能量用于维持需要部分相对减少，用于生产的纯效率增加。但超过适宜的饲养水平，随采食量的增加，饲料中的消化能值和代谢能值都减少。Farrell（1974）报道，当饲粮代谢能在 9.1 ~15.3 兆焦/千克时，能量平衡为负平衡状态时能量的利用率为 80%，而当能量正平衡时，代谢能利用率只有 60%。

3. 饲粮组成和饲料成分 不同营养素体增热不同，蛋白质体增热最大而脂肪最小。饲粮中蛋白质含量过高或氨基酸不平衡，会导致大量氨基酸在肝脏脱氨，氨基转变成尿素由尿排出，增加了尿能损失。同时，氨基酸氧化时又释放大量热能，降低了饲料能量的利用效率；饲料中纤维素水平及饲料形状影响消化过程的产热及体增热的产生；油脂可提高能量的利用效率；饲料中缺乏某些矿物质（如钙、磷）或维生素（如核黄素），都会使体增热增加，致使净能减少。

4. 环境因素 外界环境特别是温度影响动物的采食、消化、代谢及产热，进而影响动物生产。动物处在温度适宜的环境中时，饲料能量用于维持的能量最少，用于生产的能量最多，能量利用效率也最高。

5. 其他生理因素 站立增加热产生量 20% ~30%；采食获得的能量消耗占总热量损耗量的 30%；昼夜生理节律的变化对能量利用效率的影响达 10% 以上；正常环境温度范围内，脱毛可使散热速度增加，降低能量利用率。

（四）蛋鸡的能量需要

饲粮能量水平是影响蛋鸡健康和生产性能的重要营养因素之

一。饲粮能量不足易使鸡患病、体重减轻和生产性能下降；饲粮能量水平过高，不仅造成浪费，严重时还会引起疾病。如产蛋鸡饲粮能量过高，易患脂肪肝等。因此，不同生理阶段的蛋鸡有不同的能量需求范围。近年来，国内外学者在鸡的能量需要量方面做了不少有价值的研究。

1. 产蛋后备鸡的能量需要　产蛋后备鸡的能量需要可用析因法估计，分为维持需要和生长需要。生长所需能量主要取决于所增加体重中脂肪与蛋白质的比例，鸡体内脂肪含量上升，则生长鸡对饲粮能量的需求就多。Patle 等（1996）发现，0～6 周龄白来航鸡的能量平衡值（Eb）与 ME 进食量（千焦/千克 $W^{0.75}$，$W^{0.75}$为代谢体重）间存在以下关系：Eb = －469.29 + 0.843 3 ME，从而得出白来航生长鸡每日的维持代谢能需要为 556 千焦/千克 $W^{0.75}$。如果 0～6 周龄阶段平均体重按（出壳体重 +2 倍的 3 周龄体重 +6 周龄体重）/4 计算，每只鸡每日的维持 ME 的需要为 163 千焦。能量平衡值（Eb）与增重（Wg）的关系为 Eb = －45.1 + 11.0 Wg，由此可算出每克增重需净能 11 千焦，代谢能用于增重的效率为 74%，则需 ME 14.86 千焦/克。每天增重 7 克共需 ME 103.86 千焦。以上二项合计为 267 千焦/只，平均日采食量为 22.5 克，则饲粮代谢能浓度宜为 11.9 兆焦/千克。

2. 产蛋鸡的能量需要　产蛋鸡的能量需要主要从维持、产蛋期增重和产蛋三方面来估计。

（1）维持需要：每日的基础代谢能需要为 0.36 兆焦/千克 $W^{0.75}$，如果体重按 2 千克，代谢能利用率按 80% 计，则每日用于基础代谢的代谢能需要为 0.75 兆焦。笼养和平养分别在基础代谢能需要的基础上增加 37% 和 50%，那么每日维持需要为 1.03 兆焦或 1.13 兆焦。

（2）增重需要：体成熟前，小母鸡体重还会增加，以每单位增重含蛋白质 18%、脂肪 15% 计，沉积在蛋白质和脂肪中的能量分别为 3.0 千焦和 5.66 千焦，代谢能用于增重的效率为70%，则每日增重 1 克需代谢能 12.4 千焦。

（3）产蛋需要：一枚 50～60 克的鸡蛋包括蛋壳在内，按每克蛋重含能 6.7 千焦计，代谢能用于产蛋的效率为 65%，则产一枚蛋需代谢能 515～620 千焦。

如果体重 2 千克的笼养蛋鸡无体重变化，则每日的代谢能需要为 515 + 1 028 = 1 543 千焦。考虑到环境温度的影响，也可按 NRC（1994）推荐的公式预测产蛋鸡的代谢能需要：

$$MEI = W^{0.75}\ (724 - 8.15\ T)\ + 23\Delta W + 8.66\ EM$$

其中，MEI 表示代谢能摄取量（千焦/日）；W 表示体重（千克）；ΔW 表示体增重（克/日）；EM 表示产蛋量（克/日）；T 表示环境温度（℃）。另外，还要注意根据产蛋的不同时期来调整日粮能量。金鑫等（1994）认为，在环境温度适宜、日粮蛋白质水平相同的条件下，食入代谢能与产蛋率之间呈正相关，通过析因公式测定出产蛋率在 85% 以上和 80%～85% 时，饲粮代谢能需要量为 11.72～12.13 兆焦/千克；产蛋率为 70%～80% 时，饲粮代谢能需要量为 11.51 兆焦/千克。

二、碳水化合物

碳水化合物是自然界分布最广的一类有机物质，其含量一般占植物体干物质总重的 50%～80%，是多羟基的醛、酮或其简单衍生物以及能水解产生上述产物的化合物的总称。碳水化合物是一类重要的营养素，在家禽饲粮中占一半以上，因来源丰富、成本低而成为家禽生产中的主要能源。

（一）碳水化合物的组成和分类

碳水化合物主要是由碳、氢、氧三元素遵循 C∶H∶O 为1∶2∶1 的结构规律构成基本糖单位，可用通式［$(CH_2O)_n$］描述不同的碳水化合物分子组成。所含氢与氧的比例与水相同，故称为碳水化合物。

饲料中所含碳水化合物的种类较多，在 Weende 的常规分析体系中，包括无氮浸出物和粗纤维。无氮浸出物是易消化的细胞碳水化合物部分，粗纤维是难消化的部分。根据单糖的聚合度可把碳水化合物分为三大类，即单糖（不能被水解的简单化合物）、低聚糖（单糖聚合度≤10 的碳水化合物，又称寡糖）和高聚糖（单糖聚合度 >10 的复杂碳水化合物，又称多糖）。此外，还含一些糖类衍生物（几丁质、甘油等）。在营养方面较重要的碳水化合物分类见表 4 -1。

表 4 -1　碳水化合物分类

（1）单糖

　　戊糖（$C_6H_{10}O_5$）：木糖、阿拉伯糖、核糖

　　己糖（$C_6H_{12}O_6$）：葡萄糖、果糖、半乳糖、甘露糖

（2）低聚糖

　　二糖：纤维二糖（葡萄糖 + 葡萄糖）；蔗糖（由果糖和葡萄糖组成）；乳糖（由半乳糖和葡萄糖组成）；麦芽糖（由二分子葡萄糖组成）

　　三糖：棉籽糖（半乳糖 + 葡萄糖 + 果糖）

　　四糖：水苏糖（2 半乳糖 + 葡萄糖 + 果糖）

（3）多聚糖（10 个糖单元以上）

　　同型多糖（只有一种类型的构建单元，通常是葡萄糖）：

　　戊聚糖（$C_5H_8O_4$）$_n$：阿拉伯聚糖、木聚糖、葡聚糖

　　己聚糖（$C_6H_{10}O_5$）$_n$：淀粉、糖原、纤维素、果聚糖

　　异型多糖（有几个不同类型的构建单元，如单糖及其衍生物）：

　　半纤维素（葡萄糖、果糖、甘露糖、半乳糖、阿拉伯糖、木糖、鼠李糖、糖醛酸）、果胶（半乳糖醛酸的聚合物）、硫酸多糖和氨基多糖等

（二）多糖类碳水化合物与家禽营养有关的一些性质

从营养生理角度考虑，多糖可分为营养性多糖和结构性多糖。营养性多糖主要是淀粉和糖原，而结构性多糖主要是植物细

胞壁的构成物质，包括纤维素、半纤维素、果胶和木质素。不同生长期植物的细胞壁组成物质的种类和含量不同，纤维素占20% ~60%，半纤维素占10% ~40%，果胶占1% ~10%，木质素占5% ~10%。

麦芽糖和纤维二糖分别是淀粉和纤维素的基本结构单元。麦芽糖由两分子α－D－葡萄糖以α－1,4－糖苷键连接而成。纤维二糖则由两分子β－D－葡萄糖以β－1,4－糖苷键连接而成。大多数淀粉都是直链淀粉和支链淀粉的混合物，直链淀粉完全由葡萄糖以α－1,4－糖苷键形成，而支链淀粉通常在直链上有由α－1,6－糖苷键产生的分支，在每一支链内葡萄糖仍以α－1,4－糖苷键相连接。在植物中，淀粉呈颗粒状，块根（茎）中的淀粉颗粒表现不溶性，只有在熟化后才能被家禽利用。

纤维素和淀粉都是葡萄糖的聚合物，区别仅在于淀粉中的葡萄糖分子是以α－1,4－糖苷键和α－1,6－糖苷键连接在一起，而在纤维素中则是以β－1,4－糖苷键连接。半纤维素是木糖、阿拉伯糖、半乳糖和其他碳水化合物的聚合物，含大量β－糖苷键，且与木质素以共价键结合后很难溶于水。而家禽胰腺分泌的α－淀粉酶只能水解α－1,4－糖苷键，不能分解β－糖苷键，因此蛋鸡本身不能消化利用纤维素和半纤维素。

木质素是植物生长成熟后才出现在细胞壁中的物质，它是苯丙烷衍生物的聚合物（亦称苯丙基的多聚物），家禽及其体内微生物所分泌的酶均不能使其降解。木质素通常与细胞壁中的多糖形成家禽体内的酶难降解的复合物，从而限制家禽对植物细胞壁物质的利用。果胶是半乳糖醛酸的聚合物，在植物细胞壁中往往与纤维素、半纤维素结合形成不溶性的原果胶，影响家禽的消化利用。

近年来可溶性非淀粉多糖（NSP）的抗营养作用日益受到关注。可溶性NSP主要由半纤维素、果胶和抗性淀粉（阿拉伯木聚糖、β－葡聚糖、甘露聚糖、葡糖甘露聚糖等）组成。其降低饲料营养价值的机制可归纳为：①增大食糜黏滞度，减慢排空速度，降低采食量。②减少消化酶与底物结合的机会，甚至与消化酶结合降低其活力，妨碍饲料的充分消化。③改变肠道形态，增加肠黏膜厚度，减弱营养素的扩散与吸收。④增加肠道微生物繁殖，与宿主竞争性利用饲料中的营养素；还可能产生毒素，影响宿主健康；微生物分解胆汁酸盐，妨碍脂肪吸收。

（三）碳水化合物代谢利用

体内循环的碳水化合物主要是葡萄糖，还有来自植物饲料的果糖、半乳糖、甘露糖、木糖和核糖等。所有的单糖都以磷酸化的形式进入代谢，如糖酵解、三羧酸循环及磷酸戊糖循环等途径。葡萄糖是动物体内的主要能源，其转运媒介是血液。血液中葡萄糖来源于三个途径：一是饲料中寡糖和多糖消化降解产生的葡萄糖；二是由氨基酸、乳酸、丙酮酸和甘油等非碳水化合物经肝脏的糖异生作用合成的葡萄糖；三是肝糖原分解产生的葡萄糖。血液中葡萄糖清除方式主要有四种：一是合成糖原。在采食过多的碳水化合物后，多余的葡萄糖便用于合成糖原，主要在肝脏。二是合成脂肪。以糖原形式贮存的葡萄糖是有限的，如果摄入的葡萄糖量超过了能量生成和合成糖原的量，则转变为脂肪。家禽主要在肝脏合成脂肪。三是合成非必需氨基酸。葡萄糖降解的中间产物用作合成非必需氨基酸的碳架。四是彻底氧化生成ATP，供给能量。

（四）碳水化合物的营养生理功能

1. 供能和贮能作用　碳水化合物中葡萄糖是机体代谢活动最有效的能源。葡萄糖是大脑神经系统、肌肉组织等代谢活动的唯一能源。碳水化合物除了直接氧化供能外，也可以转变成糖原和脂肪贮存。

2. 组织结构物质　由五碳糖组成的核糖及脱氧核糖是遗传

物质的组成成分；果糖存在于大多数动物的精子中，含量达0.5%；葡萄糖醛酸是细胞膜和分泌物中多糖的基本组成成分；黏多糖大量存在于机体胶原、结缔组织和黏液中；透明质酸具有高度黏性，对润滑关节、保护机体器官组织免受强烈震颤起重要作用；硫酸软骨素在软骨中起结构支持作用；糖蛋白在体内物质运输、血液凝固、生物催化、润滑保护、结构支持、黏着细胞、降低冰点、卵子受精、免疫和激素发挥活性等方面发挥着极其重要的作用；糖脂是神经细胞的组成成分，对传导突轴刺激冲动起着重要作用；许多糖苷具有解毒作用等。

3. 调节肠道微生态平衡 一些寡糖不能被禽类分泌的酶消化。在胃肠道内，其可以选择性地作为有益微生物生长的底物，促进有益微生物增殖，调节胃肠道微生物区系的平衡。同时，可以结合有害菌，阻断其通过植物凝集素在肠道黏膜上皮上的黏附，改善肠道乃至整个机体的健康，促进生长，提高饲料利用率。

三、脂肪

(一) 脂类的概念和分类

脂类由碳、氢、氧三种元素组成，是不溶于水而溶于有机溶剂如乙醚和苯的一类有机物。脂肪能量价值高，是动物营养中一类重要的营养素。不同脂类的化学构成不同，其生物学功能也有所不同。根据脂类的结构，可分为真脂肪与类脂肪两大类。真脂肪由脂肪酸与甘油结合而成，类脂肪由脂肪酸、甘油及其他含氮物质等结合而成。用乙醚浸泡饲料测定脂肪含量所得的醚浸出物中，除真脂肪外，尚有其他溶于乙醚的有机物质，如叶绿素、胡萝卜素、有机酸、树脂及其他化合物等。因此，总称为粗脂肪或醚浸出物。

脂类可按营养或组成结构不同，分为可皂化脂和非皂化脂，可皂化脂又分为简单脂和复合脂。简单脂即三酰甘油，是动物体内储存能量的主要形式，主要参与能量代谢。复合脂是除含有脂肪酸残基和醇等疏水基团外，还含有亲水极性基团的脂肪酸的酯化物，也称极性脂，包括磷脂、鞘脂、糖脂和脂蛋白。非皂化脂包括固醇类、类胡萝卜素及脂溶性维生素类，种类多、含量少，常与动物特定生理代谢功能相联系。

脂肪属于真脂类，根据来源可分为动物性脂肪和植物性脂肪。动物性脂肪中含大量饱和脂肪酸和较少量的不饱和脂肪酸，以软脂酸和油酸为主，在常温下，脂肪一般为固态，称为脂。植物性脂肪如棉籽油、花生油、菜籽油、豆油等，其主要含不饱和脂肪酸，而且多不饱和脂肪酸（亚油酸）含量很高，占脂肪总量的40%～50%。但棕榈油中的脂肪酸主要是饱和的。在常温下，植物油脂多数为液态称为油。不同种类油脂的脂肪酸组成见表4－2。

表4－2 不同种类油脂的脂肪酸组成

	饱和脂肪酸（%）		不饱和脂肪酸（%）			
	C14以下	C16＋C18	油酸	亚油酸＋亚麻油酸	C20以上	状态
鱼油		11～15		20	50	液态
鸡脂		25	40	25～30		软
猪脂		35	50	5～7		软
黄油	15	30～40	35	0.5		软
牛脂		50	35	0.5		固态
亚麻油		6～16	13～36	10～25	30～50	液态
豆油		7～10	23～30	50～60	5～9	液态
葵花籽油		6～15	20～50	30～60		液态
棕榈油	80	11	5～7			固态
棉籽油		24～29	15～20	49～57		液态

（二）脂肪的代谢

禽类脂肪的合成包括三个方面：饱和脂肪酸的从头合成，脂肪酸碳链的延长和不饱和脂肪酸的生成。脂肪酸和三酰甘油的合成主要在肝脏。脂肪合成过量则沉积于肝脏，产生脂肪肝。脂肪组织起储存脂肪的作用。合成脂肪酸的原料来源于葡萄糖、降解的脂肪及某些氨基酸的降解产物。

血液中的脂肪除了来源于饲粮中脂肪外，还有肝脏合成的部分及从脂肪组织中动用的部分脂肪。血液中脂肪能被脂肪组织、肝脏和其他组织迅速摄取，随后便是水解。水解过程有利于组织内毛细血管壁的脂蛋白脂肪酶催化。水解生成的游离脂肪酸主要有三种代谢途径：一是彻底氧化供能；二是重新酯化生成甘油三酯，参与血液循环或沉积在组织中；三是少部分与血中清蛋白形成复合物。

（三）脂肪的营养生理功能

1. 体组织和产品的构成物质 脂类是构成家禽各种组织器官及肉、蛋等产品必不可少的成分，如生殖细胞中的线粒体、高尔基体的组成成分主要是磷脂，神经组织中含有大量的卵磷脂和脑磷脂，血液中含各种脂肪，肉蛋、皮肤和被毛中含有大量的中性脂肪、磷脂、胆固醇等。皮肤中的脂类具有抵抗微生物侵袭，保护机体的作用；脏器周围的脂肪具有固定和保护器官及缓和外力冲击的作用。

2. 氧化供能 脂类是含能最高的营养素，其生理能值是碳水化合物和蛋白质的 2.25 倍，添加脂肪可以在较小的配方空间来提供较高的能量浓度以满足特殊时期蛋鸡的生理需求。脂肪与其他养分间有协同作用，可改善其他成分的吸收，具有额外能量效应，即家禽饲料中加入油脂比加入等能值的碳水化合物和蛋白质能增加更多的热量。额外能量效应存在四种主要的解释：不饱和脂肪酸含量高的脂肪能更好地被吸收，饱和与不饱和脂肪酸间存在协同作用；脂肪能适当延长食物在消化道内的时间，有助于其中的营养素更好地被消化吸收；脂肪可直接沉积在体脂内，减少有日粮碳水化合物形成体脂的能量消耗；日粮添加脂肪可提高适口性、降低热增耗，增加能量的进食量，动物生产性能得到改善。

3. 提供必需脂肪酸　由于动物体缺乏合成某些脂肪酸碳链上双键的能力，造成机体对这些脂肪酸的缺乏，必须由饲粮或体内脂质前体物转化；否则，会影响机体的正常机能和健康，将这些脂肪酸称为必需脂肪酸。脂肪，特别是植物性脂肪，是多不饱和脂肪酸——亚油酸、α－亚麻酸、花生四烯酸等最丰富的来源，其中亚油酸和α－亚麻酸在家禽机体不能合成，是必需脂肪酸，在家禽机体的代谢过程中起着特殊作用。花生四烯酸可由亚油酸合成。必需脂肪酸缺乏，影响磷脂代谢，降低磷脂含量，造成膜结构异常，通透性改变，水分从皮肤损失增加；毛细血管脆弱，免疫力下降；生长发育受阻；繁殖性能下降。必需脂肪酸缺乏严重时可导致家禽死亡。亚油酸还是合成前列腺素的前提物，前列腺素对蛋鸡生殖器官的运动机能起调节作用；α－亚麻酸在家禽体内转变成一系列长链ω－3不饱和脂肪酸，其中最重要的是EPA和DHA，其有显著的抗血栓形成和抗动脉粥样硬化作用；ω－3不饱和脂肪酸有降脂及降低胆固醇的作用。

4. 促进脂溶性维生素的吸收　饲料中的脂溶性维生素A、维生素D、维生素E、维生素K等均须溶于脂肪后才能被吸收，脂肪可促进脂溶性维生素的吸收。如鸡饲粮中含0.07%脂类时，胡萝卜素吸收率仅20%；饲粮脂类增加到4%时，吸收率提高到60%。

（四）蛋鸡的脂肪需要

蛋鸡对脂肪和必需脂肪酸的生理需要问题还没有完全解决，这是因为这一需要量取决于很多内在和外在的因素，其研究存在一定的方法上的困难。研究主要集中在制定饲粮脂肪的添加量和亚油酸的适宜含量上。适宜的脂肪水平对蛋鸡体内所进行的所有代谢过程有着良好的影响。饲料中的氨基酸可最大限度地被直接用来合成蛋白质，而最低限度地被氧化。研究表明，当脂肪提供的能量达到产蛋鸡饲料代谢能的15% ~20%时，即在产蛋鸡饲粮中加入3% ~5%的饲用脂肪，能够获得最高的生产力和饲料利用率。饲粮中亚油酸的水平是家禽全价营养最重要的检验指标之一。要获得最高的产蛋率、受精率和孵化率，饲粮中亚油酸的含量应为饲料量的1% ~1.5%；要获得最大的蛋重，饲粮中亚油酸含量应为饲料量的1.5% ~2%。

四、蛋白质和氨基酸

蛋白质是含有碳、氢、氮和硫的复杂有机化合物，是细胞的重要组成成分，在生命过程中起着重要的作用。不同种类家禽都有自己特定的、多种不同的蛋白质。家禽在组织器官的生长和更新过程中，必须从食物中不断获取蛋白质等含氮物质。蛋白质不能由其他物质来代替，如脂肪和碳水化合物都缺少蛋白质所具有的氮元素，在营养上不能代替蛋白质的作用。

（一）蛋白质的组成

氨基酸是蛋白质的基本组成单位。家禽食入饲料中的蛋白质后，经消化、分解成各种氨基酸进入血液，再输入体内各组织，重新合成家禽组织蛋白质。因此，饲料蛋白质的营养价值主要取决于各种氨基酸的种类和数量，鸡的蛋白质营养实质上是氨基酸营养。但近些年的研究表明，蛋白质可在动物的消化道内以肽特别是小肽的形式吸收，而且小肽在动物的体内可能有特殊的功能和作用，但具体机制仍在研究中。

构成动物机体和饲料蛋白质主要的氨基酸有22种，氨基酸由于数量、种类和结合方式不同可形成不同的蛋白质。氨基酸从饲料供应的角度来说，通常分为必需氨基酸与非必需氨基酸两大类。必需氨基酸是指在家禽体内不能合成，或能合成而合成的速度及数量不能满足正常需要，必须由饲料中供给的氨基酸。而非必需氨基酸是指在家禽体内合成较多，或需要较少，不需由饲料来供给，亦能保持正常生长的氨基酸。但从营养角度考虑，所有氨基酸都是动物必需的，缺乏任何一种氨基酸均会影响到蛋白质的合成。

蛋鸡需要氨基酸的种类与数量因蛋鸡的生理阶段不同而不同。对成年蛋鸡，赖氨酸、蛋氨酸、色氨酸、苯丙氨酸、亮氨酸、异亮氨酸、缬氨酸和苏氨酸 8 种氨基酸是必需的。雏鸡除上述 8 种氨基酸外，应再加甘氨酸、精氨酸和组氨酸。另外，胱氨酸、酪氨酸以及丝氨酸，在体内可完全由蛋氨酸、苯丙氨酸及甘氨酸转化而来，前者在一定条件下能代替和节省后者，但体内对后者的需要却不能由前者满足，因此，营养学上把胱氨酸、酪氨酸和丝氨酸称作半必需氨基酸。蛋鸡对各种氨基酸的需要不仅有量的要求，而且要求氨基酸间的比例关系适合。在实际生产中各种饲料氨基酸的含量不同。一旦饲料中某种氨基酸达不到蛋鸡的要求，其他含量高的必需氨基酸的利用也受到限制，每种饲料中含量最不能满足蛋鸡需要的氨基酸即为该饲料的限制性氨基酸。通常根据限制程度分为第一限制性氨基酸，第二、第三限制性氨基酸。因此饲粮配合时，必须注意氨基酸的平衡，尤其是蛋氨酸、赖氨酸和色氨酸，这些氨基酸在一般谷物中含量较少，通常是蛋鸡饲料中的限制性氨基酸。常用饲料中限制性氨基酸，见表 4－3。

表 4－3　常用饲料中的限制性氨基酸

饲料	第一限制性氨基酸	第二限制性氨基酸	第三限制性氨基酸
玉米	赖氨酸	色氨酸	苏氨酸或异亮氨酸

续表

饲料	第一限制性氨基酸	第二限制性氨基酸	第三限制性氨基酸
高粱	赖氨酸	苏氨酸	蛋氨酸或异亮氨酸
大麦	赖氨酸	苏氨酸	蛋氨酸或组氨酸
小麦	赖氨酸	苏氨酸	蛋氨酸
小麦麸	蛋氨酸	赖氨酸	
大米糠	蛋氨酸	赖氨酸	
大豆饼粕	蛋氨酸	苏氨酸	缬氨酸
花生饼粕	赖氨酸		
芝麻饼粕	赖氨酸		
葵花籽饼粕	赖氨酸		
肉骨粉	色氨酸	蛋氨酸	异亮氨酸
鱼粉	色氨酸	蛋氨酸	

（二）蛋白质的营养生理作用

蛋白质是家禽生长所必需的营养物之一，它是构建机体组织细胞的主原料，也是组织增长、修补、更新、产蛋、产肉的重要物质基础。家禽体内各种酶和激素以及增强防御抗病能力的抗体等功能性物质，均以蛋白质为主体。此外，家禽体内酸碱平衡的维持、水分的正常分布、遗传信息的传递，以及许多重要物质的转运等都与蛋白质有关。在机体能量供应不足时，蛋白质也可分解产热，维持机体的代谢活动。当摄入蛋白质过多或氨基酸不平衡时，多余的部分也可转成糖和脂肪。如蛋白质缺乏，可造成雏鸡生长缓慢，抵抗力下降，蛋鸡产蛋率下降。严重时引起家禽继发各种传染病，甚至死亡。而蛋白质过剩也可导致生长缓慢，机体代谢功能紊乱等症状。

影响蛋白质营养作用的因素，除了它的质量和数量外还有两个主要方面：一是蛋鸡本身，不同品种，不同发育阶段蛋鸡对蛋白质的利用率不同；二是饲料方面，饲料加工过程中的湿度、温度、调制时间、饲料原料脱毒处理、饲料贮存环境等因素，对蛋白质的利用都有一定的影响。

（三）蛋白质的代谢

饲料中蛋白质以氨基酸形式进入体内后，与体内进入肠道又被重新吸收的氨基酸、体内合成的氨基酸及体蛋白分解的氨基酸共同构成了体内的氨基酸代谢库，外界环境、体内氨基酸代谢库与机体蛋白质之间形成一个动态平衡体系，在合成机体组织新的蛋白质的同时，老组织的蛋白质也在不断更新，被更新的组织蛋白质降解成氨基酸进入机体氨基酸代谢库，大部分又可重新用于合成蛋白质，供机体组织的更新、生长及形成动物产品的需要，少部分用来合成酶类和某些激素以及转化为核甘酸、胆碱等含氮的活性物质。当摄入能量较少或蛋白质中氨基酸比例不平衡时，也氧化分解供能。

氨基酸的代谢主要有转氨基、脱氨基及脱羧基反应。参与转氨基反应的酶主要有谷氨酸转氨酶、α－酮戊二酸转氨酶、谷氨酸丙酮酸转氨酶和谷氨酸草酸乙酸转氨酶，通过转氨基作用可以合成新的氨基酸；参与脱氨基反应的主要是L－谷氨酸脱氨酶，脱掉的氨基生成氨转变为尿素（或尿酸），由肾脏以尿的形式排出体外，剩余的酮酸部分可用于合成葡萄糖和脂肪，也可进入三羧酸循环氧化供能。

（四）蛋鸡的蛋白质和氨基酸需要

蛋白质的营养实际上是氨基酸的营养。因此，确定蛋鸡对蛋白质的需要量时不能只考虑饲粮的粗蛋白水平，还要考虑到饲粮中必需氨基酸水平，以及充足的用于合成非必需氨基酸的氮和其他营养素的含量。一般能满足必需氨基酸需要量的实用饲粮都能满足非必需氨基酸生物合成所必需的氮量。

1. 生长鸡对蛋白质、氨基酸的需要　估测生长鸡对蛋白质和氨基酸需要的方法有两种：一是利用剂量反应法通过饲养试验求出最大生长对蛋白质及某一必需氨基酸的最低需要量；二是用析因法估测出不同生理阶段生长鸡维持胴体和羽毛生长对蛋白质与氨基酸需要的总和。蛋用生长鸡对饲料蛋白质的利用效率为0.61%，机体组织中蛋白质含量一般为18%，羽毛中蛋白质含量为82%左右，每千克体重的氮维持需要量为0.20~0.25克，体重越大，维持需要量就越高。机体维持需要量可用下面公式估算：

蛋用生长鸡维持所需蛋白质＝体重（千克）×0.25×6.25/0.61

生长鸡的蛋白质需要量为维持需要蛋白质和胴体与羽毛生长对蛋白质需要量之和，可根据下列公式进行估算：

蛋用生长鸡所需蛋白质＝

维持需要＋（体增重×18%＋羽毛增量×82%）/0.61

采用析因法估计的未成熟来航后备母鸡的蛋白质需要量，见表4－4。

表4－4　采用析因法估计的未成熟来航后备母鸡的蛋白质需要量

周龄	体重（克）	日增重（克/日）	日采食量（克/日）	蛋白质需要量［克/（只·日）］	日粮蛋白（%）
1	70	5.0	10	2.1	21.3
2	110	6.0	15	2.6	17.5
3	190	11.0	20	4.8	23.9
4	270	11.0	30	5.0	16.6
5	350	11.0	36	5.2	14.4
6	440	13.0	42	6.2	14.8
7	540	14.0	53	6.9	13.0
8	650	16.0	55	7.9	14.4
9	750	14.0	57	7.4	13.0

续表

周龄	体重（克）	日增重（克/日）	日采食量（克/日）	蛋白质需要量［克/（只·日）］	日粮蛋白（%）
10	830	12.0	58	6.8	11.8
11	900	10.0	59	6.3	10.6
12	970	10.0	61	6.4	10.6
13	1 030	10.0	63	6.6	10.5
14	1 090	8.5	66	6.2	9.3
15	1 150	8.5	68	6.3	9.3
16	1 210	8.5	71	6.5	9.1
17	1 270	8.5	72	6.6	9.2
18	1 330	8.5	74	6.8	9.2

生长鸡对饲粮氨基酸的需要量，与机体组织器官中氨基酸的含量以及组织器官的相对生长有关。当来源于饲料，且被吸收的氨基酸的组成模式和体增重所需的氨基酸组成模式相一致时，鸡体就能获得最佳增重；随着鸡周龄和体重的增加，体增重中蛋白质沉积下降而脂肪沉积增多，所以应降低日粮中蛋白质和氨基酸的浓度，而提高能量浓度，即能量、蛋白质比例上升。

2. 产蛋鸡的蛋白质和氨基酸需要　产蛋鸡的蛋白质、氨基酸需要量可分为维持需要、体成熟前的生长需要、羽毛生长与更新、产蛋需要等几个部分。鸡体组织和鸡蛋中蛋白质的必需氨基酸组成（占蛋白质的%）见表4－5。

表4－5　鸡体组织和鸡蛋中蛋白质的必需氨基酸组成（%）

氨基酸	鸡肉	鸡蛋	羽毛
精氨酸	7.3	6.4	7.3
胱氨酸	2.5	2.2	7.4

续表

氨基酸	鸡肉	鸡蛋	羽毛
组氨酸	4.0	2.3	0.6
异亮氨酸	3.9	5.0	6.4
亮氨酸	6.5	8.3	8.5
赖氨酸	9.6	7.1	1.6
蛋氨酸	1.9	3.2	0.5
苯丙氨酸	3.6	4.7	5.5
苏氨酸	3.4	5.0	4.7
色氨酸	1.0	1.4	0.7
缬氨酸	4.4	6.5	8.9

根据体成熟情况来看，蛋鸡的产蛋期分成两阶段，即21～42周龄和42周龄后。21～42周龄的鸡除产蛋外伴有体重的增加，此时，蛋白质、氨基酸的需要量包括生产、生长、维持；而42周后鸡的蛋白质、氨基酸的需要则以产蛋和维持需要为主。成年鸡每日内源氮排出量以0.20克/千克 $W^{0.75}$ 计，在前期体重平均按1.5千克计，饲料蛋白质的利用率以55%计，则每日蛋白质的维持需要3.1克/日，42周龄后体重变大，维持需要增加为3.4克/日。一枚50～60克的鸡蛋含蛋白质6～7.2克，饲料蛋白质沉积为蛋中蛋白质的效率约为50%，则每产一枚蛋对蛋白质的需要为12～14.4克。若21周龄时蛋鸡的体重为1.35千克，到36周龄时，体重达1.8千克，其间平均日增重4.3克，日沉积蛋白质为4.3×18%＝0.77克，以55%的饲料蛋白利用率折算出对饲料蛋白质的需求约为0.4克，后期为0.1克。以上几项合计，蛋鸡每日产蛋对蛋白质的需求为17～18克。

从氨基酸组成来看，为保障最大产蛋需要，要求饲粮蛋白质中氨基酸组成模式尽量和鸡蛋中的模式一致。氨基酸的具体需要量的估计可用预测方程计算，如蛋氨酸需要量（毫克/日）=5We+50Wb+6.2Wg。式中We为蛋重，Wb为体重，Wg为鸡体日增重。也可通过饲养试验估测，但估测结果可能因评价指标（产蛋率、蛋重、饲料转化率等）的不同而有所差异。产蛋鸡对蛋氨酸、赖氨酸的需要量，见表4-6。

表4-6　产蛋鸡对蛋氨酸、赖氨酸的需要量

	蛋氨酸	赖氨酸
维持	31	128
组织生长	14	58
羽毛生长与更新	2	6
蛋中沉积（100%产蛋率）	229	483
合计	276	675
利用率（%）	76	84
实际需要量	360	800

（五）理想蛋白质理论

所谓理想蛋白质，是指饲料蛋白质中各种氨基酸在组成和比例上与家禽在某一生理阶段所需要的氨基酸组成和比例一致，家禽对饲料蛋白质利用达到最佳水平。对理想蛋白质模式的研究，早期大都是参照机体蛋白质氨基酸组成，因未考虑维持需要和氨基酸的再利用，部分氨基酸与其他的需要模式差异较大。后来采用拼凑法，即由确定的单个氨基酸需要组合而成。一般认为部分扣除氨基酸的氮沉积法相对较为理想，用此法的研究结果也是NRC（1998）标准确定维持和沉积蛋白质的理想模式的重要基础。

理想蛋白质体系是完全按照家禽维持生产（生长、产蛋等）的需要提供相应的各种氨基酸。实际上，理想蛋白模式包含两方

面内容：一是各种氨基酸之间具有最佳平衡的比例关系；二是必需氨基酸与非必需氨基酸之间最佳的比例关系，此时，各种必需氨基酸及非必需氨基酸的氮对家禽具有相同的限制性。理想蛋白质体系不仅可完全反映家禽整个生命周期中体组织氨基酸的动态变化，而且还可以反映不同品种、年龄、环境及其他许多因素对体组织氨基酸组成的影响。理想蛋白质实质是将动物所需蛋白质氨基酸的组成和比例作为评定饲料蛋白质质量的标准，并将其用于评定动物对蛋白质和氨基酸的需要。一种蛋白质或饲料的蛋白质的氨基酸组成越接近“理想蛋白质”的氨基酸组成模式，则说明该种蛋白质或饲料的氨基酸平衡越好。不同学者在蛋鸡理想蛋白模式研究结果比较见表 4－7。

表 4－7　不同学者在蛋鸡理想蛋白模式研究结果比较

	维持需要氨基酸组成模式				羽毛	鸡蛋	胴体		49.8 克蛋重	55 克蛋重
氨基酸	Leveille（1960 年）	Ishibashi（1972 年）	Fisher（1983 年）	McDonald 和 Morris（1985 年）	马秋刚（1999 年）			NRC（1994 年）	尹清强（1996 年）	
赖氨酸	100	100	100	100	100	100	100	100	100	100
蛋氨酸	241	63	29	42	23	44	42	43	47	46
胱氨酸			41	67	477	37	14			
蛋氨酸＋胱氨酸			70	109	500	81	56	84	90	90
色氨酸	65	25	12	15	35	31	11	23	25	25
苏氨酸	247		47	44	434	64	57	68	74	74
精氨酸	400		59	73	367	95	76	101	105	104
异亮氨酸	241	100	59	92	320	83	60	94	101	101
亮氨酸	418			44	548	121	95	119	132	133

续表

氨基酸	Leveille（1960 年）	Ishibashi（1972 年）	Fisher（1983 年）	McDonald 和 Morris（1985 年）	马秋刚（1999 年）			NRC（1994 年）	尹清强（1996 年）	
维持需要氨基酸组成模式					羽毛	鸡蛋	胴体		49.8 克蛋重	55 克蛋重
苯丙氨酸	90			22	284	73	39			
酪氨酸	107		47	22	149	57	14			
苯丙氨酸＋酪氨酸	197			44	433	130	51	168	133	132
组氨酸	0		12	22	30	38	17	25	24	24
缬氨酸	210	75	71	104	188	109	118	101	117	117

五、维生素

维生素是维持鸡体生命活动和健康的营养物质，虽然鸡体对它们的需要量甚微，但它们在鸡体物质代谢中起着重要的作用，其主要生理功能是控制和调节碳水化合物、脂肪、蛋白质代谢。维生素存在于天然食物或饲料中，大多数维生素在鸡体内不能合成，有的虽能合成，但不能满足需要，必须从饲料中摄取。若饲粮中维生素不足时，则会造成物质代谢紊乱，影响鸡的生长和健康，严重时造成死亡。因此，必须根据家禽的生长阶段及生理要求在饲粮中合理补足各种维生素，以防止维生素缺乏症的发生，保证家禽的健康发育。

（一）维生素分类与简介

维生素种类很多，主要有 20 多种，分为脂溶性和水溶性两大类。其中脂溶性维生素包括维生素 A、维生素 D、维生素 E、维生素 K 四种，水溶性维生素包括维生素 C 和 B 族维生素（B_1、B_2、B_6、B_{12}、叶酸、烟酸、泛酸、胆碱和生物素）。脂溶性维生素由碳、氢、氧三种元素组成，而某些水溶性维生素分子中还含有氮、硫或钴。脂溶性维生素与脂肪一起消化吸收，可在体内储存和蓄积，因此脂溶性维生素的供给量过多会导致中毒；除维生素 B_{12} 以外的其他水溶性维生素并不在体内储存，过量的维生素可从尿中排出，因此毒性较小。在鸡饲料中，通常补充的维生素有脂溶性维生素和 B 族维生素等 13 种，维生素 C 正常情况下不易缺乏。当配制以玉米、大豆为主的饲粮时，较易发生缺乏维生素 A、维生素 D、维生素 E、维生素 K、维生素 B_2、泛酸、烟酸、胆碱及维生素 B_{12} 等。

1. 维生素 A 维生素 A 又叫抗干眼病维生素。其作用是维持上皮细胞的正常生长，维持呼吸道、消化道和生殖系统黏膜的健康，促进雏鸡的生长发育，增强鸡适应外界环境和抵抗传染病的能力，提高产蛋率、产肉率、孵化率与成活率。缺乏维生素 A 易引起上皮组织干燥和角质化，使分泌机能减退，眼角膜上皮变性，发生干眼症，甚至患夜盲症或失明。种鸡缺乏维生素 A，则产蛋减少，受精率、孵化率降低，羽毛蓬乱无光泽，下痢，严重者有神经症状，胚胎容易死亡，雏鸡弱生长缓慢。鱼肝油、蛋黄、肝粉中含丰富的维生素 A。另外，黄玉米及苜蓿等草类含有多量在鸡体内能转成维生素 A 的胡萝卜素，其中转变效率高的是 β－胡萝卜素，在鸡体内 1 毫克 β－胡萝卜素约等于 1.667 国际单位的维生素 A。

2. 维生素 D 维生素 D 又叫骨化醇或抗佝偻病维生素。维生素 D 能促进钙磷在鸡肠壁吸收，并能调节钙磷平衡代谢，促进骨骼和蛋壳的形成。维生素 D 的生物活性因种类而异，D_2（麦角固醇转化而来）对鸡的效率非常低，D_3（7－脱氢胆固醇转化而来）效能比 D_2 高得多，一般佝偻症是因为高钙、低磷及维生素 D_3 的不足而引起的，如低钙、高磷且维生素 D_3 不足时，则其骨端的骨化较慢，导致骨的强度差、关节肿大、骨呈弯曲形状而变形。维生素 D 以鱼肝油和肝粉中含量最丰富。

3. 维生素 E　维生素 E 又叫生育酚或抗不育维生素，是体内有效的抗氧化剂，对体内组织中的维生素 A、维生素 D 起保护作用，并能提高产蛋率、受精率和孵化率，可促进雏鸡生长发育，防止小鸡脑软化症。维生素 E 缺乏，会引起胚胎初期死亡增加，雏鸡呈现营养性脑软化，步行不稳，衰弱，脑障碍等症状。此外，鸡体表组织及肌肉组织呈纤维性的浸出物，尤其在胸及腹部较多，其浸出物成分与血浆相同，此异常症状在补充维生素 E 时即可防止。维生素 E 广泛存在于一般饲料中，鲜草含量较高，麦芽与谷物胚中含量最丰富。

4. 维生素 K　维生素 K 具有促进血液凝固作用，常用于雏鸡断喙前添加，增加血液凝固的速度。雏鸡较易发生维生素 K 缺乏症，成鸡的抵抗力较强，且体内能合成一部分，因而较少缺乏。维生素 K 缺乏时，血液的凝固时间延长，病鸡龟缩成团，有时发抖，皮下常有出血点。苜蓿草、菠菜及动物肝脏中维生素的含量丰富。

5. 维生素 B_1　维生素 B_1 又叫硫胺素，是鸡体内糖代谢所必需的物质，也是鸡体不可缺乏的一种维生素。饲料中不足的情况较少，如以谷实为主的高热能饲料或添加油脂饲料就有缺乏的可能。鸡缺乏维生素 B_1 会呈现食欲减退、衰弱、消化不良、羽毛蓬乱无光、两腿无力、头时常后仰、痉挛等症状。维生素 B1 在酵母中含量丰富，糠麸、草粉及各种青饲料中含量也很多。

6. 维生素 B_2　维生素 B_2 又叫核黄素，与鸡体内酶的形成及作用有密切关系，是 B 族维生素中对鸡最为重要而易感不足的一种维生素。当维生素 B_2 不足时，雏鸡呈脚弱症，脚趾内弯呈拳状，关节着地步行，种鸡孵化率降低，胚胎萎缩。此外，下痢发生较多。维生素 B_2 在青绿饲料，特别是豆科牧草中含量丰富。鱼粉、油饼类、酵母、糠麸等含量也较多。

7. 泛酸 泛酸是辅酶 A 的成分，与碳水化合物、蛋白质和脂肪代谢有关。在饲料中分布很广，苜蓿草、糠麸、油饼类含量很高，特别是干酵母中含量最高。各种饲料虽含有泛酸，但还是会发生缺乏现象，需另予以补充，通常在饲料中添加 D－泛酸钙。雏鸡缺乏泛酸，则生长慢，羽毛生长不良，进而发生皮肤炎、眼睑肿大等症状；种鸡缺乏时蛋质不良，影响孵化率和雏鸡成活率。

8. 烟酸 烟酸又叫尼克酸或维生素 pp，是某些酶类的重要成分。肉鸡需要量高，缺乏时出现生长缓慢，羽毛不良，踝关节肿大，腿骨弯曲等症状。影响烟酸需要量的因素有二：一是玉米、高粱等谷类的烟酸为结合型，鸡无法利用，配合饲料中玉米、高粱含烟酸量不予计算；二是体内色氨酸可合成烟酸，因此饲料中的色氨酸的含量可决定烟酸的需要量。青饲料、花生饼、酵母中等含烟酸丰富，动物性饲料含量也很高。

9. 维生素 B_6 维生素 B_6 又叫吡哆醇或抗皮炎维生素，它是构成几种酶的成分，也是肌肉的调节剂。一般鸡饲料中较不易缺乏，但由于肉鸡添加油脂饲料，因而其 B_6 的需要量增加。鸡缺乏维生素 B_6 则异常兴奋、痉挛，最后衰弱而死亡，而雏鸡则生长不良，食欲减退。一般饲料里都含有足够的维生素 B_6，作物子实和酵母中含量最多。

10. 生物素 生物素又叫维生素 H，它与脂肪酸的合成有关。鸡对生物素的需要量很小，但缺乏则呈现生长慢，皮肤发炎等症状，且生物素与锰、胆碱等均能引起雏鸡的脚弱症。生物素较广泛地存在于各种饲料里，如酵母、鲜草、谷物等。

11. 胆碱 胆碱是构成磷脂和卵磷脂的成分；是体内含甲基

化合物，为蛋氨酸等合成甲基的来源。雏鸡需要量大，缺乏时，生长缓慢，发生屈腱病。另外，胆碱有助于脂肪的移动，可以预防脂肪肝症。动物性饲料、酵母和豆粕里含量较多。

12. 叶酸　叶酸参与嘌呤的合成，而嘌呤又是核酸的结构成分。叶酸对正常血细胞的形成有促进作用。鸡缺乏时，表现为贫血、生长受阻、羽毛脱色、脊柱麻痹，长期饲喂广谱抗菌素或磺胺类药物，或长期患肠道疾病后均有可能出现叶酸缺乏症。叶酸在植物的叶部、糠麸、豆粕、苜蓿草粉、动物性饲料中均含量丰富。

13. 维生素 B_{12}　维生素 B_{12} 曾被称为“动物蛋白因子”、“雏鸡生长因子”，对核酸的形成，含硫氨基酸的代谢、脂肪和碳水化合物的代谢，红细胞生成起重要作用，鸡缺乏维生素 B_{12} 时，易患贫血、脂肪肝等。维生素 B_{12} 主要存在于动物性饲料和酵母中。

14. 维生素 C　维生素 C 又称抗坏血酸，是诸如细胞色素氧化酶、赖氨酰氧化酶及脯氨酰氧化酶的辅助因子，参与骨胶原的生物合成。鸡饲粮中添加高浓度的维生素 C 可以增强骨骼和蛋壳的钙化，同时，由于它的可逆的氧化还原特性，维生素 C 作为抗氧化剂可保护细胞膜和酶的巯基以免被氧化破坏，增强机体免疫力。维生素 C 主要来源于水果和蔬菜，雏鸡合成维生素 C 的能力很弱，且雏鸡遇到的应激也特别多，因此有必要补充维生素 C。

（二）维生素的营养生理功能

1. 调节营养物质的消化、吸收和代谢　维生素作为调节因子或酶的辅酶或辅基的成分，参与蛋白质、脂肪和碳水化合物三种有机物的代谢过程，促进其合成与分解，从而实现代谢调控作用。

2. 抗应激作用　蛋鸡在养殖过程中面临着诸多应激因素

(如营养不良、疾病、冷热、接种疫苗、惊吓、运输、转群、换料、断喙、有害气体)的挑战,致使生产性能下降,自身免疫功能降低。维生素 A、维生素 D、维生素 E、维生素 C 及烟酸等,均是影响蛋鸡免疫和抗应激能力的重要因素,尤其是维生素 C,高温条件下,蛋鸡饲粮中添加 0.01% ~0.04% 的维生素 C,不仅能消除高温对蛋鸡的不适,而且提高产蛋率,并改善蛋壳质量。

3. 激发和强化机体的免疫功能 几乎所有维生素都可提高动物的免疫机能,尤其以维生素 A、维生素 D、维生素 K、维生素 B_6、维生素 B_{12}、维生素 C 的免疫功能最为明显。维生素 A 可作为免疫佐剂,延长刺激原对机体的刺激作用,促进体内 T 细胞和 B 细胞更协调,加强细胞吞噬作用;维生素 D 可激活巨噬细胞;维生素 E 可有效提高动物体内抗体的生成量,促进 T 细胞增殖,增强吞噬细胞作用,提高机体免疫反应;应激状态下补充维生素 C,可使免疫机能增强,恢复白细胞的吞噬能力,它还可提高干扰素含量,保护机体免受病毒的侵染;缺乏维生素 B_{12} 和叶酸中的任何一种,都会造成细胞免疫力和体液免疫的抑制。

4. 提高繁殖性能 与蛋鸡繁殖性能有关的维生素有维生素 A、维生素 E、维生素 B_2、泛酸、烟酸、维生素 B_{12}、叶酸及生物素等,其需要量高于同等体重的商品动物。

5. 改善产品品质 蛋鸡饲粮中添加维生素 A、维生素 D_3 与维生素 C 有助于改善蛋壳强度和色泽;添加维生素 E 可防止肉品中脂肪酸氧化酸败,阻止醛、酮及醇类等致癌、致畸物质的产生。

6. 预防集约化饲养条件下的疾病 添加高水平维生素具有一定的预防代谢疾病的作用。例如,饲粮中添加 20 毫克/千克烟酸,可防止因烟酸缺乏所致的产蛋鸡脂肪肝的发生。

(三)蛋鸡对维生素的需要量

1. 维生素 A 蛋鸡饲料维生素 A 的最低需要量一般在

1 000 ~ 5 000 国际单位/千克。视黄醇的用量达到最低需要量的 500 倍时产生毒性；视黄酸在其用量达到最低需要量的 50 ~ 100 倍时会产生毒性，表现为食欲减退、采食量下降、生长减慢、眼部疾病等。

2. 维生素 D　蛋鸡对维生素 D 的需要量受日粮中钙和磷营养水平的影响。当日粮中钙、磷含量分别为 1.0% 和 0.7% 时，小鸡饲料需要维生素 D_3 200 国际单位/千克；当日粮中钙、磷含量为 0.5% 和 0.7% 时，小鸡饲料需要维生素 D_3 800 国际单位/千克；当日粮中钙、磷含量分别为 0.5% 和 0.5% 时，小鸡饲料维生素 D_3 需要量高达 1 700 国际单位/千克。维生素 D 摄入过多会促进肠道钙的吸收，使过多的钙沉积在心脏、血管、关节等，导致组织和器官普遍退化和钙化，同时动物食欲下降，生长停滞。

3. 维生素 E　蛋鸡对维生素 E 的需要量随日粮中不饱和脂肪酸、氧化剂、类胡萝卜素和微量元素增加而提高。蛋鸡饲料维生素 E 需要一般为 5 ~ 30 毫克/千克。为避免微血管病（渗出性素质），维生素 E 含量以 30 毫克/千克为宜。日粮含维生素 E 100 毫克/千克以上可增进免疫功能。为延长肉蛋货架期，饲料维生素 E 含量需达到 200 毫克/千克。维生素 E 的耐受剂量为需要量的 100 倍。

4. 维生素 K　蛋鸡饲粮中都需要补充维生素 K，鸡在患球虫病时对维生素 K 需要量增加。蛋鸡饲料维生素 K 需要量一般为 0.5 ~ 1.0 毫克/千克，最大安全剂量为 500 毫克/千克。

5. 维生素 B_1　蛋鸡对肠道合成的维生素 B_1 不能很好利用，所以一般需要由饲料补充。饲粮碳水化合物含量增加，维生素 B_1 需要量增加；脂肪和蛋白质有节约维生素 B_1 的作用；日粮含有抗硫胺素因子（如许多生鱼粉含的硫胺素酶），棉籽粕的使用和疾病感染都增加对维生素 B_1 的需要；小型鸡较大型鸡需要量较多，产蛋期需要量增加。蛋鸡饲料维生素 B_1 的需要量一般为

1～2 毫克/千克，中毒剂量是需要量的数百倍。

6. 维生素 B_2 蛋鸡饲料维生素 B_2 的需要随温度升高而减少，一般为 2.5～8.0 毫克/千克。维生素 B_2 中毒剂量是需要量的数十倍到数百倍。

7. 烟酸 日粮中色氨酸可转化为烟酸。蛋鸡饲料烟酸的需要量一般为 10～50 毫克/千克，中毒剂量为 350 毫克/千克。

8. 维生素 B_6 蛋鸡饲粮中蛋白质水平升高，色氨酸、蛋氨酸或其他氨基酸过多增加维生素 B_6 的需要量。杂交鸡对维生素 B_6 需要较纯种鸡多。家禽饲料维生素 B_6 的一般需要量为 1～5 毫克/千克，中毒剂量为需要量的 1 000 倍以上。

9. 泛酸 饲粮能量浓度增加，蛋鸡对泛酸的需要增加；抗生素、维生素 B_{12} 能节约鸡对泛酸的需要。蛋鸡饲料泛酸的需要量一般为 2～20 毫克/千克，中毒剂量超过需要量的 100 倍。

10. 生物素 蛋鸡饲料生物素需要量一般为 50～300 微克/千克，在需要量的 4～10 倍，生物素对蛋鸡是安全的。

11. 叶酸 因蛋鸡肠道合成的叶酸有限，利用也难，所以需要补充。蛋鸡饲料叶酸的需要量一般为 0.2～1.0 毫克/千克饲料。叶酸无毒性作用。

12. 维生素 B_{12} 蛋鸡饲喂植物性饲料或含钴不足的日粮，有胃肠道疾病及先天缺陷不能产生内源因子等，需补充维生素 B_{12}。蛋鸡饲料维生素 B_{12} 的需要量为 3～10 毫克/千克，中毒剂量至少是需要量的数百倍。

13. 胆碱 蛋鸡饲料胆碱的需要量一般为 500～2 000 毫克/千克，鸡的耐受量为需要量的 2 倍。胆碱中毒表现为流涎、颤抖、痉挛、呼吸麻痹等。

14. 维生素 C 高温、寒冷、运输等逆境和应激状态下，以及饲粮能量、蛋白质、维生素 E、硒和铁不足时，蛋鸡对维生素 C 的需要大大增加。蛋鸡对维生素 C 的需要量一般没有明确规定，因其毒性很低，耐受量一般为需要量的数百倍甚至上千倍。

（四）影响维生素需要量的因素

1. 蛋鸡本身　蛋鸡对维生素的需要量在很大程度上取决于其种类、年龄、生理时期、健康与营养状况及生产水平等。例如，为保证种蛋孵化率，种母鸡日粮中维生素 A、维生素 D_3 和维生素 E 的水平比快速生长的肉仔鸡还高。

2. 维生素拮抗物　饲料中含有某种维生素拮抗物时，维生素的需要量增加。如脂肪氧化酶破坏维生素 A 和胡萝卜素；生鱼含有硫胺素酶，可破坏维生素 B_1；豆科牧草中双香豆素可拮抗维生素 K。

3. 应激因素　各种应激因素均可增加维生素的需要量，尤其是维生素 C。例如蛋鸡患传染病和寄生虫病时，对维生素的需要量增加。采食高水平维生素日粮，会降低雏鸡伤寒病的死亡率。

4. 集约化饲养　集约化饲养致使蛋鸡对维生素的需要量增加。因为在集约化饲养条件下，蛋鸡笼养，接触粪便机会减少，从粪中获取维生素 B 族的量降低；接触阳光少，体内合成维生素 D_3 的量下降。同时，配合饲料中，富含天然维生素的饲料少，造成了天然维生素的缺乏；应激因素增多，蛋鸡免疫力下降，肠道微生物合成维生素数量减少；长期或大量使用抗生素药物，破坏了肠道微生物区系，减少了合成维生素 B 族和维生素 C 等的数量；生产性能的提高，市场对肉蛋产品品质要求高，加剧了蛋鸡对维生素的需要量。

5. 饲粮中营养成分　饲粮中脂肪含量不足时，脂溶性维生素的吸收受到影响，其需要量增加；蛋白质的供给量增加时，维生素 B_6 的需要量随之增加。蛋氨酸不足时胆碱需要量增加，色氨酸不足时，烟酸需要量增加。日粮中钙不足或钙磷比例失调时，维生素 D_3 的需要量增加。

六、矿物元素

矿物质是一大类无机营养素，是家禽体内除碳、氢、氧、氮主要以有机形式出现以外的其他各种元素的总称。矿物质元素虽然在家禽体内含量很少，但它与蛋白质、脂肪、碳水化合物、维生素等营养物质一样，对维护动物的健康、正常的生长和繁殖，都起着重要的作用。矿物质是骨骼、肌肉、血液、羽毛等的组织成分，参与体液、神经、酶、维生素、激素的组成，是鸡生长发育、新陈代谢、酸碱平衡所必需的营养物质。矿物质不能在体内合成，只能由饮水和饲料供给。

（一）矿物元素分类与简介

根据矿物质在饲料中的浓度和对其需要量，可将矿物质分为常量元素和微量元素二大类。常量元素是鸡需要量较大（在0.01%以上），含量高（占体重0.01%以上）的元素，包括钙、磷、钠、钾、氯、镁等；微量元素是指家禽需要量较小（在0.01%以下）的元素，包括锰、锌、铁、铜、碘、硒、钴等。

1. 钙 钙是家禽机体内含量最多的矿物质元素，为骨骼生长和形成蛋壳所必需。除此之外，钙还参与神经传导、肌肉收缩、血液凝固等生理过程。饲粮中缺钙时，采食量下降，基础代谢率提高，生长受阻；雏鸡患软骨病，鸡肋骨增粗变软；产蛋鸡骨质疏松，产蛋量减少，蛋壳变薄或产软皮蛋。产蛋鸡饲粮中钙的供应形式以粉状与颗粒状结合添加会产生较佳的饲养效果。饲粮中钙含量过高又会妨碍镁、锰、锌等微量矿物质的吸收，导致肾脏病变、内脏痛风、输卵管结石，生长受阻，甚至死亡。

2. 磷 磷是骨骼的结构物质，几乎对体内各种代谢过程都起着重要作用。如果缺磷后不能及时补充，在短时间内表现出食欲减退、生长缓慢，严重时则发生关节硬化、骨脆易碎，笼养母鸡出现疲劳症、产蛋量下降、蛋壳质量差、破蛋率增加。磷摄取过多，则体内的钙、磷均会被排出体外，而成软骨症。

3. 镁 镁不仅是骨骼和蛋壳的组成成分，还是一些酶的活化因子或组成成分，还参与遗传物质DNA、RNA和蛋白质的合成。饲粮缺镁，造成生长受阻，采食量下降，过度兴奋，痉挛抽搐。高镁饲粮不利于蛋鸡生产。

4. 钠、钾、氯 钠、钾、氯均是电解质。它们的主要功能是维持体内的酸碱平衡，调节渗透压，参与水代谢。钠主要分布于细胞外液，对神经冲动的传导及营养物质的吸收起重要作用；钾主要分布于细胞内液，参与丙酮酸激酶的活化、肌酸磷酸化作用，还促进细胞对中性氨基酸的吸收；氯在细胞内外均有，为腺胃分泌的盐酸的组成成分，还具有杀菌作用。缺钠时，鸡活力差，食欲减退，生长发育缓慢或产蛋率下降，容易出现啄肛、食血等恶癖；缺钾时肌肉软弱无力；缺氯时小鸡因突然光照或喧闹时出现神经症状，严重时导致瘫痪和死亡率增加。

5. 锰 锰的主要营养生理作用是在碳水化合物、脂类、蛋白质和胆固醇代谢中作为酶活化因子或组成部分。此外，锰是维持大脑正常代谢功能必不可少的物质。锰营养缺乏时，生长受到抑制、饲料利用率下降、被毛粗乱、死亡率升高；生长鸡骨骼发育不良，易患滑腱症，严重时不能站立、走动。雏鸡锰缺乏还产生神经症状（共济失调）与维生素B_1缺乏类似的观星姿势。产蛋鸡缺锰时，产蛋量下降，薄壳和无壳蛋增加。另外，缺锰会导致肝和骨中沉积脂肪。锰过量可引起动物生长受阻、贫血和胃肠道损害，有时出现神经症状。

6. 锌 锌的主要营养生理作用是参与体内酶组成，参与维持上皮细胞和皮毛的正常形态、生长和健康，维持激素的正常作用。缺锌时，鸡表现为食欲不振，采食量下降；种鸡出现胚胎畸形，孵出的小鸡不能站立，呼吸困难，出壳后易突然死亡；产蛋母鸡卵巢、输卵管发育不良，产蛋量和蛋壳质量下降，孵化率降低；生长鸡生长缓慢，羽毛、皮肤发育不良，严重缺乏时脚短、表面呈鳞片样，并伴有皮肤炎症。锌过量甚至中毒导致鸡精神沉郁，羽毛蓬乱，肝、肾、脾脏肿大，肌胃角质层变脆或糜烂，生长缓慢，易患白肌病；母鸡卵巢及输卵管萎缩，产蛋率下降，饲料转化率降低。

7. 铁 铁在机体内主要生理作用是参与载体组成、转运和贮存营养素，作为活化因子激活参与碳水化合物代谢的各种酶，生理防卫等。家禽缺铁的典型症状是贫血。其临床症状表现为生长慢、昏睡、可视黏膜变白、呼吸频率增加、抗病力弱，严重时死亡率高。饲粮铁过量，磷和铜的利用率降低，维生素A在肝中沉积下降，采食量和增重减少，生产性能降低。

8. 铜 铜不仅是鸡体内多种酶的重要组成成分，还具有维持铁的正常代谢，有利于血红蛋白合成和红细胞成熟，参与骨形成的功能。饲粮中适量的铜可促进母鸡促黄体素、雌激素和孕酮的分泌，从而提高产蛋性能。长时间缺铜可表现贫血、骨折或骨畸形，母鸡产蛋率下降、孵化率降低。长期高铜则可导致家禽精神沉郁、被毛蓬乱，肌胃、腺胃糜烂，呕吐、腹泻及肠道弥漫性出血性炎症、便血，厌食、黏膜黄疸，生产性能下降、死亡，还可引起锌、铁缺乏症。

9. 碘 碘作为必需微量元素最主要功能是参与甲状腺组成，调节代谢和维持体内热平衡，对繁殖、生长、发育、红细胞生成和血液循环等起调控作用。缺碘时可引起鸡甲状腺肿大、生长受阻和繁殖力下降。碘摄入过量（600 毫克/千克）时，产蛋量、蛋重及孵化率降低。

10. 硒 硒最重要的作用是参与谷胱甘肽过氧化物酶组成，对体内氢或脂过氧化物有较强的还原作用，保护细胞膜结构完整和功能正常。此外，硒还有保证肠道脂肪酶活性，促进乳糜微粒正常形成，从而促进脂类及其脂溶性物质消化吸收的作用。鸡缺硒主要表现渗出性素质和胰腺纤维变性，患病鸡生长慢，死亡率高。硒也是毒性很强的一种元素，中毒症状表现为精神委靡、神经功能紊乱、消瘦、生产性能下降、皮肤粗糙、羽毛脱落，以及长骨关节腐烂、心脏萎缩、肝硬化和贫血、种蛋孵化率降低和胚胎畸形。

11. 钴 钴是一个比较特殊的必需微量元素。动物不需要无机态的钴，只需要体内不能合成，存在于维生素 B_{12} 中的有机钴。钴的营养作用实质上是维生素 B_{12} 的作用。钴能合成维生素 B_{12}。饲粮中缺钴会影响铁的代谢而引起贫血和发生维生素 B_{12} 的缺乏症。补饲时常用硫酸钴、氯化钴或添加维生素 B_{12} 等。

（二）矿物元素需要量

1. 钙和磷 生长家禽对钙的需要主要是用于骨的形成，而成年母禽则主要用于形成蛋壳。磷除形成骨骼外，还参与很多代谢反应。日粮中过多的磷对蛋壳质量不利，故蛋鸡日粮磷水平有下降趋势，但降到磷的临界水平可能引起“笼养鸡疲劳综合征”而导致死亡率升高。生长家禽对钙的需要量可由内源损失、钙存留、钙吸收利用率确定，在此基础上，生长鸡日粮钙含量应不超过0.93%。磷的供给量应高于最低需要量的30%，如笼养来航母鸡，日粮含0.40%可利用磷比较合适。此外，在保证钙和磷需要量的同时，确定合适的钙/磷比例也是非常关键的。研究表明，鸡饲粮中钙与有效磷的比例，雏鸡约为2∶1，产蛋鸡约为10∶1，可利用磷配合3.5%钙对产蛋率和蛋壳质量效果最佳。产蛋母鸡每日对钙、磷的生理需要有明显的时间差，研究发现，产蛋母鸡每日8～14时喜欢采食含磷高的饲粮，14～16时喜采食含钙高的饲粮，说明母鸡可以直接将摄取的钙用来形成蛋壳。

2. 钠、钾、氯 钠、钾、氯都是电解质，在鸡日粮中的 Na^+、K^+ 和 Cl^-、SO_4^{2-} 必须保持平衡。鸡生长与繁殖时对钠的需要量为日粮的0.1%～0.2%，幼雏时为0.15%～0.20%，生长和产蛋鸡为0.10%～0.15%。每千克基础日粮补充1 200毫克氯离子产生最佳生长速度。钠与氯常以氯化钠供应，这保证了最适宜的比例。

3. 镁 日粮含镁500～600毫克/千克能满足各阶段蛋鸡生长、生产和繁殖的需要。一般饲料原料含镁量足够，因此蛋鸡饲粮一般不用添加镁。提高日粮钙、磷水平的同时也需要提高镁的水平。高镁不利于家禽生产，母鸡日粮中镁超过0.7%时排粪极稀，高于1.0%时影响产蛋。高镁也不利于育成鸡生长。

4. 铜 日粮中适量的铜可促进母鸡促黄体素和孕酮等分泌，从而提高产蛋鸡的生产性能。饲粮中钙、钼、铁、硫含量过高或有强氧化剂存在时，易引起铜的缺乏。蛋鸡对铜的最低需要量为3毫克/千克。在一般蛋鸡混合饲料中的铜含量为10～20毫克/千克，足够满足蛋鸡需要。铜对蛋白质有较强的凝固作用，高剂量铜可用于饲料防霉变、消化道杀菌等，250毫克/千克的高铜日粮对生长鸡和蛋鸡有促生长和提高产蛋率的作用。但要注意，添加高铜需要同时提高铁和锌的添加量，而且，长时间饲喂高铜饲料是有毒的，抑制生长，损伤肾脏，严重时会造成死亡。动物高铜中毒后可通过在日粮中添加150毫克/千克的锌和150毫克/千克的铁缓解。

5. 锰 蛋鸡对锰的需要量比哺乳动物的高。常用的蛋鸡饲料原料中锰含量不能满足需要，因此需要补充锰。蛋鸡饲料锰的最低需要量为50～60毫克/千克，对锰的耐受量可达2 000毫克/千克。

6. 锌 生长鸡对日粮锌的最低需要量为30～40毫克/千克，产蛋鸡为40～60毫克/千克。一般基础日粮中含锌较低，为25～30毫克/千克，不能满足家禽需要，必须添加。饲粮中植酸的存在提高蛋鸡对锌的需要量。蛋鸡对常规饲粮中锌的耐受剂量为1 000～2 000毫克/千克。

7. 铁　铁盐可显著降低棉酚的毒性，因此饲粮中使用过多的棉粕会增加蛋鸡对铁的需要量。鸡饲料铁的一般需要量为50～80 毫克/千克，其中产蛋鸡维持正常的红细胞压积的日粮铁最低需要量为35～45 毫克/千克，维持最大孵化率的最低需要量为55 毫克/千克。蛋鸡对日粮中铁的耐受剂量为1 000～1 500 毫克/千克。

8. 硒　蛋鸡饲粮所需硒水平为0.15～0.20 毫克/千克。鉴于通常采用的蛋鸡饲料中维生素 E 含量低且变化大，并且许多天然饲料中硒的可利用率不高，蛋鸡饲粮中添加硒是必须的。硒的最低需要量与中毒剂量间差距较小，易发生中毒现象。

9. 碘　生长鸡对碘的需要量约为0.70 毫克/千克，产蛋母鸡和种母鸡为0.35 毫克/千克。维持甲状腺组织正常结构的需要量比维持正常生长和产蛋量对碘的需要量要大。此外，如果饲料热加工不足（如菜籽粕、豆粕、芝麻和豌豆等），对致甲状腺肿物质未灭活，或饲料中钙、氟、砷和食盐过高时，蛋鸡对碘的需要量提高。

七、水

水是鸡体不可缺少的组成成分。雏鸡身体含水分约70%，成鸡50%，鲜蛋含水70%。水可以促进消化液的分泌，帮助稀释和溶解饲料，鸡体内如水分不足就会发生消化不良。水又是各种营养物质的溶剂，有利于营养物质的吸收和代谢废物、毒素的排出。同时鸡体内各种生物化学反应也借助于水的参与，各种物质的合成分解都离不开水，水还能调节体温，保持体温的恒定等。鸡停水1天就可以引起生理变化，生长速度降低，脱毛，产蛋下降。水的来源有饮水、饲料水分及有机物质在体内代谢的产物。雏鸡饮水量为采食干饲料的2～2.5 倍，成年鸡可按下列公式推算：

饮水量（毫升）=106.3+5.55×温度（℃）

第三节　健康养殖饲料配制技术

饲料是生产蛋品的主要原料。高产蛋鸡必须在满足各种营养需要以后才能将其遗传潜力发挥出来。在完全舍饲的条件下，蛋鸡健康生长和生产所需的营养物质必须全部由饲料的形式供给。因此，要选用合适的饲料原料并根据饲养标准制定饲料配方，经过饲料厂加工成全价配合饲料，供蛋鸡采食，以满足蛋鸡在各个生理阶段和不同生产性能时所需的营养，以获得相应的经济效益。

一、饲养标准

（一）饲养标准的概念和分类

饲养标准是根据大量饲养实验结果和动物生产实践的经验总结，对各种特定动物所需要的各种营养物质的定额作出的规定，这种系统的营养定额及有关资料统称为饲养标准。简言之，特定动物系统成套的营养定额就是饲养标准，简称“标准”。

饲养标准的制定是经过大量多种科学实验，如物质平衡、能量平衡、屠宰试验、消化及代谢试验、饲养试验等，测定动物在不同生理状态下，对各种营养物质的需要量，最后经过生产实践与验证而确定下来的。应用饲养标准不仅能保持动物的健康，还能提高生产能力和产品质量，合理利用饲料，降低生产成本。此外，饲养标准也是衡量和检查动物饲喂技术水平是否合理的尺度。因此饲料配方设计和定额饲养，均要以饲养标准为依据。

饲养标准大致可分为三类：一是国家规定和颁布的饲养标准，称为国家标准，如美国 NRC 标准和英国的 ARC 标准。我国在1986年也颁布了鸡的饲养标准，并于2004年进行了修订。二是区域性饲养标准，是由各地区根据本地区的特定状况而制定的适于本地品种生长或生产需要的标准，如台湾省畜牧学会建议的土鸡营养需要量等。三是大型育种公司根据自己培育的优良品种或品系的特点，制定的符合该品种或品系营养需要的饲养标准，称为专用标准，如罗曼蛋鸡和海兰蛋鸡均有各自的饲养标准。

（二）使用饲养标准时应注意的问题

饲养标准是在各国或各地区一定生产技术与科学水平的基础上制定的，是在营养需要方面已取得研究成果，随着营养研究的深入，它们又是可变的，也就是说标准是有区域性、条件性的，因此，不应把标准看成千古不变的教条，把相对正确的东西绝对化。在各地区、各饲养场的具体条件下运用标准时，必须作具体分析，结合当地生产实践，不断补充和修正，灵活运用，才能达到提高生产力的目的。随着国民经济的需要、科学技术的发展和生产水平的提高，应不断地对饲养标准进行修订、充实和完善。使用饲养标准还要注意以下一些问题：

第一，在不采用计算机配料时，至少应满足以下的指标：代谢能、粗蛋白质、蛋白能量比、钙、磷、食盐、蛋氨酸（或蛋氨酸+胱氨酸）、赖氨酸、色氨酸等。

第二，使用标准中的维生素、微量元素的数值要注意根据鸡群生态、环境、饲养条件及疾病情况增加安全系数。一般可把标准所列数值作为添加量，把饲料原料中的含量作为安全量。对于微量元素还要特别注意本地区的具体情况和饲料来源。

第三，添加合成氨基酸来平衡饲料的必需氨基酸时，粗蛋白水平可适当降低，蛋能比也可以适当降低，以节省蛋白质饲料的用量。

第四，食盐的含量要特别注意。在使用动物性蛋白饲料原料时一定要注意其盐分含量，其含盐量和添加的食盐量应一并考虑，避免食盐中毒。

（三）常用的饲养标准

目前我国蛋鸡常用的饲养标准，主要有美国1994年颁布的第九版的NRC标准（表4－8、表4－9），以及我国2004年颁布的鸡饲养标准（表4－10、表4－11）。

表4－8　未成熟来航鸡的营养需要（%，千克）

期终体重（克）	白壳蛋鸡 0～6周 450	6～12周 980	12～18周 1 375	18周至开产 1 475	褐壳蛋鸡 0～6周 500	6～12周 1 100	12～18周 1 500	18周至开产 1 600
日粮MEn（兆焦/千克）	11.92	11.92	12.13	12.13	11.72	11.72	11.92	11.92
粗蛋白质（%）	18.00	16.00	15.00	17.00	17.00	15.00	14.00	16.00
精氨酸（%）	1.00	0.83	0.67	0.75	0.94	0.78	0.62	0.72
甘氨酸+丝氨酸（%）	0.70	0.58	0.47	0.53	0.66	0.54	0.44	0.50
组氨酸（%）	0.26	0.22	0.17	0.20	0.25	0.21	0.16	0.18
异亮氨酸（%）	0.60	0.50	0.40	0.45	0.57	0.47	0.37	0.42
亮氨酸（%）	1.10	0.85	0.70	0.80	1.00	0.80	0.65	0.75
赖氨酸（%）	0.85	0.60	0.45	0.52	0.80	0.56	0.42	0.49
蛋氨酸（%）	0.30	0.25	0.20	0.22	0.28	0.23	0.19	0.21

续表

期终体重（克）	白壳蛋鸡				褐壳蛋鸡			
	0～6周	6～12周	12～18周	18周至开产	0～6周	6～12周	12～18周	18周至开产
	450	980	1 375	1 475	500	1 100	1 500	1 600
蛋氨酸+胱氨酸（%）	0.62	0.52	0.42	0.47	0.59	0.49	0.39	0.44
苯丙氨酸（%）	0.54	0.45	0.36	0.40	0.51	0.42	0.34	0.38
丙氨酸+酪氨酸（%）	1.00	0.83	0.67	0.75	0.94	0.78	0.63	0.70
苏氨酸（%）	0.68	0.57	0.37	0.47	0.64	0.53	0.35	0.44
色氨酸（%）	0.17	0.14	0.11	0.12	0.16	0.13	0.10	0.11
缬氨酸（%）	0.62	0.52	0.41	0.46	0.59	0.49	0.38	0.43
亚油酸（%）	1.00	1.00	1.00	1.00	1.00	1.00	1.00	1.00
钙（%）	0.90	0.80	0.80	2.00	0.90	0.80	0.80	1.80
非植酸磷（%）	0.40	0.35	0.30	0.32	0.40	0.35	0.30	0.35
钾（%）	0.25	0.25	0.25	0.25	0.25	0.25	0.25	0.25
钠（%）	0.15	0.15	0.15	0.15	0.15	0.15	0.15	0.15
氯（%）	0.15	0.12	0.12	0.15	0.12	0.11	0.11	0.11
镁（毫克）	600.00	500.00	400.00	400.00	570.00	470.00	370.00	370.00

续表

期终体重（克）	白壳蛋鸡 0～6周 450	白壳蛋鸡 6～12周 980	白壳蛋鸡 12～18周 1 375	白壳蛋鸡 18周至开产 1 475	褐壳蛋鸡 0～6周 500	褐壳蛋鸡 6～12周 1 100	褐壳蛋鸡 12～18周 1 500	褐壳蛋鸡 18周至开产 1 600
锰（毫克）	60.00	30.00	30.00	30.00	56.00	28.00	28.00	28.00
锌（毫克）	40.00	35.00	35.00	35.00	38.00	33.00	33.00	33.00
铁（毫克）	80.00	60.00	60.00	60.00	75.00	56.00	56.00	56.00
铜（毫克）	5.00	4.00	4.00	4.00	5.00	4.00	4.00	4.00
碘（毫克）	0.35	0.35	0.35	0.35	0.33	0.33	0.33	0.33
硒（毫克）	0.15	0.10	0.10	0.10	0.14	0.10	0.10	0.10
维生素A（国际单位）	1 500.00	1 500.00	1 500.00	1 500.00	1 420.00	1 420.00	1 420.00	1 420.00
维生素D_3（国际单位）	200.00	200.00	200.00	300.00	190.00	190.00	190.00	280.00
维生素E（国际单位）	10.00	5.00	5.00	5.00	9.50	4.70	4.70	4.70
维生素K（毫克）	0.50	0.50	0.50	0.50	0.47	0.47	0.47	0.47
核黄素（毫克）	3.60	1.80	1.80	2.20	3.40	1.70	1.70	1.70
泛酸（毫克）	10.00	10.00	10.00	10.00	9.40	9.40	9.40	9.40
烟酸（毫克）	27.00	11.00	11.00	11.00	26.00	10.30	10.30	10.30
维生素B_{12}（毫克）	0.009	0.003	0.003	0.00	0.009	0.003	0.003	0.003

续表

期终体重（克）	白壳蛋鸡				褐壳蛋鸡			
	0～6周	6～12周	12～18周	18周至开产	0～6周	6～12周	12～18周	18周至开产
	450	980	1 375	1 475	500	1 100	1 500	1 600
胆碱（毫克）	1 300.00	900.00	500.00	500.00	1 225.00	850.00	470.00	470.00
生物素（毫克）	0.15	0.10	0.10	0.10	0.14	0.09	0.09	0.09
叶酸（毫克）	0.55	0.25	0.25	0.25	0.52	0.23	0.23	0.23
硫胺素（毫克）	1.0	1.0	0.8	0.8	1.0	1.0	0.8	0.8
吡哆醇（毫克）	3.0	3.0	3.0	3.0	2.8	2.8	2.8	2.8

表4－9　来航型产蛋母鸡的营养需要

采食量（克）	不同采食量白壳蛋鸡的日粮营养浓度			需要量（毫克或国际单位）/（只·天）		
				白壳蛋种鸡母鸡	白壳蛋鸡	褐壳蛋母鸡
	80	100	120	100	100	110
	假设日粮MEn为12.13兆焦/千克，产蛋率90%					
粗蛋白质（%）	18.0	15.0	12.5	15 000	15 000	16 500
精氨酸（%）	0.88	0.70	0.58	700	700	770
组氨酸（%）	0.21	0.17	0.14	170	170	190
异亮氨酸（%）	0.81	0.65	0.54	650	650	715
亮氨酸（%）	1.03	0.82	0.68	820	820	900

续表

采食量（克）	不同采食量白壳蛋鸡的日粮营养浓度			需要量（毫克或国际单位）/（只·天）		
				白壳蛋种鸡母鸡	白壳蛋鸡	褐壳蛋母鸡
	80	100	120	100	100	110
	假设日粮 MEn 为 12.13 兆焦/千克，产蛋率 90%					
赖氨酸（%）	0.86	0.69	0.58	690	690	760
蛋氨酸（%）	0.38	0.30	0.25	300	300	330
蛋氨酸 + 胱氨酸（%）	0.73	0.58	0.48	580	580	645
苯丙氨酸（%）	0.59	0.47	0.39	470	470	520
苯丙氨酸 + 酪氨酸（%）	1.04	0.83	0.69	830	830	910
苏氨酸（%）	0.59	0.47	0.39	470	470	520
色氨酸（%）	0.20	0.16	0.13	160	160	175
缬氨酸（%）	0.88	0.70	0.58	700	700	770
亚油酸（%）	1.25	1.0	0.83	1 000	1 000	1 100
钙（%）	4.06	3.25	2.71	3 250	3 250	3 600
氯（%）	0.16	0.13	0.11	130	130	145
镁（毫克）	625	500	420	50	50	55
非植酸磷（%）	0.31	0.25	0.21	250	250	275
钾（%）	0.19	0.15	0.13	150	150	165
钠（%）	0.19	0.15	0.13	150	150	165
铜（毫克）	?	?	?	?	?	?
碘（毫克）	0.044	0.035	0.029	0.010	0.004	0.004
铁（毫克）	56	45	38	6.0	4.5	5.0

续表

采食量（克）	不同采食量白壳蛋鸡的日粮营养浓度			需要量（毫克或国际单位）/（只·天）		
				白壳蛋种鸡母鸡	白壳蛋鸡	褐壳蛋母鸡
	80	100	120	100	100	110
	假设日粮 MEn 为 12.13 兆焦/千克，产蛋率 90%					
锰（毫克）	25	20	17	2.0	2.0	2.2
硒（毫克）	0.08	0.06	0.05	0.006	0.006	0.006
锌（毫克）	44	35	29	4.5	3.5	3.9
维生素 A（国际单位）	3 750	3 000	2 500	300	300	330
维生素 D_3（国际单位）	375	300	250	30	30	33
维生素 E（国际单位）	6	5	4	1.0	0.5	0.55
维生素 K_3（毫克）	0.6	0.5	0.4	0.1	0.05	0.055
维生素 B_{12}（毫克）	0.004	0.004	0.004	0.008	0.000 4	0.000 4
生物素（毫克）	0.13	0.10	0.08	0.01	0.01	0.11
胆碱（毫克）	1 310	1 050	875	105	105	115
叶酸（毫克）	0.31	0.25	0.21	0.035	0.025	0.028
烟酸（毫克）	12.5	10.0	8.3	1.0	1.0	1.1
泛酸（毫克）	2.5	2.0	1.7	0.7	0.2	0.22
吡哆醇（毫克）	3.1	2.5	2.1	0.45	0.25	0.28
核黄素（毫克）	3.1	2.5	2.1	0.36	0.25	0.28
硫胺素（毫克）	0.88	0.70	0.60	0.07	0.07	0.08

注：（1）"？"表示数据缺乏。

(2) 褐壳蛋鸡的部分数据是根据白壳蛋鸡加10%得出，因为其体重大，每天的产蛋量也可能较多。

(3) 满足最大蛋壳强度时的钙需要量可能更高。高温时对磷的需要量可能增加。

表4－10 生长鸡的营养需要

营养指标	单位	0周龄～8周龄	9周龄～18周龄	19周龄至开产
代谢能	兆焦/千克（兆卡/千克）	11.91（2.85）	11.70（2.80）	11.50（2.75）
粗蛋白质	%	19.0	15.5	17.0
蛋白能量比	克/兆焦（克/兆卡）	15.95（66.67）	13.25（55.30）	14.78（61.82）
赖氨酸能量比	克/兆焦（克/兆卡）	0.84（3.51）	0.58（2.43）	0.61（2.55）
赖氨酸	%	1.00	0.68	0.70
蛋氨酸	%	0.37	0.27	0.34
蛋氨酸＋胱氨酸	%	0.74	0.55	0.64
苏氨酸	%	0.66	0.55	0.62
色氨酸	%	0.20	0.18	0.19
精氨酸	%	1.18	0.98	1.02
亮氨酸	%	1.27	1.01	1.07
异亮氨酸	%	0.71	0.59	0.60
苯丙氨酸	%	0.64	0.53	0.54
苯丙氨酸＋酪氨酸	%	1.18	0.98	1.00
组氨酸	%	0.31	0.26	0.27
脯氨酸	%	0.50	0.34	044
缬氨酸	%	0.73	0.60	0.62
甘氨酸＋丝氨酸	%	0.82	0.68	0.71
钙	%	0.90	0.80	2.00

续表

营养指标	单位	0 周龄 ~8 周龄	9 周龄 ~18 周龄	19 周龄至开产
总磷	%	0.70	0.60	0.55
非植酸磷	%	0.40	0.35	0.32
钠	%	.0.15	0.15	0.15
氯	%	0.15	0.15	0.15
铁	毫克/千克	80	60	60
铜	毫克/千克	8	6	8
锌	毫克/千克	60	40	80
锰	毫克/千克	60	40	60
碘	毫克/千克	0.35	0.35	0.35
硒	毫克/千克	0.30	0.30	0.30
亚油酸	%	1	1	1
维生素 A	国际单位/千克	4 000	4 000	4 000
维生素 D	国际单位/千克	800	800	800
维生素 E	国际单位/千克	10	8	8
维生素 K	毫克/千克	0.5	0.5	0.5
硫胺素	毫克/千克	1.8	1.3	1.3
核黄素	毫克/千克	3.6	1.8	2.2
泛酸	毫克/千克	10	10	10
烟酸	毫克/千克	30	11	11
吡哆醇	毫克/千克	3	3	3
生物素	毫克/千克	0.15	0.10	0.10
叶酸	毫克/千克	0.55	0.25	0.25
维生素 B_{12}	毫克/千克	0.010	0.003	0.004
胆碱	毫克/千克	1 300	900	500

注：根据中型体重鸡制定，轻型鸡可酌减 10%；开产日龄按 5% 产蛋率计算。

表 4－11　产蛋鸡营养需要

营养指标	单位	开产～高峰期（>85%）	高峰后（<85%）	种鸡
代谢能	兆焦/千克（兆卡/千克）	11.29（2.70）	10.87（2.65）	11.29（2.70）
粗蛋白质	%	16.5	15.5	18.0
蛋白能量比	克/兆焦（克/兆卡）	14.61（61.11）	14.26（58.49）	15.94（66.67）
赖氨酸能量比	克/兆焦（克/兆卡）	0.64（2.67）	0.61（2.54）	0.63（2.63）
赖氨酸	%	0.75	0.70	0.75
蛋氨酸	%	0.34	0.32	0.34
蛋氨酸＋胱氨酸	%	0.65	0.56	0.65
苏氨酸	%	0.55	0.50	0.55
色氨酸	%	0.16	0.15	0.16
精氨酸	%	0.76	0.69	0.76
亮氨酸	%	1.02	0.98	1.02
异亮氨酸	%	0.72	0.66	0.72
苯丙氨酸	%	0.58	0.52	0.58
苯丙氨酸＋酪氨酸	%	1.08	1.06	1.08
组氨酸	%	0.25	0.23	0.25
缬氨酸	%	0.59	0.54	0.59
甘氨酸＋丝氨酸	%	0.57	0.48	0.57
可利用赖氨酸	%	0.66	0.60	—
可利用蛋氨酸	%	0.32	0.30	—
钙	%	3.5	3.5	3.5
总磷	%	0.60	0.60	0.60
非植酸磷	%	0.32	0.32	0.32
钠	%	0.15	0.15	0.15

续表

营养指标	单位	开产～高峰期（>85%）	高峰后（<85%）	种鸡
氯	%	0.15	0.15	0.15
铁	毫克/千克	60	60	60
铜	毫克/千克	8	8	6
锰	毫克/千克	60	60	60
锌	毫克/千克	80	80	60
碘	毫克/千克	0.35	0.35	0.35
硒	毫克/千克	0.30	0.30	0.30
亚油酸	%	1	1	1
维生素 A	国际单位/千克	8 000	8 000	10 000
维生素 D	国际单位/千克	1 600	1 600	2 000
维生素 E	国际单位/千克	5	5	10
维生素 K	毫克/千克	0.5	0.5	1.0
硫胺素	毫克/千克	0.8	0.8	0.8
核黄素	毫克/千克	2.5	2.5	3.8
泛酸	毫克/千克	2.2	2.2	10
烟酸	毫克/千克	20	20	30
吡哆醇	毫克/千克	3.0	3.0	4.5
生物素	毫克/千克	0.10	0.10	0.15
叶酸	毫克/千克	0.25	0.25	0.35
维生素 B_{12}	毫克/千克	0.004	0.004	0.004
胆碱	毫克/千克	500	500	500

二、常用饲料种类及营养特性

饲料是各种营养素的载体，饲料中含有蛋鸡所需的各种营养物质，但绝大多数单一饲料原料所含营养物质的数量、比例都不符合蛋鸡的营养需要。因此，要了解和掌握各种饲料原料的营养特点，并合理配制饲料以满足家禽的营养需要。

饲料种类繁多，养分组成和营养价值各异（蛋鸡常用的饲料原料的主要营养成分见表 4－12）。国际上将其分为八大类：①粗饲料；②青绿饲料；③青贮饲料；④能量饲料；⑤蛋白质饲料；⑥矿物质补充料；⑦维生素补充料；⑧添加剂。

表 4－12　蛋鸡常用的饲料原料的主要营养成分

序号	中国饲料号	饲料名称	干物质（%）	粗蛋白质（%）	鸡代谢能（兆焦/千克）	钙（%）	总磷（%）	非植酸磷（%）	赖氨酸（%）	蛋氨酸（%）
1	4－07－0278	高油玉米	86.0	9.4	13.31	0.09	0.22	0.10	0.26	0.19
2	4－07－0288	高赖氨酸玉米	86.0	8.5	13.60	0.16	0.25	0.09	0.36	0.15
3	4－07－0279	玉米（1 级）	86.0	8.7	13.56	0.02	0.27	0.12	0.24	0.18
4	4－07－0280	玉米（2 级）	86.0	7.8	13.47	0.02	0.27	0.12	0.23	0.15
5	4－07－0272	高粱	86.0	9.0	12.30	0.13	0.36	0.17	0.18	0.17
6	4－07－0270	小麦（混合小麦）	87.0	13.9	12.72	0.17	0.41	0.13	0.30	0.25
7	4－07－0274	大麦（裸）	87.0	13.0	11.21	0.04	0.39	0.21	0.44	0.14
8	4－07－0277	大麦（皮）	87.0	11.0	11.30	0.09	0.33	0.17	0.42	0.18

续表

序号	中国饲料号	饲料名称	干物质（%）	粗蛋白质（%）	鸡代谢能（兆焦/千克）	钙（%）	总磷（%）	非植酸磷（%）	赖氨酸（%）	蛋氨酸（%）
9	4－07－0281	黑麦	88.0	11.0	12.25	0.05	0.30	0.11	0.37	0.16
10	4－07－0273	稻谷	86.0	7.8	11.00	0.03	0.36	0.20	0.29	0.19
11	4－07－0276	糙米	87.0	8.8	14.06	0.03	0.35	0.15	0.32	0.20
12	4－07－0275	碎米	88.0	10.4	14.23	0.06	0.35	0.15	0.42	0.22
13	4－07－0479	粟（谷子）	86.5	9.7	11.88	0.12	0.30	0.11	0.15	0.25
14	4－04－0067	木薯干	87.0	2.5	12.38	0.27	0.09	0.07	0.13	0.05
15	4－04－0068	甘薯干	87.0	4.0	9.79	0.19	0.02	0.02	0.16	0.06
16	4－04－0068	次粉（1级）	88.0	15.4	12.76	0.08	0.48	0.14	0.59	0.23
17	4－08－0105	次粉（2级）	87.0	13.6	12.51	0.08	0.48	0.14	0.52	0.16
18	4－08－0069	小麦麸（1级）	87.0	15.7	6.82	0.11	0.92	0.24	0.58	0.13
19	4－08－0070	小麦麸（2级）	87.0	14.3	6.78	0.10	0.93	0.24	0.53	0.12

续表

序号	中国饲料号	饲料名称	干物质（%）	粗蛋白质（%）	鸡代谢能（兆焦/千克）	钙（%）	总磷（%）	非植酸磷（%）	赖氨酸（%）	蛋氨酸（%）
20	4－08－0041	米糠	87.0	12.8	11.21	0.07	1.43	0.10	0.74	0.25
21	4－10－0025	米糠饼	88.0	14.7	10.17	0.14	1.69	0.22	0.66	0.26
22	4－10－0018	米糠粕	87.0	15.1	8.28	0.15	1.82	0.24	0.72	0.28
23	5－09－0127	大豆	87.0	35.5	13.56	0.27	0.48	0.30	2.20	0.56
24	5－09－0128	全脂大豆	88.0	35.5	15.69	0.32	0.40	0.25	2.37	0.55
25	5－10－0241	大豆饼	89.0	41.8	10.54	0.31	0.50	0.25	2.43	0.60
26	5－10－0103	大豆粕（1级）	89.0	47.9	10.58	0.34	0.65	0.22	2.99	0.68
27	5－10－0102	大豆粕（2级）	89.0	44.2	10.00	0.33	0.62	0.21	2.68	0.59
28	5－10－0118	棉籽饼	88.0	36.3	9.04	0.21	0.83	0.28	1.40	0.41
29	5－10－0119	棉籽粕（1级）	90.0	47.0	7.78	0.25	1.10	0.38	2.13	0.56
30	5－10－0117	棉籽粕（2级）	90.0	43.5	8.49	0.28	1.04	0.36	1.97	0.58

续表

序号	中国饲料号	饲料名称	干物质（%）	粗蛋白质（%）	鸡代谢能（兆焦/千克）	钙（%）	总磷（%）	非植酸磷（%）	赖氨酸（%）	蛋氨酸（%）
31	5－10－0183	菜籽饼	88.0	35.7	8.16	0.59	0.96	0.33	1.33	0.60
32	5－10－0121	菜籽粕	88.0	38.6	7.41	0.65	1.02	0.35	1.30	0.63
33	5－10－0116	花生仁饼	88.0	44.7	11.63	0.25	0.53	0.31	1.32	0.39
34	5－10－0115	花生仁粕	88.0	47.8	10.88	0.27	0.56	0.33	1.40	0.41
35	1－10－0031	向日葵仁饼	88.0	29.0	6.65	0.24	0.87	0.13	0.96	0.59
36	5－10－0242	向日葵仁粕（壳仁比16:84）	88.0	36.5	9.71	0.27	1.13	0.17	1.22	0.72
37	5－10－0243	向日葵仁粕（壳仁比24:76）	88.0	33.6	8.49	0.26	1.03	0.16	1.13	0.69
38	5－10－0119	亚麻仁饼	88.0	32.2	9.79	0.39	0.88	0.38	0.73	0.46
39	5－10－0120	亚麻仁粕	88.0	34.8	7.95	0.42	0.95	0.42	1.16	0.55
40	5－10－0246	芝麻饼	92.0	39.2	8.95	2.24	1.19	0.22	0.82	0.82

续表

序号	中国饲料号	饲料名称	干物质（%）	粗蛋白质（%）	鸡代谢能（兆焦/千克）	钙（%）	总磷（%）	非植酸磷（%）	赖氨酸（%）	蛋氨酸（%）
41	5-11-0001	玉米蛋白粉（63.5%）	90.1	63.5	16.23	0.07	0.44	0.17	0.97	1.42
42	5-11-0002	玉米蛋白粉（51.3%）	91.2	51.3	14.27	0.06	0.42	0.16	0.92	1.14
43	5-11-0008	玉米蛋白粉（44.3%）	89.9	44.3	13.31	0.12	0.50	0.18	0.71	1.04
44	5-11-0003	玉米蛋白饲料	88.0	19.3	8.45	0.15	0.70	0.25	0.63	0.29
45	4-10-0026	玉米胚芽饼	90.0	16.7	9.37	0.04	1.45	0.36	0.70	0.31
46	4-10-0244	玉米胚芽粕	90.0	20.8	8.66	0.06	1.23	0.31	0.75	0.21
47	5-11-0007	DDGS	90.0	28.3	9.20	0.20	0.74	0.42	0.59	0.59
48	5-11-0009	蚕豆粉浆蛋白	88.0	66.3	14.52	—	0.59	—	4.44	0.60
49	5-11-0004	麦芽根	89.7	28.3	5.90	0.22	0.73	0.17	1.30	0.37
50	5-13-0044	鱼粉（64.5%）	90.0	64.5	12.38	3.81	2.83	2.83	5.22	1.71

续表

序号	中国饲料号	饲料名称	干物质（%）	粗蛋白质（%）	鸡代谢能（兆焦/千克）	钙（%）	总磷（%）	非植酸磷（%）	赖氨酸（%）	蛋氨酸（%）
51	5－13－0045	鱼粉（62.5%）	90.0	62.5	12.18	3.96	3.05	3.05	5.12	1.66
52	5－13－0046	鱼粉（60.2%）	90.0	60.2	11.80	4.04	2.90	2.90	4.72	1.64
53	5－13－0077	鱼粉（53.5%）	90.0	53.5	12.13	5.88	3.20	3.20	3.87	1.39
54	5－13－0036	血粉	88.0	82.8	10.29	0.29	0.31	0.31	6.67	0.74
55	5－13－0037	羽毛粉	88.0	77.9	11.42	0.20	0.68	0.68	1.65	0.59
56	5－13－0038	皮革粉	88.0	74.7	—	4.40	0.15	0.15	2.18	0.80
57	5－13－0047	肉骨粉	93.0	50.0	9.96	9.20	4.70	4.70	2.60	0.67
58	5－13－0048	肉粉	94.0	54.0	9.20	7.69	3.88	—	3.07	0.80
59	1－05－0074	苜蓿草粉（19%）	87.0	19.1	4.06	1.40	0.51	0.51	0.82	0.21
60	1－05－0075	苜蓿草粉（17%）	87.0	17.2	3.64	1.52	0.22	0.22	0.81	0.20
61	1－05－0076	苜蓿草粉（14%～15%）	87.0	14.3	3.51	1.34	0.19	0.19	0.60	0.18

续表

序号	中国饲料号	饲料名称	干物质（%）	粗蛋白质（%）	鸡代谢能（兆焦/千克）	钙（%）	总磷（%）	非植酸磷（%）	赖氨酸（%）	蛋氨酸（%）
62	5－11－0005	啤酒糟	88.0	24.3	9.92	0.32	0.42	0.14	0.72	0.52
63	7－15－0001	啤酒酵母	91.7	52.4	10.54	0.16	1.02	—	3.38	0.83
64	4－13－0075	乳清粉	94.0	12.0	11.42	0.87	0.79	0.79	1.10	0.20
65	5－01－0162	酪蛋白	91.0	88.7	17.28	0.63	1.01	0.82	7.35	2.70
66	5－14－0503	明胶	90.0	88.6	9.87	0.49	—	—	3.62	0.76
67	4－06－0076	牛奶乳糖	96.0	4.0	11.25	0.52	0.62	0.62	0.16	0.03
68	4－06－0077	乳糖	96.0	0.3	—	—	—	—	—	—
69	4－06－0078	葡萄糖	90.0	0.3	12.89	—	—	—	—	—
70	4－06－0079	蔗糖	99.0	0.0	16.32	0.04	0.01	0.01	—	—
71	4－02－0889	玉米淀粉	99.0	0.3	13.22	0.00	0.03	0.01	—	—
72	4－17－0001	牛脂	99.0	0.0	32.55	0.00	0.00	0.00	—	—

续表

序号	中国饲料号	饲料名称	干物质（%）	粗蛋白质（%）	鸡代谢能（兆焦/千克）	钙（%）	总磷（%）	非植酸磷（%）	赖氨酸（%）	蛋氨酸（%）
73	4－17－0002	猪油	99.0	0.0	38.11	0.00	0.00	0.00	—	—
74	4－17－0003	家禽脂肪	99.0	0.0	39.16	0.00	0.00	0.00	—	—
75	4－17－0004	鱼油	99.0	0.0	35.35	0.00	0.00	0.00	—	—
76	4－17－0005	菜籽油	99.0	0.0	38.53	0.00	0.00	0.00	—	—
77	4－17－0006	椰子油	99.0	0.00	40.42	0.00	0.00	0.00	—	—
78	4－17－0007	玉米油	99.0	0.0	36.83	0.00	0.00	0.00	—	—
79	4－17－0008	棉籽油	99.0	0.0	—	0.00	0.00	0.00	—	—
80	4－17－0009	棕榈油	99.0	0.0	24.27	0.00	0.00	0.00	—	—
81	4－17－0010	花生油	99.0	0.0	39.16	0.00	0.00	0.00	—	—
82	4－17－0011	芝麻油	99.0	0.0	—	0.00	0.00	0.00	—	—
83	4－17－0012	大豆油	99.0	0.0	35.02	0.00	0.00	0.00	—	—
84	4－17－0013	葵花籽油	99.0	0.0	40.42	0.00	0.00	0.00	—	—

（一）能量饲料

凡干物质中含蛋白质低于20%、纤维素低于18%的饲料都属于能量饲料。鸡饲粮中常用的能量饲料包括谷实类、糠麸类和油脂类。在能量饲料中以动物与植物的油脂所含能量最高；其次是谷物子实与块根、块茎饲料。常用的谷物饲料有玉米、碎米、大麦、小麦和稻谷等；糠麸饲料是粮食加工副产品，属低能饲料，糠麸类包括米糠、麸皮等。

1. 谷实类 包括玉米、高粱、糙米和小麦等。

（1）玉米：玉米是我国使用量最多，最普遍的饲料原料，它所含能量强度在所有谷类饲料中可居首位，并且玉米适口性好，价格较便宜，来源广，是适用性最广的能量饲料，其主要特性可归纳为：脂肪含量高，淀粉消化率高，热能高，亚油酸含量高。玉米中还有丰富的胡萝卜素和叶黄素，用黄玉米喂鸡可加深皮肤、腿、趾及蛋黄着色，但是玉米含钙少，磷也偏低，喂时必须注意补钙。饲喂玉米美中不足的是蛋白质少，一般含8%～10%，而且蛋白质的品质差，赖氨酸不足。目前，世界上已经培育出高赖氨酸的特种杂交玉米，其赖氨酸含量比普通玉米高35%，作为鸡用饲料原料，将有美好的前景。影响玉米品质的主要因素有：水分、霉变程度、不完整粒和虫蛀，发芽与杂质程度等。在鸡的饲粮中，玉米一般占50%～70%，应随用随加工为好，以防酸败变质。

（2）高粱：高粱所含蛋白质稍高于玉米，也缺乏赖氨酸、组氨酸、色氨酸和蛋氨酸。高粱的淀粉含量与玉米相近，但淀粉受蛋白质覆盖程度较高，消化率较低，致其热能含量低于玉米，高粱所含脂肪也低于玉米，故其所提供必需脂肪酸数量也不如玉米高。高粱中色素含量低，无着色功能，其他维生素、矿物质含量与玉米类似，对鸡来说，高粱的营养价值约为玉米的95%。由于其含单宁酸高，故味道发涩，适口性差，多喂高粱易造成便秘，皮肤和爪的颜色变浅，因此，在鸡的配合饲料中，高粱比例以不超过20%为好。

（3）糙米：糙米为稻谷去壳后之产品，能量与玉米相近，蛋白质占7%～9%，是由谷蛋白、球蛋白、白蛋白及醇溶蛋白组成，氨基酸组成与玉米相似，油脂在糙米中约占2%，大部分含于糠和胚芽中；糖类以淀粉为主，呈多角形微粒子，很易糊化；糙米中矿物质不多，且钙少磷多，而磷的有效利用率很低；B族维生素甚多，但胡萝卜素极低，用于饲料时应注意补充维生素A。在鸡饲粮中给饲20%～40%的糙米，与玉米比较毫不逊色，甚至还高于玉米。

（4）小麦：小麦蛋白质及维生素（维生素A除外）含量较高，但热能较玉米稍低，维生素以B族维生素及维生素E较多，维生素A、维生素D、维生素K极少，色素有黄色的胡萝卜素及呈黄褐色的香黄素；氨基酸组成中缺乏赖氨酸及苏氨酸，矿物质中钙少磷多，但有70%磷属于利用率差的植酸磷，小麦全量取代玉米用于鸡饲料中，效果不如玉米，仅为玉米的90%左右，如取代1/3～1/2，可提高其饲料效率，也增加饲料的蛋白含量。

2. 糠麸类 糠麸是谷物加工的副产品，包括谷物的种皮、外胚乳、糊粉层、胚芽及纤维残渣等。与原粮成分相比，粗蛋白质、粗纤维、维生素尤其是B族维生素及矿物质含量均有所提高。糠麸淀粉含量较低，容积大，属低热能原料，其成分受原料种类、加工精度及方法的影响。

（1）小麦麸：小麦麸主要由小麦种皮、糊粉层和小麦胚芽、胚乳组成。它质地蓬松，适口性好，并具有轻泻作用；它的氨基酸组成较平衡，消化率也较高；维生素中B族维生素及维生素E含量高，维生素A、维生素D较少；矿物质含量丰富，利用率较高；脂肪中不饱和脂肪酸居多；纤维含量较高，属低能原料。不宜作肥育饲料使用，但可用于蛋鸡、肉种鸡饲料中，使用量在

10%左右。

（2）次粉：次粉是小麦加工成面粉的副产物，主要为小麦胚芽以外及小麦麸皮以内的部分。对鸡来说，次粉的热能较高，可取代谷物。但用于粉状料中时，因其太细，易造成粘嘴现象，降低饲料适口性；用于粒状料时，用量可达10%～20%。

（3）米糠：米糠是稻米加工过程中糙米精加工成为精米时的副产品，它由糙米皮层、胚和少量胚乳构成。米糠的蛋白质含量高于玉米，精氨酸含量特别高，赖氨酸和蛋氨酸含量少。米糠含脂肪高，达10%～18%，且大多属不饱和脂肪酸，所以全脂米糠易酸败。全脂米糠也含有丰富的B族维生素，但维生素A、维生素D、维生素C含量则少。米糠的钙磷比例严重不当，含钙偏低，而含磷高，且主要是植酸磷，利用率不高。全脂米糠可补充鸡所需的B族维生素、锰及必需脂肪酸，但因含有胰蛋白酶抑制因子，需控制用量，否则会影响家禽生长。一般鸡饲料以使用5%以下为宜，颗粒饲料可增至10%～20%。

3. 油脂类 油脂可分为动物性脂肪和植物性脂肪，统称为油脂。在室温下，呈液态的脂肪叫油，呈固态的叫脂。油脂中的主要成分是甘油三酯，它的物理性质取决于脂肪酸的组成。动物性脂肪是由牛、羊、猪、禽类的体组织中提炼出来的，植物油是各种油料子实中榨取的油，植物油包括玉米油、花生油、葵花籽油、豆油等。油脂的热能含量高，常在肉鸡饲料中添加，以提高能量浓度和能量利用率，提高生产性能和饲料利用率，添加量一般为2%～5%。不同品种的脂肪和不同品种的脂肪酸对鸡的代谢能是不同的，在鸡的不同生长期利用率也是不同的。一般来说，甘油三酯的利用率较高，分解成脂肪酸后利用率变差，动物性油脂比植物性油脂利用率差。有报告指出，不同品种的油脂混合在一起，由于脂肪酸之间的互补作用，可提高油脂的利用率。

（二）蛋白质饲料

蛋白质饲料是指干物质中含粗蛋白质在20%以上，含粗纤维在18%以下的饲料，包括植物性蛋白饲料、动物性蛋白饲料和单细胞蛋白饲料三大类。

1. 植物性蛋白饲料　植物性蛋白饲料包括饼粕类、豆类子实及其他加工副产品。

（1）饼粕类：饼粕类是油料子实加工过程中的副产品。油料子实脱油时可采用压榨法或浸提法。压榨成饼状的产品叫油饼，有大饼和瓦块饼两种；浸提法脱油后的产品叫油粕。常用的有大豆、菜籽、棉籽、花生、芝麻饼（粕）等。

1）豆饼（粕）：主要优点是色泽好，风味好，适口性好；产量大，来源广，品质稳定；氨基酸组成平衡，消化率高；饲料报酬高；可作为鱼粉等动物蛋白的代用品，并且适当加工的大豆粕抗营养因子含量较低，使用上无用量限制，也不易变质、霉坏。与其他油饼粕相比，大豆饼（粕）所含的蛋白质和可消化养分都高，从氨基酸组成和消化率来看，算是最优秀的植物性蛋白原料，但大豆饼（粕）中缺乏蛋氨酸；粗纤维主要来自大豆皮，无氮浸出物主要是二糖、三糖，淀粉含量低，矿物质含量低，钙少磷多，维生素A、维生素D、维生素B_2较少。大豆饼（粕）的代谢能也较高。

生大豆饼（粕）含有抗胰蛋白酶、尿素酶、致甲状腺肿的物质、皂角素和血凝素等有害物质。鸡摄取后降低蛋白质利用率，影响新陈代谢，使鸡拉稀、生长速度缓慢、产蛋量下降，所以生大豆饼（粕）不能直接喂鸡。大豆饼（粕）经过110 ℃ 3分钟热处理，或经过100 ℃直接蒸汽加热半小时可除去有害物质。在选用大豆饼（粕）时，要了解其工艺情况，问明是否经过热处理。也可自己检查，其简便方法是：取粉碎大豆饼10茶匙放入瓶内，加入1茶匙尿素，再加5茶匙水，立即混匀并将瓶盖旋紧密封，置于 20 ℃下静止 20 分钟后打开瓶盖，在瓶口内能嗅到氨气味，则证明被测大豆饼未经热处理。

2）棉籽饼（粕）：它包括棉籽饼和棉仁饼（粕）。棉籽饼是棉籽未经脱壳直接提油后的产物；棉仁饼（粕）是棉籽完全脱壳后所制成的饼(粕)。棉籽饼(粕)产量多，来源广，竞争性用途少，营养丰富，是优良的蛋白质饲料来源。其代谢能稍低于大豆饼（粕），粗蛋白含量与大豆饼（粕）接近，粗纤维含量较高，色氨酸与蛋氨酸含量较高，赖氨酸含量低且利用率也低，维生素含量多，矿物质中磷含量最高，但均为植酸磷，故利用率不高。由于棉籽饼（粕）内含有有毒物质游离棉酚，能使蛋黄变成绿色，影响蛋的品质。鸡饲粮中用量不超过 5% 为宜。对于含低量棉酚的棉籽粕可以较多取代豆粕，但应适量添加赖氨酸，且以多种饲料配合为佳。对游离棉酚可通过蒸汽加热 20 分钟，或者按 100 千克棉仁饼(粕)加硫酸亚铁 1 千克的比例进行脱毒处理。

3）菜籽饼（粕）：油菜籽经机械压榨或溶剂浸提制油后之残渣称为菜籽饼或菜籽粕，它含有的代谢能和蛋白质都比大豆饼（粕）低，其蛋白质中各种氨基酸含量丰富而且较平衡，尤其蛋氨酸含量较高。矿物质钙、磷含量较大豆饼（粕）高，且磷利用率高。据加拿大研究报道，菜籽饼（粕）的含硒量是常用植物性饲料中最高者，相当于鱼粉的一半。但菜籽饼（粕）有特殊的辛辣味，适口性差，且含有硫基糖苷，经芥子酶水解而产生异硫氰酸盐和恶唑烷硫铜等有毒物质，会引起甲状腺肿大，死亡率增加。菜籽饼（粕）提倡干喂并限制喂量。一般产蛋鸡用量控制在 5%，肉用仔鸡和生长鸡可控制在 10% 以下。也有报道说在肉鸡中多量使用菜籽（粕），会使肉鸡腿病的发生率增加，要求肉鸡饲料中使用量也不要超过 5%。

4）花生饼（粕）：是花生经脱壳后，经机械压榨或溶剂浸提制油后之残渣，是一种含蛋白质很高饲料。其代谢能值高，适口性好，但其氨基酸组成不平衡，蛋氨酸和赖氨酸含量偏低，精氨酸和组氨酸相当高，钙少，硫胺素、烟酸、泛酸含量多，维生素A、维生素D含量低。花生饼（粕）脂肪含量高，尤其在温暖潮湿的季节，易感染黄曲霉素，加热良好的花生饼（粕）不会引起雏鸡胰脏肿大，在鸡饲粮中可占10%左右。须与含精氨酸少的饲料原料配合，其饲喂效果才能最佳。

5）芝麻饼（粕）：芝麻饼（粕）是一种略带苦味的优良蛋白饲料，其营养价值介于动物蛋白和植物蛋白之间，代谢能值较高，粗蛋白含量可达40%，在其氨基酸组成中，蛋氨酸与色氨酸含量丰富，缺乏赖氨酸，钙、磷在植物性饲料中含量较高，维生素A、维生素D、维生素E较少。芝麻饼（粕）蒸炒过度，会造成维生素含量降低，赖氨酸、精氨酸、色氨酸利用率下降，使用中应特别注意，已焦化的芝麻饼（粕）应避免使用。

（2）豆类子实：豆类子实包括大豆、黑豆、豌豆等，也具有广阔开发利用前景，在此只简要介绍全脂大豆。

全脂大豆：是脱皮之大豆熟化处理后的产品，是良好的蛋白质和脂肪来源。其蛋白质多属水溶性蛋白，氨基酸组成良好，赖氨酸、组氨酸等必需氨基酸丰富，但蛋氨酸含量较少，全脂大豆中矿物质以钾、磷、钠居多，维生素含量高于谷类，B族维生素多而维生素A、维生素D少。全脂大豆所含脂肪之热能比牛油、猪油高，且多属不饱和必需脂肪酸，使用全脂大豆粉于饲料中，既省却添加油脂之设备，又可改善禽产品质量，显著地提高亚麻油酸和亚油酸含量，有利于人体健康。

（3）加工副产品：加工副产品包括玉米蛋白粉、玉米酒精糟及其可溶物（DDGS）、粉丝蛋白粉和味精工业副产品等。鸡饲粮中应用较多的是玉米蛋白粉和玉米酒精糟及其可溶物。

1）玉米蛋白粉：是制造玉米淀粉或玉米糖浆时，原料玉米除去淀粉、胚芽及玉米外皮后所剩下的蛋白质部分，也称玉米面筋粉，占原料的6% ~8%。玉米蛋白粉是一种高蛋白、高热能的饲料原料，其蛋白含量可达60%左右，富含蛋氨酸及叶黄素，是养鸡的良好饲料原料，但其赖氨酸和色氨酸含量严重不足，应酌量使用和注意饲粮搭配。一般在鸡饲粮中占2% ~3%。

2）玉米酒精糟及其可溶物（DDGS）：是玉米酒精糟及废液脱水后的干燥产品，是干酒精糟（DDG）与干酒精糟可溶物（DDS）的混合物，英文缩写DDGS。DDGS蛋白含量约为28%，并且富含B族维生素、矿物质和未知生长因子，是家禽饲粮中豆粕和玉米的优良替代物。目前在肉禽饲粮中DDGS的推荐使用水平为10%，蛋禽为15%。当在鸡饲粮中使用DDGS来做配方时，应该使用可消化氨基酸数值，尤其是赖氨酸、蛋氨酸、胱氨酸和苏氨酸。而且还要在配方系统中设定色氨酸和精氨酸的最小接受值，因为这两种氨基酸是DDGS蛋白质中天然的第二位限制性氨基酸。

3）粉丝蛋白粉：是以豌豆、绿豆和蚕豆为原料，提取淀粉后的粉浆经沉降、离心脱水、压滤和干燥后的高蛋白干粉饲料。其蛋白含量高达70%以上，氨基酸含量相当于优质鱼粉，是鸡饲料的优质蛋白源。

4）味精工业副产品：是以淀粉为原料，经水解生产葡萄糖后，作为谷氨酸菌的培养基，发酵生成谷氨酸，其发酵液既可直接脱水、干燥生成味精蛋白粉，也可接种酵母菌生成味精饲料酵母。味精蛋白粉的营养价值与玉米蛋白粉相似，能值和蛋氨酸含量较高，适宜做家禽饲料。

2. 动物性蛋白饲料 动物性蛋白饲料此类包括鱼粉、肉骨粉、肉粉、蚯蚓粉、羽毛粉以及屠宰场的下脚料等。

（1）鱼粉：鱼粉是以全鱼或鱼类食品加工后所剩的下脚料为原料，经过干燥磨碎而成的。鱼粉的品质和成分由于来源不同差异较大。鱼粉蛋白质中的氨基酸含量高，品质好，赖氨酸含量是所有饲料中最高的，其矿物质含量高，钙磷比例合适，维生素含量丰富。鱼粉品质好坏，除决定于蛋白质含量外，还要求新鲜，呈黄色，干燥而不结块，脂肪含量不超过10%，沙土杂质少（不超过2%），食盐不超过4%。

（2）肉粉及肉骨粉：肉粉是肉类联合加工厂、屠宰厂或罐头食品厂的副产品，是将人类可食用的部分除去后的残骨、皮、脂肪、内脏及碎肉等，经脱脂、干燥、粉碎而得的产品。含粗蛋白质为45%~60%，其中，赖氨酸较高，蛋氨酸和色氨酸含量低，使用时应注意搭配色氨酸含量高的饲料原料。肉粉和肉骨粉品质变异相当大，其成分因储藏、制造方法及原料结构的不同而异，一般情况下，钙含量应是磷的2倍左右，灰分含量应为磷的6.5倍以下，否则就可能掺假。其对鸡的蛋白质生物学价值较鱼粉、豆粕差，但其维生素B_{12}、烟酸、胆碱含量较多，并且也是钙、磷的良好来源，因此好的肉粉或肉骨粉在鸡饲粮中可用到5%。

（3）其他动物蛋白饲料：如血粉、羽毛粉、蚯蚓等都可以作为蛋白饲料使用，只是需要较复杂的加工工艺，或者进一步提高质量，才能广泛利用。

3. 单细胞蛋白质饲料 此类包括酵母、细菌（非病原细菌）、真菌和微型藻类等。

饲料酵母是利用工业废渣等生产的一种蛋白质饲料。其蛋白质含量高达45%~60%，是一种接近鱼粉的优质蛋白源。富含动物生长发育所需要的各种营养物质，能促进动物的新陈代谢、促进食欲、增加鸡的采食量和提高饲料转化率。但饲料酵母缺乏蛋氨酸，使用时应补充或与鱼粉合用。一般鸡饲粮中添加3%~5%。另外，我们应把饲料酵母及“酵母饲料”二者概念分开。饲料酵母是指传统单细胞蛋白饲料，利用酵母菌体作饲料；而酵母饲料是指固体发酵饲料，也就是利用酵母等菌种，进一步把一些植物蛋白饲料利用价值提高。

（三）矿物质补充饲料

矿物质补充饲料主要是指用于补充常量矿物元素的物质，包括食盐、补钙饲料和补磷饲料。

1. 食盐 食盐主要用来补充钠与氯。精制盐含氯化钠99%以上，粗盐含氯化钠95%，碘盐含碘0.007%，在鸡饲料中添加0.3%的食盐即可满足需要，用量过多会发生下痢，严重超量时还会死亡。

2. 补钙饲料

（1）石粉：将石灰石粉碎即为石粉，其含钙38%左右，是补充钙质营养最廉价的矿物质饲料。主要成分是碳酸钙，但应注意其中的砷、氟含量不能太高。

（2）贝壳粉：含钙量一般也在38%左右。

（3）蛋壳粉：蛋壳消毒后磨碎成粉，其含钙量也在38%左右。

3. 补磷饲料

（1）骨粉：因制法不同而分为蒸制骨粉和脱胶骨粉。蒸制骨粉是动物的骨在高压下以蒸汽加热，除去大部分蛋白质及脂肪后，加以压榨、干燥而成。含钙24%、磷10%以上，粗蛋白质10%；脱胶骨粉在处理时用405 300帕压力，骨髓和脂肪几乎都已除去，故无臭味，应为白色粉末，含磷量在12%以上。骨粉因成分变化大，来源不稳定，使用量有减少趋势。

（2）磷酸盐：主要指磷酸一钙、磷酸二钙（磷酸氢钙）、磷酸三钙（磷酸钙），都是由磷矿石经适当加工制成的。因天然磷矿石中均含有较多的氟，所以，含磷饲料必须脱氟后才能使用，以免氟含量过高引起鸡群中毒。

（四）添加剂

饲料添加剂是现代饲料工业中必须使用的原料，对于配合饲料的饲养效果有着重要的作用。各国对饲料添加剂的解释，由于管理体制不同，分类不同，着重点纷繁不一。我国规定的标准化解释是“为了满足饲养动物的需要向饲料中添加的少量或微量物质”。饲料添加剂又称为饲料强化剂，与蛋白质饲料、能量饲料构成配合饲料三大支柱。根据其作用和性质我们把饲料添加剂分为两大类，即营养性添加剂和非营养性添加剂。

1. 营养性添加剂　主要包括氨基酸添加剂、维生素添加剂、矿物质添加剂等，这类添加剂的用途是添加饲粮的营养成分，使其达到营养成分平衡和全价性。

（1）氨基酸添加剂：目前市售的氨基酸添加剂主要有 DL－蛋氨酸、L－赖氨酸盐酸盐和 L－苏氨酸。DL－蛋氨酸外观为白色与淡黄色片状或粉末状晶体，有甜味，含量为 99%，主要生产厂家有法国安迪苏公司，德国德固赛公司，日本曹达、住友等公司。鸡饲粮中一般第一限制性氨基酸为蛋氨酸，添加量为 0.1% ~0.2%。L－赖氨酸盐酸盐为白色或淡褐色结晶颗粒，易溶于水，含量为 98.5%，主要生产厂家为日本协和、味之素公司、美国 ADM 公司、韩国世元公司等。L－苏氨酸为猪饲料的第二限制性氨基酸和家禽饲料的第三限制性氨基酸，呈淡褐近白色，易溶于水，含量为 98.5%，主要生产厂家为日本味之素公司、德国德固赛公司、美国 ADM 公司等。另外，L－色氨酸在国内外已有成品销售，但因价格昂贵，还未普遍使用。

（2）维生素添加剂：包括维生素 A、维生素 D、维生素 E、维生素 K、B 族维生素、维生素 C 等。维生素 A、维生素 D、维生素 E 均为脂溶性维生素，维生素 A 在空气中很不稳定，为使混合均匀，一般以维生素 A、维生素 D、维生素 E 原与豆粉、面粉或米糠粉等稀释为每克含维生素 A 10 000 国际单位，维生素 $D_3$1 000 ~2 000 国际单位，维生素 E—10 国际单位，一般混合饲料中按这种浓度添加 0.05% ~0.1%，当鸡发生疾病或处于应激情况下则需增加2～3倍。对于大型饲料厂，预混料厂常用的是单体维生素A－500（1克含500 000国际单位）、维生素D_3－500（1克含500 000国际单位）和维生素E－50（含量为50%），世界上维生素的大型生产厂商主要有荷兰帝斯曼公司、德国巴斯夫公司和法国安迪苏公司等。维生素K也是脂溶性维生素，目前已有合成的水溶性维生素K代用品MSB（Menadione Sodium Bisaifite）。品质良好的苜蓿粉，维生素K含量很丰富，饲料中含3%的苜蓿粉即可满足鸡对维生素K的需要，如添加MSB 0.1%也可代替，但饲料中如以磺胺制剂、砷制剂作为预防疾病及促进生长的添加剂，则维生素K的添加量应适当增加，因为这两种制剂对维生素K有拮抗作用。B族维生素为水溶性维生素，对肉鸡的作用很重要。一般配合饲料中添加的B族维生素，包括维生素B_1、维生素B_2、维生素B_6、维生素B_{12}、叶酸、烟酸、泛酸、胆碱等，补充泛酸常用的是D－泛酸钙或DL－泛酸钙，胆碱常用含量为50%的氯化胆碱，而烟酸也可用烟酰胺替代。维生素C一般鸡体内消化道能合成，故饲料中不必添加，但为防止夏季鸡的热应激以及提高肉种鸡的生产性能，可在饲料中添加30%～60%毫克/千克的维生素C，维生素添加剂的使用有以单体维生素个别根据需要量加入配合饲料，也有以多种维生素的形式添加的，可根据饲料的成分酌情使用，但在使用时应测定维生素的效价，防止失效的产品用于配合饲料中。常用维生素类饲料添加剂产品有效成分含量见表4－13。

（3）微量元素添加剂：鸡需要的微量元素主要包括铜、铁、锰、锌、碘、硒等。铜一般用五水硫酸铜，含铜25%，为蓝色细粉状，生物利用率优良，会促进不稳定脂肪的氧化而造成酸败，同时破坏维生素，饲料配制时应注意，操作时应避免眼、皮肤与之接触及吸入体内。铁通常用七水硫酸亚铁（含铁20.1%）或一水硫酸亚铁（含铁32.9%），二者均为绿色结晶，如果颜色愈褐色，表示愈多二价铁转变成三价铁，利用率越差。锰一般以硫酸锰与碳酸锰添加的较多。一水硫酸锰含锰32%，碳酸锰含锰为47.7%，锰的生物利用率一水硫酸锰为100%，氧化锰为66%，碳酸锰为49%，二氧化锰低于30%，所以在饲料中以添加一水硫酸锰为最好。锌有硫酸锌、氧化锌及碳酸锌三种，其中以碳酸锌的利用率较高，含锌52%，氧化锌次之，含锌72%，而硫酸锌的利用率较低。碘有碘化钾和碘酸钙二种，碘化钾含碘75%以上，碘酸钙含碘65%左右。碘化钾稳定性差，与其他金属盐类无法相容，所释出的游离碘对维生素、抗生素及药品添加剂均构成威胁性，尽可能少用，而碘酸钙生物利用率优良，稳定性高，为使用最广泛的碘源。亚硒酸钠和硒酸钠均为优良的硒源，亚硒酸钠含硒45.6%，硒酸钠含硒41.77%，二者相比，亚硒酸钠的利用率高于硒酸钠。动物硒的缺乏症一般属于区域性的，有些地区产的饲料作物缺硒，因此要补充硒，但硒是高毒物质，应注意用量及饲料中的均匀度。微量元素的添加有以各种矿物盐类个别按需要添加的，也有以各种综合矿物质直接添加的，在使用时要掌握各种微量元素的最大安全用量，防止发生中毒事故。常用矿物质饲料中矿物元素的含量见表4－14，无机来源的微量元素和估测的生物学利用率见表4－15，鸡饲粮中矿物质元素的耐受量见表4－16。

近年来，不少学者对有机微量元素在家禽饲料中的应用进行了探索。微量元素与有机物螯合后，利用率高，可以替代无机矿物元素满足家禽的营养需要，提高生产性能，改善家禽健康状况。应用生物学价值高的有机微量元素，可以相应减少饲粮无机微量元素的添加量，减少对外境的污染。一些微量元素螯合后不仅利用效率提高了，而且还具有一些无机矿物质添加剂所不具有的特殊生理作用。

表 4－13　常用维生素饲料添加剂产品有效成分含量

名称	外观	粒度（个/克）	含量	水溶性	水分（%）
维生素 A，乙酸酯	淡黄到红褐色球状颗粒	10 万～100 万	50 万国际单位/克	在温水中弥散	<5.0
维生素 D_3	奶油色细粉	10 万～100 万	10 万～50 万国际单位/克	可在温水中弥散	<7.0
维生素 E，乙酸酯	白色或淡黄色细粉或球状颗粒	100 万	50%	吸附制剂，不能在水中弥散	<7.0
维生素 K_3（MSB）	淡黄色粉末	100 万	50% 甲萘醌	溶于水	—
维生素 K_3（MSBC）	白色粉末	100 万	25% 甲萘醌	可在温水中弥散	—
维生素 K_3（MPB）	灰色到浅褐色粉末	100 万	22.5% 甲萘醌	溶于水的性能差	—
盐酸维生素 B_1	白色粉末	100 万	98%	易溶于水，有亲水性	<1.0
硝酸维生素 B_1	白色粉末	100 万	98%	易溶于水，有亲水性	—
维生素 B_2	橘黄色到褐色细粉	100 万	96%	很小溶于水	<1.5
维生素 B_6	白色粉末	100 万	98%	溶于水	<0.3
维生素 B_{12}	浅红色到浅黄色粉末	100 万	0.1%～1%	溶于水	—
泛酸钙	白色到浅黄色粉末	100 万	98%	易溶于水	<20（毫克/千克）

续表

名称	外观	粒度（个/克）	含量	水溶性	水分（%）
叶酸	黄色到浅黄色粉末	100万	97%	水溶性差	<8.5
烟酸	白色到浅黄色粉末	100万	99%	水溶性差	<0.5
生物素	白色到浅褐色粉末	100万	2%	溶于水或在水中弥散	—
氯化胆碱（液态制剂）	无色液体	—	70%、75%、78%	易溶于水	—
氯化胆碱（固态制剂）	白色到褐色粉末	因载体不同而异	50%	氯化胆碱部分易溶于水	<30
维生素C	无色结晶，白色到淡黄色粉末	因粒度不同而异	99%	溶于水	—

表4－14 常用矿物质饲料中矿物元素的含量（以饲喂状态为基础）

名称	化学分子式	钙[a]（%）	磷（%）	磷利用率[b]（%）	钠（%）	氯（%）	钾（%）	镁（%）	硫（%）	铁（%）	锰（%）
碳酸钙，饲料级轻质	$CaCO_3$	38.42	0.02	—	0.08	0.02	0.08	1.61	0.08	0.06	0.02
磷酸氢钙，无水	$CaHPO_4$	29.60	22.77	95～100	0.18	0.47	0.15	—	—	—	—

续表

名称	化学分子式	钙[a]（%）	磷（%）	磷利用率[b]（%）	钠（%）	氯（%）	钾（%）	镁（%）	硫（%）	铁（%）	锰（%）
磷酸氢钙，2个结晶水	$CaHPO_4 \cdot 2H_2O$	23.29	18.00	95~100	—	—	—	0.90	0.80	0.75	0.01
磷酸二氢钙	$Ca(H_2PO_4)_2 \cdot H_2O$	15.90	24.58	100	0.20	—	0.16	—	—	—	—
磷酸三钙（磷酸钙）	$Ca_3(PO_4)_2$	38.76	20.00	—	—	—	—	—	—	—	—
石粉[c]，石灰石，方解石等	—	35.84	0.01	—	0.06	0.02	0.11	2.06	0.04	0.35	0.02
骨粉，脱脂	—	29.80	12.50	80~90	0.04	—	0.20	0.30	2.40	—	0.03
贝壳粉	—	32~35	—	—	—	—	—	—	—	—	—
蛋壳粉	—	30~40	0.1~0.4	—	—	—	—	—	—	—	—
磷酸氢铵	$(NH_4)_2HPO_4$	0.35	23.48	100	0.20	—	0.16	0.75	1.5	0.41	0.01
磷酸二氢铵	$NH_4H_2PO_4$	—	26.93	100	—	—	—	—	—	—	—
磷酸氢二钠	Na_2HPO_4	0.09	21.82	100	31.04	—	—	—	—	—	—
磷酸二氢钠	NaH_2PO_4	—	25.81	100	19.17	0.02	0.01	0.01	—	—	—
碳酸钠	Na_2CO_3	—	—	—	43.30	—	—	—	—	—	—

续表

名称	化学分子式	钙[a]（%）	磷（%）	磷利用率[b]（%）	钠（%）	氯（%）	钾（%）	镁（%）	硫（%）	铁（%）	锰（%）
碳酸氢钠	$NaHCO_3$	0.01	—	—	27.00	—	0.01	—	—	—	—
氯化钠	$NaCl$	0.30	—	—	39.50	59.00	—	0.005	0.20	0.01	—
氯化镁	$MgCl_2 \cdot 6H_2O$	—	—	—	—	—	—	11.95	—	—	—
碳酸镁	$MgCO_3 \cdot Mg(OH)_2$	0.02	—	—	—	—	—	34.00	—	—	0.01
氧化镁	MgO	1.69	—	—	—	—	0.02	55.00	0.10	1.06	—
硫酸镁，7个结晶水	$MgSO_4 \cdot 7H_2O$	0.02	—	—	—	0.01	—	9.86	13.01	—	—
氯化钾	KCl	0.05	—	—	1.00	47.56	52.44	0.23	0.32	0.06	0.001
硫酸钾	K_2SO_4	0.15	—	—	0.09	1.50	44.87	0.60	18.40	0.07	0.001

注：（1）数据来源于《中国饲料学》（张子仪，2000年）及《猪营养需要》（NRC，1998年）。

（2）饲料中使用的矿物质添加剂一般不是化学纯化合物，其组成成分的变异较大。如果能得到，一般应采用原料供应商的分析结果。例如饲料级的磷酸氢钙原料中往往含有一些磷酸二氢钙，而磷酸二氢钙中含有一些磷酸氢钙。

a. 在大多数来源的磷酸氢钙、磷酸二氢钙、磷酸三钙、脱氟磷酸钙、碳酸钙、硫酸钙和方解石石粉中，钙的生物学利用率为90%～100%，在高镁含量的石粉或白云石石粉中钙的生物学效价较低，为50%～80%。

b. 生物学效价估计值通常以相当于磷酸氢钠或磷酸氢钙中的磷的生物学效价表示。

c. 大多数方解石石粉中含有38%或高于表中所示的钙和低于表中所示的镁。

表 4－15　无机来源的微量元素和估测的生物学利用率[a]

名称	微量元素与来源	化学分子式	元素含量（%）	相对生物学利用率（%）
铁	一水硫酸亚铁	$FeSO_4 \cdot H_2O$	30.0	100
	七水硫酸亚铁	$FeSO_4 \cdot 7H_2O$	20.0	100
	碳酸亚铁	$FeCO_3$	38.0	15～80
	三氧化二铁	Fe_2O_3	69.9	0
	六水氯化亚铁	$FeCl_2 \cdot 6H_2O$	20.7	40～100
	氧化亚铁	FeO	77.8	—[b]
铜	五水硫酸铜	$CuSO_4 \cdot 5H_2O$	25.2	100
	碱式氯化铜	$Cu_2(OH)_3Cl$	58.0	100
	氧化铜	CuO	75.0	0～10
	一水碱式碳酸铜	$CuCO_3 \cdot Cu(OH)_2 \cdot H_2O$	50.0～55.0	60～100
	无水硫酸铜	$CuSO_4$	39.9	100
锰	一水硫酸锰	$MnSO_4 \cdot H_2O$	29.5	100
	氧化锰	MnO	60.0	70
	二氧化锰	MnO_2	63.1	35～95
	碳酸锰	$MnCO_3$	46.4	30～100
	四水氯化锰	$MnCl_2 \cdot 4H_2O$	27.5	100
锌	一水硫酸锌	$ZnSO_4 \cdot H_2O$	35.5	100
	氧化锌	ZnO	72.0	50～80
	七水硫酸锌	$ZnSO_4 \cdot 7H_2O$	22.3	100
	碳酸锌	$ZnCO_3$	56.0	100
	氯化锌	$ZnCl_2$	48.0	100
碘	乙二胺双氢碘化物	$C_2H_8N_22HI$	79.5	100
	碘酸钙	$Ca(IO_3)_2$	63.5	100
	碘化钾	KI	68.8	100
	碘酸钾	KIO_3	59.3	—[b]
	碘化铜	CuI	66.6	100

续表

名称	微量元素与来源	化学分子式	元素含量（%）	相对生物学利用率（%）
硒	亚硒酸钠	$NaSeO_3$	45.0	100
	十水硒酸钠	$NaSeO_4 \cdot 10H_2O$	21.4	100
钴	六水氯化钴	$CoCl_2 \cdot 6H_2O$	24.3	100
	七水硫酸钴	$CoSO_4 \cdot 7H_2O$	21.0	100
	一水硫酸钴	$CoSO_4 \cdot H_2O$	34.1	100
	一水氯化钴	$CoCl_2 \cdot H_2O$	39.9	100

注：数据来源于《中国饲料学》（张子仪，2000 年）及《猪营养需要》（NRC，1998 年）。

a. 列于每种微量元素下的第 1 种元素来源通常作为标准，其他来源与其相比较估算相对生物学利用率。

b. 表示无有效的数值。

表 4－16　鸡饲粮中矿物质元素的耐受量

元素	阶段	单位	耐受量
钙	产蛋期	%	4.0
	其他	%	1.2
磷	产蛋期	%	0.8
	其他	%	1.0
钠	产蛋期	%	0.8
	其他	%	1.0
铜		毫克/千克	300
铁		毫克/千克	500
锰		毫克/千克	2 000
锌		毫克/千克	1 000
碘		毫克/千克	300

续表

元素	阶段	单位	耐受量
硒		毫克/千克	2
氟		毫克/千克	150~400

2. 非营养性添加剂 非营养性添加剂主要包括药物添加剂、酶制剂、微生态制剂、饲料质量改进剂和产品质量改进剂等。

（1）药物添加剂：药物添加剂是指为预防动物疾病和促进动物生长，提高饲料转化率的需要，将兽药与适当的载体混合制成的剂型，又分为抗生素药物添加剂、化学合成药物添加剂、抗寄生虫药物添加剂和天然中草药添加剂。

1）抗生素药物添加剂：抗生素是指由细菌、放线菌、真菌等微生物经培养而得到的某些产物，或是用化学半合成方法制造的相同和类似的物质。这类物质具有刺激动物生长，提高动物增重速率，改善动物对饲料的利用效率，防治畜禽疾病，保障动物生长等作用。一个理想的抗生素添加剂，除具有上述作用外，还应具有无体组织和卵中残留，不会造成动物和人类的毒性，不引起对其他抗生素的交叉阻抗，不干扰肠道微生物的平衡，不污染环境。抗生素作为饲料添加剂的品种很多，按化学结构可分为以下几类：

a. 青霉素类：青霉素；

b. 四环素类：四环素、土霉素、金霉素；

c. 氨基糖苷类：链霉素、卡那霉素、新霉素、越霉素 A、潮霉素 B；

d. 大环内酯类：红霉素、螺旋霉素、泰乐菌素、北里霉素、竹桃霉素；

e. 多肽类：杆菌肽锌、恩拉霉素、黏杆菌素、维吉尼亚霉素、阿伏霉素；

f. 磷酸化多糖类：黄霉素等；

g. 聚醚类：莫能菌素、盐霉素、拉沙里霉素；

h. 其他类：林肯霉素、氯霉素等。

其中，向专门饲料添加剂方向发展的有多肽类、磷酸化多糖类和聚醚类。

2）化学合成药物添加剂有：

a. 有机砷制剂类：对氨基苯砷酸（阿散酸）、3－硝基－4－羟苯砷酸（洛克沙生）等；

b. 硝基呋喃类：呋喃唑酮（痢特灵）等；

c. 磺胺类：磺胺嘧啶、磺胺二甲氧嘧啶等；

d. 磺胺增效剂类：三甲氧苄氨嘧啶、二甲氧苄氨嘧啶等；

e. 硫胺衍生物类：氨丙啉等；

f. 喹啉类：二羟喹啉等；

g. 其他类：卡巴多、喹乙醇、尼卡巴嗪等。

3）抗寄生虫药物添加剂：主要有抗球虫剂和抗蠕虫剂。抗球虫剂根据生产工艺可分为化学合成药和聚醚类，化学合成抗球虫药物包括磺胺类、氨丙啉、尼卡巴嗪、常山酮、球痢灵、氯羟吡啶、氯苯胍、喹诺酮等；聚醚类有莫能菌素、盐霉素、抗沙里菌素、马杜拉霉素、那拉菌素等。抗蠕虫剂目前效果最好的是越霉素 A 和潮霉素 B。

4）天然中草药添加剂：就是利用中草药或其药渣煎成汤，生产出单方或复方制剂，在普通饲养条件下，将制剂添加于饲粮内供动物饲用或饮用，以期预防动物疾病，加速生长，提高生产性能和改善畜禽产品质量。其具有低毒性、无抗药性、抗病作用、经济性和实用性等特点。目前，我国的中草药添加剂已逐步向微量化、系列化和标准化的方向发展。

为加强药物添加剂使用的监督管理，指导农牧民正确使用药物，控制其在动物性食品中的残留，农业部 2001 年 7 月发布了

《饲料药物添加剂使用规范》。现将有关鸡用部分摘录于表4－17中，供参考。

表4－17　鸡用饲料药物添加剂使用规范

品名	商品名	规格	用量	休药期	其他注意事项
二硝托胺预混剂	球痢灵	25%	每吨饲料添加本品500克	3天	蛋鸡产蛋期禁用
马杜霉素铵预混剂	抗球王、加福	1%	每吨饲料添加本品500克	5天	蛋鸡产蛋期禁用；在无球虫病时，含6×10^{-6}以上马杜霉素铵盐的饲料对生长有明显抑制作用，也不改善饲料报酬
尼卡巴嗪预混剂	杀球宁	20%	每吨饲料添加本品100～125克	4天	蛋鸡产蛋期禁用；高温季节慎用
尼卡巴嗪、乙氧酰胺苯甲酯预混剂	球净	尼卡巴嗪25%＋1.6%乙氧酰胺苯甲酯	每吨饲料添加本品500克	9天	蛋鸡产蛋期和种鸡禁用；高温季节慎用
甲基盐霉素预混剂	禽安	10%	每吨饲料添加本品600～800克	5天	蛋鸡产蛋期禁用；禁止与泰妙菌素、竹桃霉素并用；防止与人眼接触
甲基盐霉素、尼卡巴嗪预混剂	猛安	8%甲基盐霉素＋8%尼卡巴嗪	每吨饲料添加本品310～560克	5天	蛋鸡产蛋期禁用，禁止与泰妙菌秦、竹桃霉素并用；高温季节慎用

续表

品名	商品名	规格	用量	休药期	其他注意事项
拉沙洛西钠预混剂	球安	15%或45%	每吨饲料添加75～125克（以有效成分计）	3天	
氢溴酸常山酮预混剂	速丹	0.6%	每吨饲料添加本品500克	5天	蛋鸡产蛋期禁用
盐酸氯苯胍预混剂		10%	每吨饲料添加本品300～600克	5天	蛋鸡产蛋期禁用
盐酸氨丙啉、乙氧酰胺苯甲酯预混剂	加强安保乐	25%盐酸氨丙啉+1.6%乙氧酰胺苯甲酯	每吨饲料添加本品500克	3天	蛋鸡产蛋期禁用；每1 000千克饲料中维生素 B_1 大于10克时明显拮抗
盐酸氨丙啉、乙氧酰胺苯甲酯、磺胺喹噁啉预混剂	百球清	20%盐酸氨丙啉+1%乙氧酰胺苯甲酯+12%磺胺喹噁啉	每吨饲料添加本品500克	7天	蛋鸡产蛋期禁用；每1 000千克饲料中维生素 B_1 大于10克时明显拮抗
氯羟吡啶预混剂		25%	每吨饲料添加本品500克	5天	蛋鸡产蛋期禁用

续表

品名	商品名	规格	用量	休药期	其他注意事项
海南霉素钠预混剂		1%	每吨饲料添加本品500～750克	7天	蛋鸡产蛋期禁用
赛杜霉素钠预混剂	禽旺	5%	每吨饲料添加本品500克	5天	蛋鸡产蛋期禁用
地克珠利预混剂		0.2%或0.5%	每吨饲料添加1克（以有效成分计）		蛋鸡产蛋期禁用
洛克沙胂预混剂		5%或10%	每吨饲料添加本品50克（以有效成分计）	5天	蛋鸡产蛋期禁用
莫能菌素钠预混剂	欲可胖	5%、10%或20%	每吨饲料添加90～110克（以有效成分计）	5天	蛋鸡产蛋期禁用；禁止与泰妙菌素、竹桃霉素并用；搅拌配料时禁止与人的皮肤、眼睛接触
杆菌肽锌预混剂		10%或15%	每吨饲料添加4～40克（以有效成分计）		适用于16周龄以下的鸡

续表

品名	商品名	规格	用量	休药期	其他注意事项
黄霉素预混剂	富乐旺	4%或8%	每吨饲料添加5克（以有效成分计）		适用于肉鸡
维吉尼亚霉素预混剂	速大肥	50%	每吨饲料添加本品10～40克	1天	
那西肽预混剂		0.25%	每吨饲料添加本品1000克	3天	
阿美拉霉素预混剂	效美素	10%	每吨饲料添加本品50～100克		适用于肉鸡
盐霉素钠预混剂	优素精、赛可喜	5%，6%，10%，12%，45%，50%	每吨饲料添加50～70克（以有效成分计）	5天	蛋鸡产蛋期禁用；禁止与泰妙菌素、竹桃霉素并用
硫酸黏杆菌素预混剂	抗敌素	2%，4%，10%	每吨饲料添加2～20克（以有效成分计）	7天	蛋鸡产蛋期禁用

续表

品名	商品名	规格	用量	休药期	其他注意事项
牛至油预混剂	诺必达	每1 000克中含5－甲基－2异丙基苯酚和2－甲基－5－异丙基苯酚25克	每吨饲料添加本品450克（用于预防疾病）或50～500克（用于促生长）		每吨饲料添加本品900克（用于治疗疾病），连用7天
杆菌肽锌、硫酸黏杆菌素预混剂	万能肥素	5%杆菌肽＋1%黏杆菌素	每吨饲料添加2～20克（以有效成分计）	7天	蛋鸡产蛋期禁用
土霉素钙		5%，10%，20%	每吨饲料添加10～50克（10周龄以内）（以有效成分计）		蛋鸡产蛋期禁用；添加于低钙饲料（饲料含钙量0.18%～0.55%）时，连续用药不超过5天

续表

品名	商品名	规格	用量	休药期	其他注意事项
吉他霉素预混剂		2.2%，11%，55%，95%	每吨饲料添加5～11克（用于促生长）或100～330克（用于防治疾病），连用5～7天。（以上均以有效成分计）	7天	蛋鸡产蛋期禁用
金霉素（饲料级）预混剂		10%，15%	每吨饲料添加20～50克（10周龄以内）（以有效成分计）	7天	蛋鸡产蛋期禁用
恩拉霉素预混剂		4%，8%	每吨饲料添加1～10克（以有效成分计）	7天	蛋鸡产蛋期禁用
磺胺喹噁啉、二甲氧苄啶预混剂		20%磺胺喹噁啉+4%二甲氧苄啶	每吨饲料添加本品500克	10天	连续用药不得超过5天；蛋鸡产蛋期禁用

续表

品名	商品名	规格	用量	休药期	其他注意事项
越霉素 A 预混剂	得利肥素	2%，5%，50%	每吨饲料添加5～10克，连用8周（以有效成分计）	3天	蛋鸡产蛋期禁用
潮霉素 B 预混剂	效高素	1.76%	每吨饲料添加8～12克，连用8周（以有效成分计）	3天	蛋鸡产蛋期禁用；避免与人皮肤、眼睛接触
地美硝唑预混剂		20%	每吨饮料添加本品400～2 500克	3天	连续用药不得超过10天；蛋鸡产蛋期禁用
磷酸泰乐菌素预混剂		2%，8.8%，10%，22%	每吨饲料添加4～50克，连用5～7天（以有效成分计）	5天	
盐酸林可霉素预混剂	可肥素	0.88%，11%	每吨饲料添加2.2～4.4克（以有效成分计）	5天	蛋鸡产蛋期禁用

续表

品名	商品名	规格	用量	休药期	其他注意事项
环丙氨嗪预混剂	蝇得净	1%	每吨饲料添加本品500克，连用4～6周		避免儿童接触
氟苯咪唑预混剂	弗苯诺	5%，50%	每吨饲料添加30克，连用4～7天（以有效成分计）	14天	
复方磺胺嘧啶预混剂	立可灵	12.5%磺胺嘧啶+2.5%甲氧苄啶	每千克体重每日添加本品0.17～0.2克，连用10天	1天	蛋鸡产蛋期禁用
硫酸新霉素预混剂	新肥素	15.4%	每吨饲料添加本品500～1 000克，连用3～5天	5天	蛋鸡产蛋期禁用
磺胺氯吡嗪钠可溶性粉	三字球虫粉	30%	每吨饲料添加本品600毫克（以有效成分计）	1天	产蛋期禁用

注：(1) 表中所列的商品名是由相应产品供应商提供的产品的商品名。给出这

一信息是为了方便本标准的使用者，并不表示对该产品的认可。如果其他等效产品具有相同的效果，则可使用这些等效产品。

（2）摘自中华人民共和国农业部公布的《饲料药物添加剂使用规范》。

（2）酶制剂：作为饲料添加剂的研究与应用，国外在20世纪70年代才被广泛应用，我国近年来进行了开发型和应用型的研究，但至今在配合饲料工业中尚未进入到大规模应用阶段，当然这里有认识问题，也有技术问题。主要是酶类本身经过制粒后的活性以及在消化道中的稳定性，还没有从理论和实践上彻底解决，因而限制了酶的实际应用。目前在鸡饲粮中使用的酶制剂主要有淀粉酶、蛋白酶、纤维素酶、果胶酶、葡聚糖酶、木聚糖酶和植酸酶等单一酶剂或复合酶剂。一些使用结果表明，鸡增重和饲料利用效率都获得明显改善。

（3）微生态制剂：是用有益微生物制成的活菌制剂，又叫促生素或益生素，有调整微生态失调、生物拮抗、生长促进、治病防病等作用。上海新物种畜场用光合细菌（PSB），用于鸡试验，从结果上看，饲喂PSB的肉用仔鸡比不饲喂PSB的体重提高12.3%，饲料报酬提高26.33%，成活率提高3.17%，这说明添加生态制剂有明显的促进生长与提供营养的作用。

（4）饲料质量改进剂：为确保饲料品质，饲粮中常添加抗氧化剂以保护不饱和脂肪酸和脂溶性维生素不受氧化作用的破坏；添加防霉剂用于防止饲料或鸡消化道中有害霉菌的繁衍；添加调味剂以改进饲料的适口性，添加黏结剂以改进饲料的形状和粒状饲料的坚实性。

（5）产品质量改进剂：主要是着色剂。早年农家副业养鸡大都属于放牧型，鸡可以从绿色牧草中得到色素，蛋黄颜色为亮橘黄色，而现代养鸡业趋向工厂化，大都集约饲养于舍内，无放牧条件，因此为了使蛋黄颜色迎合消费者的嗜好，必须在全价饲粮中添加含丰富色素的饲料，如叶黄醇类的柠檬黄、合成类胡萝卜素的β-胡萝卜素和辣椒黄质等。

（6）生物活性肽：主要指的是一类分子质量小于6 000单位、构象上较松散、具多种生物学功能的多肽。根据活性肽来源可将其分为四大类：由动物体的内分泌细胞分泌的肽类；乳源性的生物活性肽，如初乳中的EGF、IGF及酪蛋白水解物等；从动物体中提取的活性肽，如胰多肽、胸腺肽等；来源于饲料蛋白质经专一性蛋白酶水解而产生的肽类。生物活性肽在饲料行业的应用尚处于起步阶段，均为一些含活性肽的初级产品，但已显示出良好效果。

三、饲粮配制技术

饲粮是指每天直接喂给蛋鸡的各种饲料组合的总称，是根据蛋鸡不同生长阶段、不同生理要求、不同生产用途的营养需要，以饲料营养价值评定结果为基础，按照饲料配方的比例，把不同来源的饲料均匀混合，并按规定的工艺流程生产，能满足蛋鸡实际需求的全价配合饲料。合理配制饲粮是保证蛋鸡健康和高效生产的关键。

（一）饲粮配制的基本原则

饲料配方是配合饲料的灵魂，其容纳和包含了现代动物营养学、饲料学、饲料添加剂学，以及饲料加工技术、饲料质量检测技术等众多知识。在设计饲料配方时通常应遵循以下原则。

1. 科学性原则　饲料配方的科学性，指在设计饲料配方时，应根据蛋鸡的不同生长阶段、不同营养需要，设计相应的饲料配方。科学性是设计饲料配方的基本原则，主要包括正确选择饲养标准和科学评估饲料营养价值两方面。

饲养标准是饲粮配合的重要依据。在生产实践中，大多数是选用我国鸡饲养标准（NY/T 33—2004）或美国NRC（1994年）标准作为设计配方的依据。饲养标准有一定的局限性和区域性。

其中的各项营养指标随着动物营养学科的发展、蛋鸡品种的改良、生产水平的提高等会发生变化，因此，设计配方时，也要根据当地的实际情况，对饲养标准中的营养指标进行调整，做到灵活使用。

在设计饲料配方时，要对所选原料的营养成分有充分的了解，有条件时最好能利用自己分析得到的饲料营养成分数据，如果受条件所限无法对每批原料的营养指标含量都进行测定，而必须借助饲料成分表时，则需要根据抽检的结果和经验，对饲料成分表中的数据进行修正后再使用。

配制的饲粮应有良好的适口性和可消化性，其适口性和体积必须与蛋鸡的消化生理特点相适应。鸡对粗纤维的消化能力较差，注意控制饲粮中粗纤维的含量，使之不超过5%。

2. 经济性原则 在养鸡生产中，饲料费用占整个成本的70%~80%。在设计饲料配方时，应尽可能立足于本地资源丰富、来源广泛的原料，做到因地制宜、就地取材，开发当地的饲料资源，降低饲料成本，同时结合当地实际情况合理使用添加剂。在保证蛋鸡对营养物质满足的情况下，尽量以最小的投入获得最大的产出，提高性价比。对地方品种鸡和散养户可设计较低档配方，对外来良种、改良品种和规模养殖场则应设计高中档配方。

3. 安全性原则 饲料安全不仅关系到鸡群健康，而且影响食品安全和人民健康，因此饲料配方设计必须遵守国家有关的饲料法律法规，如《饲料和饲料添加剂管理条例》、《中华人民共和国兽药管理条例》、《饲料标签》、《饲料卫生标准》等。

（二）蛋鸡饲料配方设计要点

1. 重视育成鸡营养 养鸡生产中人们所重视的是育雏阶段和产蛋阶段，而忽视育成期的管理，这是造成蛋鸡生产水平偏低的主要原因。

蛋鸡产蛋性能的发挥在很大程度上取决于育成鸡的培育，其中育成鸡的体重控制至关重要，育成期体重可一直影响整个产蛋期的体重。蛋鸡如果育成期体重偏低，会造成开产延迟、产蛋高峰期死淘率增加、全程总产蛋数减少、料蛋比升高、产蛋期采食量也小，不但蛋重下降，严重时产蛋率受到影响，产蛋高峰后急剧下降。育成期体重大同样影响到料蛋比和产蛋高峰持续时间。开产期体重对产蛋性能的影响见表 4－18。育成期体重均匀度不好，鸡群产蛋高峰不高，蛋重大小不一，易诱发啄癖。

表 4－18　开产期体重对产蛋性能的影响

体重	料蛋比	产蛋 90% 以上维持时间
120%	2. 5∶1	2～3 个月
110%	2. 35∶1	3 个月
100%	2. 25∶1	4～5 个月
90%	2. 45∶1	2～3 个月
80%	2. 7∶1	2 个月

鸡群均匀度在一定程度上讲比单纯的平均体重更重要。在 70% 基础上，每鸡群均匀度 ±3%，每只鸡的平均产蛋数也将 ±4 枚；而且均匀度好的鸡群，从见蛋开始到 50% 产蛋率时间为 3～4 周，最长不应超过 30 天，理想的均匀度指标是 15～18 周龄鸡群的均匀度应高于 80%。

2. 强调产蛋高峰上升期营养　通常将产蛋期分为高峰上升期、高峰维持期和高峰下降期三个阶段，而在这三个阶段中，高峰上升期是最为关键的。

产蛋高峰上升期是从开产到产蛋高峰这个阶段，现代蛋鸡品种这个阶段一般只需 7～8 周，高峰期在 26～28 周龄。在如此短的时间内，鸡体要做出一系列的生理上的调整。首先要在 5% 产蛋率时把育成鸡料（后期调整钙水平，也可叫预产期料）转成蛋鸡料；其次，这个阶段的鸡已基本达到性成熟，要加速卵巢的排卵进程，迅速达到产蛋高峰期；同时，这个阶段仍要完成一部分体重增长。因此这个阶段鸡的负担极重，对营养要求要比育成后期有所提高，但与之相矛盾的是这时鸡的采食量增长幅度往往不能满足其营养需要，这个时期更多的是动用开产前期的营养贮备，所以为满足蛋鸡此阶段的需要，一定要提高日粮营养浓度，尤其是能量水平至少不少于11 760 千焦/千克。

3. 适时调整营养水平 蛋鸡的生长在36～38 周基本完成，这个阶段鸡的生长逐渐停止，这以后体重的增加几乎都是脂肪的沉积。所以，高峰持续期、高峰下降期应适时地适当调整饲养程序或调整饲料配方，这样既可避免造成浪费、节省饲料成本，也可保持鸡体较小的体增重，使鸡体始终处于最佳体况，保证高峰持续期长、产蛋率下降平缓、产蛋量提高。产蛋后期应适当降低营养水平，尤其是粗蛋白水平，以控制蛋重、减少后期的破蛋率，因为后期蛋壳比例的增加幅度远远小于蛋重的增加幅度。

4. 通过营养措施提高产蛋量 蛋鸡的产蛋量包括产蛋率和蛋重两个方面，影响产蛋量的主要因素是产蛋率。研究表明，能量是影响产蛋率的主要限制因素，当能量充足时，蛋白质从13. 1%提高到20. 7%，对产蛋率影响很小；但即使是在低蛋白水平（13. 1%），能量摄入量从760 千焦提高到1 250 千焦，产蛋率则会从45%迅速提高到85%。实际生产中，人们往往更多地重视蛋白质。按目前生产中蛋鸡的采食量来推算，蛋白质的摄入量大多都超过了需要量，不仅造成蛋白质的浪费，而且由于蛋白质加重了鸡体的代谢负担，导致鸡体抵抗力下降，死淘率高。在蛋白质满足需要量之前，蛋重将随蛋白质水平的提高而明显提高，此外，亚油酸是家禽的必需脂肪酸，它通过参与脂肪的合成代谢而影响蛋黄质量和重量，从而影响蛋重。

5. 提高蛋壳质量的营养措施 蛋壳质量直接决定蛋的破损

率，并影响蛋鸡的生产效益。影响蛋壳品质的营养性因素主要有饲粮中的钙和磷含量及其比例、维生素和微量元素的含量、电解质平衡等几个方面。提高蛋壳质量有如下营养措施：

（1）保证钙的摄入量及钙在体内的存留时间：考虑到钙在蛋鸡体内的存留时间对蛋壳质量的影响，在设计饲料配方时，除了钙含量达到标准，还必须保证钙质饲料的颗粒度（8～12 目为好）。为改善蛋壳质量，可用颗粒钙替代 1/3～2/3 的细石粉，有助于改善蛋壳质量。

（2）控制有效磷含量及钙磷比例：蛋鸡饲粮中有效磷含量维持在 0.4% 左右，钙磷比例为 4∶1～6∶1 时，蛋壳质量较好。

（3）补充足够的维生素 D_3：维生素 D_3 是蛋鸡体内钙磷代谢所必需的物质，它能够促进肠道对钙、磷的吸收和从骨骼动员钙，在一定程度上克服钙磷比例不当。一般每千克饲料中的添加量为 2 000～2 500 国际单位。日粮中维生素 D_3 不足、失效或存在其他干扰维生素 D_3 代谢的物质（如黄曲霉毒素或其他脂溶性维生素含量过高）时，蛋壳质量均明显下降。

（4）保持一定温度：在高温条件下，维生素 C 能够增加甲状腺活动，促进钙的代谢，稳定蛋壳质量。气温为 30 ℃时，维生素 C 的补充量以每吨饲料 50～100 克为宜。

（5）保持电解质平衡：氯在鸡体内呈酸性，高氯产生的代谢性酸会抑制碳酸酐酶，妨碍碳酸氢盐转变为碳酸盐，同时影响鸡体内钙磷代谢，因此，饲粮高水平的氯对蛋壳是有害的。在钙磷含量正常的日粮中，可用小苏打代替食盐，以有效调节体内酸碱平衡，减少蛋壳破损率，提高蛋壳硬度。

6. 热应激情况下提高饲料能量水平　一般认为蛋鸡的等热区是 19～27 ℃，随着环境温度的升高，鸡体维持所需热量也减少，但超过 30 ℃后，一方面鸡的采食量明显减少，另一方面蛋鸡开始动用更多的能量通过急速呼吸和翅膀下垂、拍动来保持体温，所以热应激时应提高饲料的能量浓度。有效的方法是减少纤维性饲料的使用，这样可减少代谢产生的热增耗，同时添加适量油脂，在提高饲料有效能的同时改善适口性以增加采食，从而提高产蛋率和蛋重，在调整能量水平的同时，应对其他营养成分也进行相应的调整，如提高氨基酸水平及增加维生素和矿物质元素的供给等。

蛋白质的热增耗高，高温环境下不建议提高粗蛋白水平，而应添加合成氨基酸，这样可以减少因粗蛋白代谢产生过多热增耗而造成的代谢热应激。另外，热应激时补充维生素 C 150 克/吨饲料可起到一定的缓解作用。

（三）饲料配方设计的方法和步骤

蛋鸡饲粮配方的设计方法很多，如试差法、四角线法、线性规划法、电脑配方法。目前，中、大型鸡场的自建饲料厂和专业的饲料厂大多使用电脑配方，其精确度高，综合平衡营养成分，是符合饲养标准且成本最低的饲料配方，应广泛推广应用。对那些尚不具备这一条件而又自配的鸡场或养鸡户，可采用试差法配制饲粮。

试差法又名凑数法，是根据饲粮配合的一般原则和经验初步拟定出各种饲料原料的比例，然后用各种原料的比例乘以该原料所含各种养分的百分比，再将各种原料的同种养分相加，再与饲养标准要求的对应指标进行比较，根据各种养分的盈余情况，调整相应饲料原料的用量，直至配方中各种养分含量符合要求。该法不受饲料原料种数限制，简单易学，但要配平衡一个营养指标，一般要反复试算多次才可能达到目的，因此，计算量大、盲目性较大、相对成本可能较高。试差法计算饲料配方的步骤如下：

第一，根据饲养标准，选择营养需要指标及准备在计算过程中试算的营养指标。

第二。依据现场条件，确定准备纳入配方计算的原料种类和数量，明确重点计算指标，依据饲料成分及营养价值表，确定已选饲料的各种试算指标含量。

第三，根据所掌握的营养学、饲料学知识和经验，初步拟出各种饲料原料的大致比例，所有饲料的配比之和为百分之百。

第四，每种原料各自的比例乘以该原料所含各种养分的百分含量，再将各种原料的同种养分相加，即得出配方中各种养分的总量。

第五，将所得结果与饲养标准进行对照，若有任一养分超过或不足时，可通过减少或增加相应的原料比例进行调整和重新计算，直至所有的营养指标都基本满足要求为止。

（四）全价配合饲料的生产

在饲料配方确定、原料购买好后，就可以进行全价饲料的加工生产。饲料按形状分为颗粒料、破碎料、粉料三类，加工生产的工艺流程如图 4－2 所示。

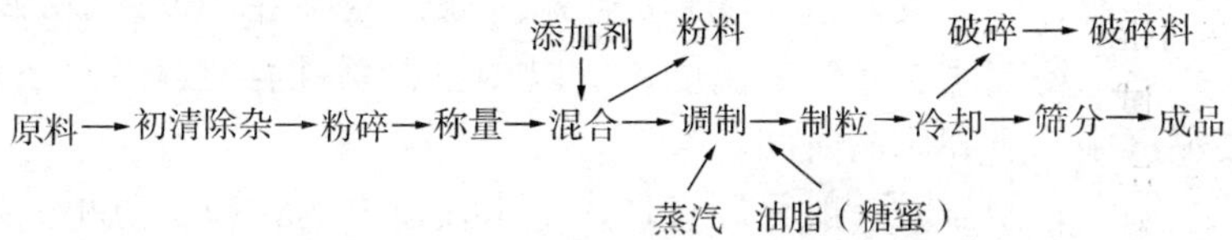

图 4－2　饲料加工生产的工艺流程

在整个工艺流程操作中应注意以下几点：

第一，饲料原料粉碎后的大小，不同生长阶段的蛋鸡有不同要求。如粉碎过细则耗电多，工时长，增加成本，还会影响适口性和消化性，粉尘也会增多，从而造成浪费。如果粉碎过粗，首先会影响均匀度，因为大颗粒在混合时易发生自然分层，而且也不易与各种添加剂搅拌均匀；其次，粒度过大还会减慢饲料通过肌胃的速度，致使鸡的采食量过低，不能满足最大生长速度和最高产蛋性能的营养需求。

第二，混合时间根据原料粒度大小的均匀度有所不同，粉碎得越均匀混合时间越短，反之混合时间适当增长。配合饲料混合均匀，经测试后其均匀度之变异系数应在10%以下。还要注意一些用量较小的原料，如微量元素可将其与载体预混合后再投入混合机混合，在混合进行到一半时加入添加剂。如用0.5～1吨的卧式混合机搅拌，以搅拌8～10分钟为佳。另外一些规模小的养殖户如用手工拌料，则可将原料按比例堆放后，再用铁锨反复翻拌5～6遍再一起混合。此法要先把添加量小的原料用部分饲料扩散预混，然后再大批混合。

第三，经常检查粉碎机的筛网，筛网对饲料均匀度起关键作用，饲料中常有未除尽的铁质杂质会损坏筛网，使筛眼变大，从而使粉碎后的颗粒大小不均。

第四，蛋白质饲料粉碎粒度比谷物饲料适当减小，大颗粒的蛋白质饲料会使蛋白质等养分的溶出、消化、吸收减少。

第五，调制时由蒸汽加入水分，水分控制在16%～18%，同时蒸汽还控制着制粒的温度，所以需注意原料类型，以此来确定蒸汽添加量和调制时间。

第六，制粒时一般只制直径3毫米及以上的颗粒，更小的颗粒则先制成6～8毫米的大颗粒，冷却后经破碎机破碎成小颗粒即可。

第五章
蛋鸡健康养殖技术

商品蛋鸡生产的目的在于产蛋多，饲料转化率高，死淘率低，从而获得较好的经济效益。因此，在生产上，除选择优良鸡种外，还必须创造良好的环境条件，合理搭配饲料，建立严格的防疫制度以及实施科学的日常管理工作。

蛋鸡根据不同生理阶段生长发育和生产特点以及对环境条件要求的不同，分为育雏期、育成期和产蛋期三个阶段。育雏期需要人工供温，大约在第六周，根据季节可调整长短，冬季稍长，夏季稍短；育成期为 7 ~ 20 周龄，即雏鸡脱温后培养至性成熟开始产蛋前的时期，又可分为中雏鸡（6 ~ 14 周）和大雏鸡（15 ~ 20 周）；产蛋期为 21 ~ 72 周龄。

第一节　雏鸡健康养殖技术

在养鸡生产中，育雏是关键，育雏的成败不仅影响雏鸡生长发育和成活率，而且影响成年鸡的产蛋性能和种用价值，与养鸡经济效益密切相关。因此，应特别重视育雏工作。

一、雏鸡的生理特点和习性

（一）体温调节能力差，抗寒能力弱

刚出壳的幼雏体小娇嫩，身上没有丰满的羽毛覆盖，只是细小的绒毛，加之体温调节机能不健全，故难以适应外界大的温差变化。初生雏鸡的体温（40.1 ℃ ±0.21 ℃）要低于成年鸡体温2 ℃左右。以后（3~4 天时）将逐渐均衡上升，到 10 日龄左右时才能达到成年鸡体温，到 21 日龄左右体温调节机能才逐渐趋于完善，42 日龄以后才具有适应外界环境温度变化的能力。

（二）生长发育快，代谢旺盛

雏鸡的生长发育极为迅速。蛋鸡雏鸡的体重两周龄时就要比其初生时体重增加 3 倍左右，4 周龄时增加 6 倍，6 周龄时近 11 倍。雏鸡的前期生长非常快，以后随日龄的增长而逐渐减慢。由于雏鸡的生长快，其代谢旺盛，心跳快，脉搏每分钟可达 250~350 次，安静时的单位体重耗氧量与排出的二氧化碳量要比家畜高 1 倍以上，所以在饲养上要满足其营养需要，要喂给高能量、高蛋白的全价营养配合饲料。管理上既要保温更要注意不断地供给新鲜空气。另外，幼雏的羽毛生长和更换特别快，从幼雏到成鸡羽毛要更换 3 次，在 20 日龄时羽毛约为体重的 4%，到 28 日龄便可以增加到 7%，以后大体保持不变的比例。羽毛中蛋白质含量为 80%~82%，为肉中蛋白质的 4~5 倍。因此，雏鸡对日粮中的蛋白质，特别是含硫氨基酸水平要求高。

（三）胃容积小，消化能力弱

由于刚出壳的小幼雏的发育不健全，加之胃和相应的消化器官的容积小，使进食量和消化量都有限。同时消化道内又缺乏某些消化酶，消化腺中又不能产生足够的消化酶，肌胃研磨饲料能力低，这样使其消化能力差。这也要求在饲养上既喂高能高蛋白日粮又要喂低纤维含量且易消化的饲料，以满足其生长快，代谢

旺盛的需要。否则，产生的热量就不能维持其生理上的需要。

（四）抗病力差

幼雏由于其大脑调节机能不健全，缺乏调节能力，这样就导致其对外界环境的适应性差，对各种疾病的抵抗力也相对较弱，稍不注意饲养和管理工作，就极易患病。其原因与鸡体本身的构造及生物学特性有一定的关系，如肺小、气囊多、没有淋巴结和横膈膜等。

（五）雏鸡的敏感性强

幼雏对饲料中营养素的缺乏或有毒药物的过量，突然的环境应激，都会反映出病理状态。

（六）雏鸡的群居性强、胆小

雏鸡喜欢群居，便于大群饲养管理，有利于节省人力、物力和设备，但雏鸡胆小，如果离群或遇外界刺激便会乱跑和鸣叫不止，且没有自卫能力。这些习性的存在要求育雏的环境安静，并防止各种突然异常声响和噪声，并要有防止兽鼠害的措施。

二、育雏期的培育目标

育雏期的主要技术目标是确保饲料摄入量正常，健康状况良好，使雏鸡尽早达到生长发育及体重标准，并认真执行断喙和免疫计划，做好环境卫生和防疫工作。

（一）健康

雏鸡未发生传染病特别是烈性传染病，其食欲正常、精神活泼、反应灵敏，羽毛紧凑而有光泽。

（二）成活率高

成活率是指期末存活鸡只数占入舍鸡只数的百分比。成活率是衡量育雏工作的重要质量指标，受雏鸡健康状况、饲养条件、营养水平、消毒防疫等许多因素的影响。成活率越高，育雏效果越好。先进的水平是，育雏的第一周死亡率不超过0.5%，前3

周的死亡率不超过 1%，较高的水平是 0～6 周死亡率不超过 2%。

（三）生长发育正常

体重和跖长是衡量雏鸡生长发育的重要指标。发育正常的雏鸡，体重符合本品种各时期的标准体重，胸骨平直而结实，跖骨发育良好。8 周龄时跖骨长可达到 76～80 毫米，羽毛丰满，肌肉发育良好，并且不带有多余的脂肪，生长的各个指标符合标准。而全群有良好的均匀度，理想的指标是 95% 的雏鸡体重在平均体重正负两个标准差之内（$X \pm 2S$）。

三、育雏的必备条件

雏鸡生长发育快，对外界环境条件适应性差，如管理不当，就会造成雏鸡生长发育不良，发病率增加，从而增加雏鸡死淘率。因此，育雏的关键就是给予雏鸡良好的环境条件、丰富的营养和精心的管理。根据蛋鸡饲养管理准则（NY/T5034—2001）的要求，育雏条件要满足雏鸡对温度、湿度、通风、光照、密度、噪声等方面的要求。

（一）温度

1. 适宜的育雏温度 育雏温度是指离雏鸡的活动地面 5 厘米处的温度。培育雏鸡适宜的温度为：1～3 天，34～35 ℃；4～7 天，32～33 ℃；以后每周下降 2～3 ℃，至 6 周龄达到 18～20 ℃,开始逐渐脱温。开始白天离晚上不离；晴天离，阴天不离，经 3～5 天达到彻底离温。若鸡群体质较差，体重不足时或外界气温较低，应适当延长给温时间。离温过程中尽量减少应激。

温度是否适宜，主要观察雏鸡的表现。当雏鸡均匀分布、反应灵敏、活泼好动、采食和饮水适中时，则表示温度适宜；当雏鸡远离热源、两翅开张、卧地不起、张口喘气、采食减少和饮水增加时，则表示温度高；当雏鸡靠近热源、砌堆挤压、吱吱叫，则为温度低。

2. 温度不适的危害　温度是否适宜，对雏鸡的运动、采食、消化、饮水、健康及成活影响极大。温度过高时，雏鸡呼吸加快，饮水量增加，采食量降低，运动量减少。长时间的高温，使雏鸡软弱、消瘦，易患感冒等病。温度过低，活动量降低、采食量减少，易患白痢等疾病，严重低温时常因大量砌堆而造成挤压死亡。

常用的供暖方式有热风炉、暖气、电炉、煤火、热水管、红外线、火炕等。

（二）湿度

1. 适宜湿度　培育雏鸡适宜的相对湿度范围是56%～70%，前10天稍高，后期要低。温度适宜时，湿度高低对雏鸡的影响较小。

2. 湿度不适的危害　湿度过高，雏鸡羽毛污秽，食欲不振，并因微生物大量繁殖而患病。温度不适宜时，高湿对雏鸡的影响更大。高温高湿，雏鸡因散热困难而感到闷热、食欲下降、生长缓慢、体质虚弱、抗病力下降；低温高湿，雏鸡因散热过多而感到寒冷、育雏舍阴冷潮湿，雏鸡易患感冒和胃肠道疾病。湿度过低，雏鸡机体大量失水，腹内卵黄吸收不良，严重时引起脱水。若育雏舍灰尘飞扬，雏鸡易患呼吸道疾病。

增加育雏舍湿度的方法是喷雾或在火炉上放一水盆或水桶蒸发水分；减小湿度时加大通风量，减小鸡群密度，减少漏水，及时清除粪便。

（三）通风

1. 育雏室要求的空气质量标准　育雏舍氨气浓度低于20毫克/米^3，硫化氢浓度低于10毫克/米^3，二氧化碳浓度低于0.5%，鸡舍粉尘控制在4毫克/米^3，微生物数量应控制在25万个/米^3。

2. 适宜的通风量 雏鸡代谢旺盛，单位体重二氧化碳排除和氧气的需求量大，一般要求4周龄前最小通风量为0.56米^3/（时·千克），8周龄中等气温5米^3/（时·千克），炎热季节7米^3/（时·千克）。通风量的大小随品种、季节和日龄的变化而变化。一般体型较大、外界温度较高、日龄较大时应加大通风量。

3. 通风不良的危害 育雏期的饲养密度大，温度高，雏鸡每天排出大量的二氧化碳、粪和尿，如通风不良，粪、尿、毛屑和撒落的饲料一起发酵，产生氨气、硫化氢、二氧化碳、甲烷等，这些气体浓度过高，使雏鸡生长发育不良，眼疾和呼吸道疾病发病率提高，对新城疫的敏感性增强，成活率降低。

4. 通风方式 通风方式分为机械通风和自然通风。经专门设计的育雏舍多采用机械通风，即在山墙上安装排风扇，根据舍内的空气和温度，确定开关的时间和风扇数。对小型养鸡场，如果没有专门的通风设备，可通过启闭门窗达到通风换气的目的，即在中午或天气温暖时打开门窗，视舍内温度的高低确定关门窗的时间。通风时注意风速要均匀，避免贼风。

（四）光照

合理的光照可以加强雏鸡的血液循环，加速新陈代谢，增进食欲，有助于消化，促进钙、磷代谢和骨骼的发育，增强机体的免疫力，从而使雏鸡健康成长。通常1～5天光照时间长，为每日23～24小时，以使雏鸡充分熟悉环境，尽早采食和饮水，以后应根据饲养方式采取不同的光照。开放式育雏舍白天采用自然光照，晚上饲喂时照明；密闭式育雏舍，由每日23～24小时逐渐缩短，到3周龄末降到每日16小时，以后每日8～9小时。人工光照时的光照强度为10勒克斯。

（五）密度

密度是指育雏舍每平方米所容纳的雏鸡数目。饲养密度关系到雏鸡的正常生长发育、成活和今后产蛋性能。群小、密度小，饲养效果好，但不经济。大群高密度饲养时，鸡群拥挤，采食不均，因而雏鸡生长慢，群体发育不整齐，易感染疾病和发生啄癖，死亡率较高。

育雏阶段饲养密度的大小应根据品种、鸡舍构造、通风和饲养条件等情况具体决定。一般饲养褐壳蛋鸡或在夏季育雏时，饲养密度小；而饲养白壳蛋鸡或在冬季育雏，饲养密度可大些；笼养的密度较高，网上平养和地面平养的密度较低；育雏舍保温性能和通风良好时密度可高些；饲料中营养成分完善时饲养密度可高些。

地面平养时，0～6 周龄每平方米可容 20 只鸡；网上平养时，0～6 周龄每平方米可容 24 只鸡。立体笼养时，0～1 周龄每平方米可容 60 只鸡；2～3 周龄每平方米可容 40 只鸡；4～6 周龄每平方米可容 30 只鸡。平面育雏，也应注意鸡群不宜过大，以每栏放养 500～700 只为宜。机械化鸡场商品鸡的饲养则鸡群较大，种雏的培育仍以小群为好。

（六）噪声

育雏舍应经常保持安静，噪声强度不超过 85 分贝；否则，将会引起惊群，使采食量减少、抵抗力下降，严重时因雏鸡乱撞乱窜而造成撞伤或挤压死亡。因此，育雏舍及其周围不允许大声喧哗，遇到强烈噪声时，饲养员应特别注意观察鸡群。

四、育雏前的准备

（一）制订育雏计划

根据本场的总体规划、房舍及设备条件、人力及财力、工艺流程等制订育雏计划，确定育雏的时间、数量及技术指标，拟订鸡群周转计划、饲料及物质供应、兽药及疫苗使用计划、经费预算、人员的分工和培训等。

（二）清洁消毒鸡舍

首先清除舍内边料、粪便，将舍内设备、用具搬迁至舍外浸泡、清洗。用高压水冲洗整个鸡舍，从顶棚墙壁、门窗、设备，最后冲洗地面，保证无尘、无羽毛、无粪便。待地面晾干后，用2%～3%氢氧化钠水泼洒地面，待干后用清水冲洗地面。金属鸡笼最好用火焰喷灯进行火焰消毒。其后再用消毒药液0.1%次氯酸钠或0.3%过氧乙酸对空间、笼具进行第二遍消毒。最后，按每平方米28毫升福尔马林加14克高锰酸钾，进行熏蒸消毒24～28小时，若舍温在15～20℃，相对湿度在60%～80%时熏蒸效果最好。消毒后的鸡舍，应空舍两周后方可进雏鸡。

（三）准备育雏用具与设备

1. 保温设备 常用电热保温伞、红外线灯、煤炉或木炭火盆等。

2. 照明灯 在育雏舍内和育雏伞下均应安一盏照明灯，以便雏鸡靠近热源和采食、饮水。7天后可关闭照明灯。

3. 温度计 根据不同育雏方式，选择能代表室内温度的适当位置放置温度计，放置高度以距鸡背部2～3厘米为宜。

4. 放食用具 10日龄前采用塑料薄膜投放饲料，10日龄后改用浅碟盛装饲料，20日龄后采用浅饲槽装饲料。

5. 饮水器 种类很多，常用吊式饮水器或钟式真空饮水器。养鸡户还可自己制作饮水器。

（四）饮水、饲料、垫料、药物和疫苗的准备

雏鸡进舍前2小时，应把5%葡萄糖液和0.1%维生素C的水溶液装入饮水器内，均匀放置于鸡舍内预温。

进鸡前的1～2天准备好配合饲料，按雏鸡的营养需要及生理特点，配合好新鲜的全价饲料，也可直接购买饲料厂生产的雏

鸡饲料来饲喂。育雏的前 6 周内，每只鸡消耗 1.2 ~ 1.5 千克饲料，据此备好充足的饲料原料，有条件的最好给小鸡饲喂破碎饲料。

在地面上育雏时，常利用锯末、谷壳、废报纸、切短的稻草、麦秸作垫料来保温。另外，育雏还要准备好预防疾病的药物、疫苗及消毒剂，如消毒药、抗白痢药、球虫药、疫苗和抗应激药物（电解质液和多维）等。

（五）鸡舍预热

进鸡前 1 ~ 2 天将鸡舍安装好灯泡，整理好供暖设备（如红外线灯泡、煤炉、烟道等），地面平养的舍内需铺好垫料、安好护网，网上平养的则需铺上塑料布。然后开始升温，达到育雏温度。笼养鸡舍如采用全舍加温方式，鸡舍室温应达 32 ~ 34 ℃，育雏笼电加温方式室温不低于 24 ℃；平养鸡舍室温不低于25 ℃，保温伞下温度达到 33 ~ 35 ℃。当舍温达到此温度时，应当适量通风换气。如热源是煤、木炭或柴草等，要检查烟道、烟囱有无漏洞，发现漏烟要及时堵好，以防煤气或烟雾中毒。

五、育雏季节的选择

育雏季节与育雏质量有着密切的关系，要根据生产目标来选择最佳育雏季节。在自然条件下，一般以春季育雏最好，初夏及秋季、冬季次之，盛夏最差。种鸡一般选在春季育雏，即 3 ~ 5 月孵出雏鸡。春雏生长发育快，成活率高，开产早，产蛋时间长，产蛋多，种蛋受精率、出雏率高，种用价值高。商品乌骨鸡则应根据上市时间来安排，可按计划安排在初夏或秋冬季育雏，尽量避开在盛夏季节育雏。

六、育雏方式

育雏方式按鸡占用地面和空间的不同，可分为地面育雏、网上育雏和立体笼育。

（一）地面育雏

通常将雏鸡饲养在铺有垫料的地面上，称为地面育雏。按热源不同，可分为地下烟道育雏、煤炉育雏、电热伞育雏、红外线育雏、远红外线育雏等方式。根据育雏面积大小和育雏温度的要求，选择不同规格的远红外板，安装自动控温装置进行保温育雏。远红外板悬挂在离地面1米处，可以根据育雏温度的需要调节到合适高度。远红外线育雏的优点是节约能源，降低成本。据测定，每块1千瓦的远红外板保温面积可达10.9平方米，耗电量比采用红外线育雏和电热伞育雏大大减少，且温度分布均匀，管理方便，操作安全，雏鸡发育整齐，育雏效果好。其缺点是停电后降温迅速，需采取其他保温措施。

（二）网上育雏

网上育雏即把雏鸡放养在离地面50～60厘米高的铁丝网上，网眼规格为1.25厘米×1.25厘米。网上育雏的优点是不需任何垫料，鸡粪直接落入网底，雏鸡不与粪便接触，大大减少疾病传染的机会，雏鸡育成率高。目前大、中型鸡场普遍采用这种育雏方式。其缺点是对饲料要求高，育雏消耗热量较多。

（三）立体笼育

立体笼育是将雏鸡饲养于3～5层育雏笼内，每层周围有铁丝、竹板或木条制成的围栏，层与层间有接粪板。食槽挂在笼外，饮水在笼内或笼外。较常用的一种育雏笼由6个小笼组成，其中1个加热笼组，1个保温笼组，4个活动笼组，外形尺寸为4 404毫米×1 450毫米×1 720毫米，总占地6.38平方米。每层高度333毫米，每小笼长×宽为1 400毫米×700毫米，层与层间有接粪板。饲养45日龄的雏鸡800～1 200只。

雏鸡立体笼育，饲养密度大，便于管理，劳动强度低，因雏鸡不与粪便直接接触，消化道疾病少；但若通风不良，呼吸道疾病较多；一次性投入稍大，对饲料的要求较高，适合于大规模的养鸡场。

七、雏鸡的选择和运输

初生雏鸡的品质好坏对其以后的生长发育、前期死亡、增重以及免疫接种效果都有重大影响。经测定，初生雏鸡重和1～6周龄增重呈中等正相关。而5～6周龄时体重与其产蛋期的各生产性能指标又具有密切相关。就是说，如果某一蛋鸡的5～6周龄体重能达到体重标准或更高一些，则预示该鸡群在产蛋期将早开产、产蛋多及死亡低。因此，要养好后备鸡，首先要有好的雏鸡。

（一）初生雏鸡的选择

1. 初生雏鸡的标准　品质优良的初生雏鸡从外表看应是活泼好动，绒毛光亮，整齐，大小一致，初生重符合其品种要求，眼亮有神，腿脚结实站立稳健，腹部平坦柔软，卵黄吸收良好，绒毛覆盖整个腹部，肚脐干燥且愈合良好，叫声清脆响亮，握在手中感到饱满有劲，挣扎有力；如脐部有出血痕迹或发红呈黑色、棕色或为钉脐者，腿和喙、眼有残疾的均应淘汰，不符合品种要求的也要淘汰。另外，品质良好的初生雏鸡，特别是种雏鸡还应具备以下条件：

第一，血缘清楚，符合本品种的配套组合要求。

第二，无垂直传染病和烈性传染病。

第三，母源抗体水平高且整齐。

第四，外貌特征符合本品种标准。

以上四个条件，只能在接雏鸡前做细致的调查研究方可得知。

2. 初生雏鸡选择的方法　初生雏鸡选择方法可归纳为“看、听、摸、问”四字。

（1）看：就是观察雏鸡的精神状态。健康雏鸡活泼好动，眼亮有神，绒毛整洁光亮，腹部收缩良好。弱小雏鸡通常缩头闭眼，伏卧不动，绒毛蓬乱不洁，腹大松弛，腹部无毛且脐部愈合不好，有血迹、发红、发黑、钉脐、丝脐等。

（2）听：就是听雏鸡的叫声。健康雏鸡叫声洪亮清脆。弱小雏鸡叫声微弱，嘶哑，或鸣叫不休，有气无力。

（3）摸：就是触摸雏鸡的体温、腹部等。随机抽取不同盒里的一些雏鸡，握于掌中，若感到温暖，体态匀称，腹部柔软平坦，挣扎有力的便是健康雏鸡；如感到鸡身较凉，瘦小，轻飘，挣扎无力，腹大或脐部愈合不良的是弱小雏鸡。

（4）问：就是询问种蛋来源、孵化情况以及马立克疫苗注射情况等。来源于高产健康适龄种鸡群的种蛋，孵化过程正常，出雏多且齐的雏鸡一般质量较好。反之，雏鸡质量较差。

（二）初生雏鸡的技术处理

雏鸡孵出后必须在24小时内按品种要求的方式进行挑选、鉴别雌雄、数查鸡数，并注射马立克疫苗等。种鸡要按种鸡的配套方式进行标号处理。多采用的是剪冠和断脚趾、脚蹼。剪冠多用于公雏鸡，剪冠的方法是用弯头剪刀紧贴雏鸡冠子的基部，全部剪掉冠峰部分。断趾是根据种鸡的编号要求，用电烙铁烧红烙断掉初生雏鸡的脚趾或趾间蹼。育种群家系出鸡要给每只公母鸡戴翅号。

（三）雏鸡的运输

小鸡出壳后，经过一段时间绒毛干燥、选择、鉴别、标号处理后就可以接运了。接运的时间越早越好，即使是长途运输也不要超过48小时，最好在24小时内将雏鸡送入育雏舍内。雏鸡在孵化厅内，存放的室内温度应为22 ℃。运雏时盒之间温度应保持在20～22 ℃，每摞盒子不要超过5个，这时盒内的温度应在30 ℃以上。时间过长对鸡的生长发育都有较大的影响。雏鸡的运输也是一项重要的技术工作，稍不留心就会造成较大的经济损失。实践证明，要安全和符合卫生条件地运输雏鸡，必须做好以下几方面的工作。

1. 选择好运雏人员　运雏人员必须具备一定的专业知识和运雏经验，还要有较强的责任心。最好是饲养者亲自押运雏鸡。

2. 准备好运雏工具　运雏用的工具包括交通工具，装雏箱及防雨保温用品等。交通工具（车、船、飞机等）视路途远近、天气情况和雏鸡数量灵活选择，但不论采用何种交通工具，运输过程都要求做到稳而快。装雏用具要使用专用雏鸡箱。现多采用的是箱长 50～60 厘米，宽 40～50 厘米，高 18 厘米，箱子四周有直径 2 厘米左右的通气孔若干。箱内分 4 个小格，每个小格放 25 只雏鸡，每箱放雏鸡 100 只的运雏箱。冬季和早春运雏要带棉被、毛毯用品。夏季要带遮阳防雨用品。所有运雏用具和物品都要经过严格消毒之后方可使用。

3. 适宜的运雏时间　初生雏鸡体内还有少量未被利用的蛋黄，可以作为初生阶段的营养来源，所以雏鸡在 48 小时内可以不饲喂。这是一段适宜运雏鸡的时间。此外，还应根据季节和天气确定启运时间。夏季运雏鸡宜在日出前或傍晚凉快时间进行，冬天和早春则宜在中午前后气温相对较高的时间启运。

4. 保温与通气　运输雏鸡时保温与通气是一对矛盾。只注重保温，不注重通风换气，会使雏鸡受闷缺氧，严重的还会导致窒息死亡；只注重通气，忽视了保温，雏鸡会受风着凉患感冒，诱发雏鸡拉稀下痢，影响成活率。因此，装车时要将雏鸡箱错开摆放。箱周围要留有通风空隙，重叠高度不要过高。气温低时要加盖保温用品，但注意不要盖得太严。装车后要立即启运，运输过程中应尽量避免长时间停车。运输人员要经常检查雏鸡的情况，通常每隔 0.5～1 小时观察一次。如见雏鸡张嘴抬头，绒毛潮湿，说明温度太高，要掀盖通风，降低温度。如见雏鸡挤在一起，吱吱鸣叫，说明温度偏低，要加盖保温；当因温度低或是车子震动而使雏鸡出现扎堆挤压的时候，还需要将上下层雏鸡箱互相调换位置，以防中间、下层雏鸡受闷而死。

5. 进舍后雏鸡的合理放置 先将雏鸡数盒一摞放在地上，最下层要垫一个空盒或是其他东西，静置半小时左右，让雏鸡从运输的应激状态中缓解过来，同时适应一下鸡舍的温度环境。然后再分群装笼。分群装笼时，按计划容量分笼安放雏鸡。最好能根据雏鸡的强弱大小，分开安放。弱的雏鸡要安置在离热源最近，温度较高的笼层中。少数俯卧不起的弱雏，放在35 ℃的温热环境中特别饲养。这样，弱雏会较快地缓过劲来，经过3～5天单独饲养护理，康复后再置入大群内，笼养时首先可以将雏鸡放在较明亮，温度较高的中间两层，便于管理，以后再逐步分群到其他层去。

八、雏鸡的饲养

（一）饮水

雏鸡进入育雏舍，应立即饮水。按40只雏鸡配置一个1.5升的容量的钟形饮水器，并均匀摆放。饮水中可加入5%葡萄糖或按说明加入电解多维、多维葡萄糖、速补、抗生素等，以帮助雏鸡补充体液，消除疲劳，加快体内有害物质排泄，提高机体抗病力。1周龄前饮温开水，1周龄后饮自来水。育雏头几天饮水器、盛料器应离热源近些，便于雏鸡取暖、饮水和采食。雏鸡一般不知道喝水，饲养人员要及时教小鸡饮水，将小鸡的喙在饮水器内浸一下，以帮助其找到水源。第二天饮水中加百病消（按每毫升百病消加水2升计），连喂3天，预防雏鸡白痢病。

雏鸡的需水量与品种、体重和环境温度有关。雏鸡损失10%的体内水分就会发生严重代谢紊乱，损失20%就会死亡。所以初饮后，无论何时都不能断水（饮水免疫时的短暂停水除外），饮水中断会引起鸡群骚乱，发生啄癖，严重时出现互相残食的现象。饮水要清洁，尽量饮用自来水或清洁的井水，避免饮用河水，以免水源污染而致病。饮水器要刷洗干净，每天至少换水2次。正常情况下，饮水量为采食量的1～2倍。但应注意，当雏鸡发生异常时，如发生疾病或饲料中食盐、蛋白质含量过量时，均会使雏鸡饮水量突然增加，要防止断饮或暴饮现象发生。2周龄后改用3升容量的饮水器或在笼外两端挂水槽，每天清洗2次饮水设备，确保水质清洁。

许多商品鸡场有时向饮水中添加某些消毒剂，减少疾病发生的机会。但进行饮水免疫时必须停止，防止水中的消毒剂降低疫苗效价，影响免疫效果。

（二）饲喂

雏鸡出壳后第一次采食叫开食或开饲。一般开食的适宜时间是饮水后1～2小时。开食易早不宜迟。延迟开食影响雏鸡生长和成活率，阻碍胃肠道和心血管系统的成熟，因为这些系统只有采食营养素后才开始发育。及早开食可节省残余卵黄中的母源抗体、胆固醇和多不饱和脂肪酸以用于被动免疫和细胞膜合成。

开食料可为破碎料或湿拌料，撒于料盘或塑料布上（为防止雏鸡扒料，可制作与料盘同样大小的网片盖在料盘上）。前2天每隔2～3小时饲喂1次，以后每天饲喂6次。7～10天改为饲槽或料桶，饲喂干粉料或破碎料，自由采食。饲喂时应遵循少量多次，少喂勤添的原则。

雏鸡1周龄的平均日耗料量7克左右，以后每周平均增加7～8克，至6周龄日耗料达到43克左右，累计耗料1 000～1 200克。

在雏鸡开食时必须注意以下几点：一是每只鸡都必须吃到料。饲料应放在光线较强的地方，使雏鸡容易看见并吃到饲料；二是防止雏鸡挨饿。有些雏鸡不善于吃食，造成挨饿。第一天开食后检查胆怯的雏鸡，看它们的嗉囊是否饱满，对于还不会采食的雏鸡，进行人工辅助饲喂，促使其尽快学会采食；三是防止肛门粘连粪便。雏鸡在开食后的最初几天内由于发生拉稀而造成肛门黏着。只要在饲料内掺入些碎玉米粒或碎小麦粒或碎高粱粒往往能避免这种情况。玉米最好用碾子碾碎，然后筛去细粉，只留下小的颗粒，并将其撒在第一顿料的上面，喂2天即可。2天内每1 000只雏鸡可喂4.5千克。

为使雏鸡采食清洁卫生，应准备2套用具，每次喂料前将塑料布上的粪便和吃剩下的饲料打扫干净，清洗消毒后替换使用。若使用料盘喂料，为防止饲料浪费，可制作同料盘一样大小的网片盖在料盘上，防止小鸡吃料时用脚扒饲料。喂完料后随即把料盘捡起来，防止粪便拉进盘内污染饲料。

随着小鸡的生长，逐渐加设料槽。一般在雏鸡5~7天时开始逐渐加料在食槽，待雏鸡习惯使用料槽时撤掉塑料布或料盘。0~3周龄使用幼雏料槽，3~6周龄使用中型料槽，6周龄以后逐步改用大型料槽。每只雏鸡的槽位为4厘米，料槽高度应根据鸡背的高度进行调整，以便雏鸡容易采食，减少饲料浪费及保持料槽清洁。

初生雏鸡的消化器官发育不够完善，调制饲料时，不仅要注意饲料的营养性，还要注意其适口性，选用易消化的原料。雏鸡阶段生长迅速，地面饲养时尚需驱虫，还需断喙，前几周易出现应激状态，影响采食量，体重常达不到标准。要求饲喂雏鸡的饲料品质好，营养完善，适口性强，容易消化，粗纤维含量低。

饲料常选用粉料，也可选用碎屑料，但大多用粉料喂雏鸡。初喂时可将粉料用适量温水拌成半干湿散料饲喂，能提高早期觅食率。

九、雏鸡的管理

（一）维持适宜的环境条件

控制好温度、湿度、通风、光照、密度、营养等环境条件，让雏鸡尽快熟悉周边环境。采用育雏伞育雏时，伞内要安装一个小的白光灯或红光灯以引导雏鸡，2～3天后雏鸡熟悉热源后即可去掉。育雏器周围最好加上护栏（冬季用板材，夏季用金属网），以防雏鸡远离热源，随着日龄增加，逐渐扩大护栏面积或移去护栏。暖房式加温的育雏舍，在育雏前期可以把雏鸡固定在一个较小的范围内，这样可以提高饲槽和饮水器的密度，有利于雏鸡学会采食和饮水。同时，育雏空间小，有利于保持育雏温度和节约燃料。笼养时，育雏的前2周内，笼底可铺上厚实粗糙并有良好吸湿性的纸张，这样笼底平整，易于保持育雏温度，雏鸡活动舒适。

（二）脱温

随着雏鸡日龄的增加，供温应逐渐降低，当舍内外温差不大时，即可着手脱温。脱温要逐渐进行，注意不要使环境温度发生剧烈的变化。开始时可晚上给温、白昼停温，6～7天后，待雏鸡逐渐适应自然温度时再完全停温。脱温期的室温以20℃为宜。雏鸡脱温的时间随季节、育雏器的式样和养鸡技术等而异。脱温要避开各种逆境（如免疫、转群、换料等的不良刺激），在鸡群健康无病时进行。最好脱温的日子要选择风和日丽的晴天，脱温后雏鸡舍内要保持干燥，料槽、饮水器等设备尽量维持原来的状态，以减轻雏鸡不适的感觉。脱温的时期往往是雏鸡开始换羽的时期，这时注意增加营养和补充维生素，假若脱温技术不当，则会引起食滞、消化不良，发育受阻，严重时还会造成大批死亡。

（三）垫料管理

地面平养一般要使用垫料。垫料材料是用消毒烘干过的刨花，其吸水性良好：厚度为5～10厘米；湿度为25%～30%；要求无异物、霉菌、昆虫、平整、疏松、不结块。

垫料过干，鸡舍内易尘土飞扬，呼吸道黏膜易受到刺激，导致黏膜生理失常，抵抗力降低，点眼、滴鼻等接种效果不理想，易暴发呼吸道疾病。垫料过湿，易发霉，细菌繁殖快，病毒存活时间长。粪便中的部分尿酸和尿酸盐在细菌分泌的分解酶的作用下，分解成氨气等有害气体，抑制种鸡生长，引发气囊炎。再者，球虫卵囊易于孢子化，引发球虫病。如果垫料结块，或呈泥状时，鸡粪粘在脚掌并刺激发酵，会导致皮肤破裂，细菌侵入，常引发葡萄球菌感染、败血症、足趾肿大、发炎、变形等问题，导致死淘率增加。

如果垫料过干，可以通过带鸡喷雾消毒、垫料洒水等措施，提高垫料湿度；如果垫料过湿，应加强通风换气。垫料应经常翻动，保持平整疏松。加强饮水系统的管理，防止漏水，饮水器周围及饮水线下的垫料重点管理。结块发霉的垫料应随时清除、更换。

（四）称重

为了掌握鸡群的发育情况，检查饲养管理水平，及时发现问题解决问题，应定期称重。将称重结果与标准比较，若发现体重过大，应适当限饲；若体重过小，应查找原因，采取相应措施。

称重的鸡数一般随机抽取总鸡数的5%，群体较小时，称重数应不少于50只，大间饲养的鸡应按大间为单位分别抽样称重和计算。称重时在鸡舍的一角随机拦住一定数量的鸡，然后逐个称重。当笼养或小间饲养时，第一次随机抽取称几个笼子或几个小间的全部鸡，以后即固定称这几个笼子或几个小间。

称重的时间应在周龄末的早晨空腹时进行。对于饲养情况良好的鸡群，育雏育成期一般每2周称重1次；对于差异大的鸡群，应每周称重1次。

父母代和商品代鸡的体重应控制在标准体重或比标准体重高5%的范围内。体重均匀度一般要求在80%以上。若体重均匀度差与饲养拥挤、疾病、断喙不当以及营养摄入量不当有关，当发现体重的均匀度低于80%甚至70%时，应查明原因及时处理，并迅速采取分群饲养的方法。

（五）断喙、剪冠与断趾

1. 断喙

（1）目的：断喙可防止啄癖（啄肛、啄趾、啄羽等），节约饲料，促进雏鸡的生长发育，提高均匀度。

鸡产生啄癖的原因有多种，如日粮蛋白质、食盐不足，钙、磷缺乏或比例不适，长时间缺水、断料，饲养密度过大，温度过高，通风不良，光线过强等。另外，在换羽期间啄癖现象较严重。断喙可防止啄癖长且弯的喙容易将饲料刨到料槽外，造成饲料的浪费，雏鸡断喙后可减少饲料浪费。

（2）方法：生产上一般断喙两次。第一次在 6～10 日龄，第二次在 120 日龄左右。

断喙时将断喙器刀片烧至褐红色，用食指抠住喉咙，上下喙同时放入刀片下切，烙 2～3 秒。用圆孔形断喙器根据鸡龄大小选择适宜的孔径（4.0 毫米、4.37 毫米和 4.75 毫米），一般选择 4.37 毫米孔，并保证烧烙圈与鼻孔的距离在 2 毫米。第一次断喙，上喙断去 1/2，下喙断去 1/3。第二次断去第一次的再生部分，断时将食指放在上下喙间，上下喙分别断。

（3）注意事项：阴雨或过热天不断，免疫期不断，断前除饲料中加入 2 毫克/千克维生素 K 以防大量出血外，其他维生素的含量也要增加 2～3 倍。断后水料要充足，避免碰到坚硬的料槽、水槽。断后若发现喙出血，应再行烧烙。

2. 剪冠　为区别不同品系，便于采食，或高寒地区防止冻伤，在 1 日龄时将鸡冠沿冠基部剪去。

3. 断趾　为了区分雏鸡公母，剔除鉴别误差，防止自然交配公鸡扒伤母鸡鸡背，1 日龄时用烙铁断去内侧趾的趾尖。

（六）日常管理

饲养员每天要观察鸡群健康情况：

第一，有无“糊屁股”的雏鸡；有无精神不振、呆立缩颈、翅膀下垂的雏鸡；有无腿部患病、站立不起的雏鸡；有无大脖子雏鸡。

第二，检查鸡冠、肉垂、鸡爪的颜色是否正常，鲜红色是鸡冠、肉垂的正常色。健康的鸡爪是光滑发亮、颜色黄色，病鸡鸡爪则发干、苍白。

第三，检查粪便的颜色、形态及气味，灰色干粪是正常粪便。通常灰色粪便上覆盖有少量点状白色粪。

第四，检查呼吸情况，若鸡只表现伸头仰颈，张口呼吸，则应引起重视。并检查室内空气是否新鲜，有无刺激性气味，是否需要开窗户。

第五，检查垫草是否干燥，是否需要添加或更换，垫草有无潮湿结块现象。

第六，检查有无啄癖现象发生。如有被啄小鸡，应该及时提出，涂上甲紫药水。

第七，检查光照是否太强，光照时间长短是否合适。

第八，检查鸡群密度是否合适，要不要疏散调整鸡群。

第九，防止雏鸡中毒，当育雏室内烧煤取暖时，煤炭燃烧不完全产生大量一氧化碳，若通风不良或煤气漏烟，则会引起一氧化碳中毒。

第十，按时接种疫苗，检查免疫效果。

（七）卫生防疫

育雏期每周带鸡喷雾消毒 2 ~3 次，料槽和饮水器具定期消毒，鸡舍门口要有 1% ~2% 的氢氧化钠消毒池，严禁非生产人员进入生产区。各种预防性投药和疫苗接种严格按程序进行。

（八）保持环境安静而稳定

雏鸡胆小易惊，对外界条件的变化非常敏感，常会因为噪声、异种动物或陌生人进入而惊群，表现为惊叫不止、乱撞乱碰、挤压成堆，严重时常出现撞死或压死。饲养管理程序的改变，也会影响其正常的采食、饮水。因此，要绝对保持鸡舍安静，饲养管理程序不可随意改动。

（九）做好记录

记录是科学养鸡的一种重要手段，成本核算、效果计算及问题原因的查找都靠原始记录。记录内容一般应包括入舍雏鸡数、死亡数、存活数、各期体重、耗料、用药、免疫、不同阶段的温湿度、光照等。当育雏结束后统计计算雏鸡成活率和育雏成本。

十、雏鸡早期发病及死亡原因分析

正常情况下，育雏第一周比任何一期的死亡率都大，但不应超过 1%，一般在 0.5% 左右。第二周的死亡率较小，从第三周开始每周的死亡率应相当低，并保持恒定的水平，直到育成期结束。这是因为随着雏鸡日龄的增大，抵抗力增强，死亡率下降。

早期死亡主要有以下原因：一些由种蛋传播的疾病白痢病、伤寒、支原体、马立克病等可经种蛋传给雏鸡，部分霉菌等可通过破损蛋或不破损的蛋壳从外源侵入蛋内，引起雏鸡发病。由于种蛋感染、孵化过程消毒不彻底、周转箱污染，葡萄球菌、沙门杆菌、大肠杆菌等可侵入卵黄囊，引起脐炎。这样的雏鸡大多数 10 天前死亡。育雏条件不适宜，温度忽高忽低、通风过大，引起鸡只感冒、消化道疾病或呼吸道疾病；或忽视通风，空气中缺氧，使有害气体增加，易使雏鸡窒息和中毒死亡。饲料中缺乏维生素，特别是 B 族维生素，引起神经症状，缺乏微量元素，影响生长和成活。由于饲养管理不当而引起啄癖造成死亡。其他一些原因，如兽害、机械损伤等。

第二节　育成鸡的饲养管理

一、育成鸡的生理特点

雏鸡进入育成期时，采食量与日俱增，骨骼和肌肉的生长都处于旺盛的阶段。育成阶段前期，鸡的骨骼、肌肉，消化系统，循环系统的器官生长速度非常快。育成阶段中期，肌肉的生长仍然很快，但骨骼的生长速度明显慢下来。消化系统的肠道仍生长比较快。生殖系统的各器官开始生长，但强度很小。免疫器官的法氏囊和胸腺生长基本停止。育成阶段后期，大部分器官的生长基本结束，但生殖系统的生长发育开始进入快速生长阶段。脂肪沉积能力明显增强。自身对钙的沉积能力有所提高。10 周龄后，小母鸡卵巢上的滤泡就开始积累营养物质，滤泡也逐渐长大，到育成后期性器官的发育更加迅速，这一时期的饲养管理水平，在某种程度上决定了产蛋和种用性能的优劣，所以在保证鸡群骨骼和肌肉系统充分发育的情况下，严格地控制性器官的过早发育，对提高开产后的生产性能是十分必要的。

二、育成鸡的管理目标

育成鸡的管理目标是让鸡的器官系统得到充分锻炼，在提高育成率和合格率的前提下力争鸡群整齐度好，并为进入产蛋期进行营养积累，为开产做好生理上的准备。管理关键是从营养供应和光照管理上采取有效措施，促进体成熟的进程，让鸡长好骨架，控制性成熟的速度，防止鸡早产，保证产蛋期理想的产蛋性能。育成鸡的几个主要管理目标如下：

第一，育成率。正常情况下育成期满 20 周龄时成活率达

98%。

第二，健康。未发生传染病，食欲旺盛，精神活泼，反应灵敏，羽毛紧凑，骨骼坚实。

第三，体重。不同品种或品系有各自的最适体重，雏鸡在生长期间各周增重适度，育成期满后均达到最适体重，因此，常以各周体重作为雏鸡生长发育标准，并作为检查饲养管理和控制体重的依据。

第四，均匀度。均匀度是体重在高于平均体重10%至低于平均体重10%范围内的个体所占鸡群总数的比例。体重愈接近平均数的个体产蛋最佳，体重过大或过小的产蛋均较差。育成效果良好的鸡群，均匀度应大于80%。

三、育成鸡的饲养

（一）营养需要特点

育成鸡仍处于生长迅速、发育旺盛时期，各组织器官功能基本健全，骨骼和肌肉生长较快，沉积钙的能力提高；羽毛几经脱换，最终长出成羽。随着日龄增加，脂肪沉积增多，易引起体躯过肥而影响以后产蛋量和蛋的品质、环境条件和饲养水平直接影响母鸡性成熟和开产日龄。据研究10～12周龄是鸡性腺发育阶段，提供高水平的蛋白质饲料，会使性腺发育加快而早开产，早产鸡产蛋持久性差，蛋重小，总产蛋量不高；较低水平的蛋白质饲料，既可使性腺发育正常，又可促进骨骼生长和增强消化系统功能，有利于以后产蛋性能的提高。因此，育成期饲粮的蛋白质水平应逐渐降低，由育雏期的18%逐渐减到14%～15%，钙、磷的含量降低，钙由原来的0.9%～1.0%降低到0.6%～0.8%，有效磷由0.4%～0.45%降低到0.3%～0.35%，锻炼机体保存钙、磷的能力。粗纤维含量增加，麸皮、糠类、草粉等占的比重加大，以促进其消化器官的发育。育成期鸡对各种营养的需求量可参考 NRC 标准和鸡的育种公司推荐标准。

（二）饲喂技术

一般在 6 周龄末 7 周龄初，平均体重和跖长达标时，即将育雏料换为育成料。若此时鸡的体重和跖长达不到标准，则继续饲喂雏鸡料，直到达标时再换饲料；若此时两项指标超标，则换料后保持原来的饲喂量，并限制以后每周饲料的增加量，直到恢复标准为止。更换饲料要逐渐进行，如用 2/3 的雏鸡料混合 1/3 的育成料喂 2 天，再各混合 1/2 喂 2 天，然后用 1/3 育雏料混合 2/3育成料喂 2 ~3 天，以后就全喂育成料。

为锻炼育成鸡的消化功能，提高饲料消化率，要经常喂沙砾，可拌入料中，也可单独撒于饲槽内，每千只一次饲喂 9 ~11 千克，沙砾直径通过 3 毫米筛孔。

（三）饲养方式

育成鸡的饲养管理方式分为舍饲、半舍饲和放牧饲养。

1. 舍饲　鸡群全程舍内饲养。根据地面结构不同分为厚垫料饲养、栅（或网）状饲养、混合地面饲养、立体笼养等多种形式。

2. 半舍饲　半舍饲是鸡舍加运动场饲养育成鸡的一种方法。舍内有沙子或其他垫料，并有栖架，舍外为运动场，其面积为鸡舍面积的 2 倍。鸡舍为鸡群夜间栖息或阴雨天活动的场所；运动场是白天活动、采食、饮水的空间。这种饲养方式空气较好，投资小，鸡可直接接触阳光，并可从地面获得一些微量元素，鸡群较健壮。但饲养密度小，占地面积大，劳动生产率低。适用于饲养土种鸡。

3. 放牧饲养　放牧饲养是一种较粗放的饲养管理方式。一般将鸡散放于地域较宽阔而不适于耕种的场地，如荒地、山坡或半山坡、果园等，并配备可活动的鸡舍以备夜间和阴雨天栖息。这种方式投资少，成本低，鸡可获得一些野生植物、昆虫及收获农作物撒落的种子，并因活动量较大及阳光充足，鸡只非常健壮。是适合于山区、半山区及果园养鸡的一种方法。目前多数地方品种采取这种方式。但应注意防止兽害，且放牧前要训练调教好。

四、育成鸡的管理

（一）转群

雏鸡 6～7 周龄时应转人育成舍。炎热季节最好在清晨或傍晚进行，冬季可在晴天中午进行。转群时需做到以下几点：

1. 准备好育雏舍　鸡舍和设备必须进行彻底清扫、冲洗和消毒，在熏蒸后密闭 3～5 天再使用。

2. 调整饲料和饮水　转群前后 2～3 天内增加多种维生素 1～2 倍或饮电解质溶液；转群前 6 小时应停料；转群后，根据体重和骨骼发育情况逐渐更换饲料。

3. 清理和选择鸡群　将不整齐的鸡群根据生长发育程度分群分饲，淘汰体重过轻、有病（残）的鸡只，彻底清点鸡数，并适当调整密度。

4. 临时增加光照　转群的当天连续光照 24 小时，使鸡尽早熟悉新环境，尽早开始吃食和饮水。

5. 补充舍温　育成舍的温度应与育雏舍温度相应；否则，就要补充舍温。补至原来水平或者高 1 ℃。这对寒冷季节的平养育成舍更为重要。如果舍温在 18 ℃以上，可以下调舍温。

（二）调整密度

地面垫料平养的密度为（舍内）：7～12 周龄每平方米 10～12 只，13～20 周龄每平方米 8～9 只；栅养时每平方米 10～12 只；立体笼养时每平方米 15～16 只。

（三）通风

育成鸡舍空气要新鲜，具体指标参见表 5－1。

表 5－1　育成鸡 7～20 周龄通风量 [米^3/（只·分）]

周龄	轻型蛋鸡	中型蛋鸡
8	0.045	0.062
10	0.058	0.076
12	0.069	0.088
14	0.080	0.100
16	0.088	0.116
18	0.092	0.122
20	0.101	0.131

（四）控制光照

1. 育成蛋鸡应遵循的光照原则　光照时间要短或渐减，切不能延长，光照时间最好控制在每日 8～9 小时。光照强度不能增加，以 5 勒克斯为宜。光照应相对稳定，不可忽长忽短，忽明忽暗。

2. 光照制度　光照制度因鸡舍类型、育雏季节的不同而异。密闭式鸡舍，4～18 周龄每日 8～9 小时。开放式鸡舍，若是 4 月 15 日至 8 月底孵出的雏鸡，因生长后期基本处在光照时间逐渐缩短的时期，可全部用自然光照；其他时间孵出的雏鸡，2～7 周龄自然光照，8～17 周龄恒定此期最长光照。人工补充光照的强度为 5 勒克斯。

3. 光照对育成鸡的影响　光照对育成鸡的性成熟、采食、饮水及活动都有明显影响。试验表明，育成后期给予每天超过 10 小时的光照或光照时间逐渐延长，母鸡将提前开产。早熟鸡群易早衰，且蛋重小，产蛋高峰低，产蛋持久性差，易脱肛，鸡的体重小，产蛋期死亡率高。育成期光照时间太短或光线太弱，鸡的开产日龄推迟，产蛋期缩短，产蛋量降低。对于任何一个品种都有其适宜的开产日龄，适时开产产蛋量最高。因此，给予合理的光照是控制母鸡适时开产的最有效措施之一。

（五）称重与测胫长（跖长）

1. 称重　育成期体重与开产的早晚密切相关。当体重增加过快时，易早熟；而体重过慢时，开产晚。生产上一般每 1 ~ 2 周称重 1 次。万只鸡场按 1% 抽样，小鸡场按 5%，但每次不能少于 50 只。将称得的结果与表 5 –2 中所列标准比较，依此作为调整营养和管理水平的依据。

2. 测胫长　跖上关节到第三趾、第四趾间的垂直距离为胫长或跖长。根据鸡的生长发育规律，前期注重骨骼发育，后期注重肌肉和脂肪的沉积。因胫长大小与体形大小呈正相关，胫长长，则体形大。即前期主要体形生长；后期主要增加体重。若胫长达标而体重不足，说明鸡过瘦，后期营养不良；若体重达标而胫长较短，说明过肥，前期缺乏营养。只有体重、胫长均达标时才能表现较高的生产性能。不同类型鸡的体重及胫长，参见表 5 –2。

表 5 –2　育成期体重及胫长

周龄	轻型鸡			重型鸡		
	只/日耗料（克）	体重（克）	胫长（毫米）	只/日耗料（克）	体重（克）	胫长（毫米）
7	44 ~ 47	520 ~ 535	80	75 ~ 85	540	77
8	46 ~ 49	590 ~ 625	85	85 ~ 90	650	83
9	47 ~ 50	660 ~ 700	89	100 ~ 110	760	88
10	49 ~ 52	730 ~ 775	93	110 ~ 120	840	92
11	51 ~ 55	790 ~ 845	96	120 ~ 126	950	96
12	54 ~ 57	850 ~ 915	99	126 ~ 132	1 010	99
13	56 ~ 60	910 ~ 975	101	132 ~ 138	1 120	101

续表

周龄	轻型鸡			重型鸡		
	只/日耗料（克）	体重（克）	胫长（毫米）	只/日耗料（克）	体重（克）	胫长（毫米）
14	58～62	965～1 035	102	138～144	1 190	103
15	60～64	1 020～1 095	103	144～150	1 280	104
16	62～66	1 070～1 155	104	151～157	1 360	104
17	63～67	1 115～1 205	104	165～170	1 450	105
18	65～69	1 160～1 250	104	165～170	1 500	105
19	67～72	1 210～1 305	104	170～177	1 550	105
20	70～76	1 260～1 360	104	177～185	1 600	105
成鸡	100～105	1 500～1 700	104	200～220	1 700～1 900	105

（六）防暑降温

春天培育的雏鸡到育成后期正值天气最热，应做好防暑降温工作，机械通风的鸡舍将全部通风设备开动，备好发电机，避免停电时鸡舍温度太高，影响鸡的正常生长；自然通风的鸡舍应将门窗全部打开，注意应有纱窗和纱门，防止蚊蝇和其他兽害侵入；供给常备不断的清洁饮水，水中也可加入 0.5%～1% 的碳酸氢钠、维生素 C 等抗热应激的添加剂；鸡粪及时清除；有条件的鸡场可安装湿帘。

五、控制性成熟

控制光照和营养是控制性成熟的最有效措施。

（一）光照的控制

育成后期每天的光照时间过长，或逐渐增加，会促使母鸡性器官的发育，引起早熟。因此，在生长后期，一般不超过 11 时/日，或用恒定、渐减法光照。对体重已达到标准，且已开产，但日龄不足的，按产蛋期光照实施；体重未达到标准，已有开产迹象，且日龄不足的鸡群应限制光照；体重未达标，日龄已到，尚未开产的鸡群，应补充光照，增加营养。一般白壳蛋鸡体重已达到1.25千克，褐壳蛋鸡已到1.5千克的鸡群，若还未开产，应补充人工光照，并进行补饲。

（二）限制饲养

限制饲养是根据育成鸡的营养特点采取的一种特殊饲养措施，其目的是为了提高饲料利用率，控制母鸡适时开产。限制饲养具有以下作用：一是使生长略受限制，防止过早性成熟；二是控制体重增加，维持标准开产体重；三是减少采食量，节省饲料；四是降低体内脂肪积蓄，预防产蛋鸡出现脂肪肝综合征；五是提高成活率、产蛋量和整齐度。

育成鸡限制饲养通常从第6~8周龄开始至18同龄结束。方法有限时、限量和限质等。限时，指限制饲喂时间，每天定时饲喂或每周停喂一天。限量，就是将饲料按限制量喂给，一般蛋用鸡为正常喂量的90%。限质，就是使饲粮中某些营养成分低于正常水平，造成营养水平不平衡，如低能饲粮、低蛋白质饲粮、低氨基酸饲粮等。采用何种方法，应根据鸡群状况、设备、饲料供应等实际情况决定，一般接近性成熟时，用低强度的限饲方法过渡到正常采食。

蛋用鸡限制饲养多为限量法。限制饲养时饲槽要足够，使鸡能全部同时采食。每两周随机抽取2%~5%的鸡只空腹称重一次，与标准体重对比差异不超过±10%为正常。平均体重每超过1%，每天饲料量减少1%；如体重不足，每减重1%，每天采食量应增加1%。必须强调的是，限饲必须与光照控制相一致，才能起到应有的效果。实践中商品蛋鸡有不限饲使其开产的。

限饲前要整理鸡群，挑出病、弱鸡，清点鸡只数；给足食槽位置，至少保证80%的鸡能同时采食；限饲的鸡群应经过断喙处理，以免发生互啄现象；当鸡出现疫病和进行免疫等应激状态时，应停止限饲，待恢复正常再行限饲。

限饲可节省饲料、控制体重、减少体内脂肪沉积、育成鸡体质健壮、防止早熟、减少产蛋期的死亡淘汰率。

限饲的方法是从6周龄开始，轻型蛋鸡限饲7%～8%，中型蛋鸡限饲10%。使鸡群每天从饲料中获取的营养总量减少，从而达到控制体重的目的。体重过小、瘦弱的鸡群不能限饲。限饲不能过于强烈，比不限饲鸡体重减轻10%～20%为宜，超过30%时将会影响产蛋，提高死亡率。

第三节　产蛋鸡的饲养管理

一、产蛋母鸡生产特点

现代高产蛋鸡，通常在17～18周龄转入产蛋鸡舍，随着母鸡的性成熟，便开始产蛋。鸡群产蛋有一定的规律性，反映在整个产蛋期内其产蛋的变化有一定的模式。现代蛋鸡，因具有优良的产蛋性能，各品种或品系的正常产蛋变化均有如下特点（图5－1）：一是开产后产蛋量迅速增加，产蛋曲线高峰过程陡然上升。产蛋率在10%～80%，每天产蛋率增加2%～3%；产蛋率在80%～90%，每天产蛋率增加1%～1.5%；产蛋率在90%～97%，每天产蛋率增加0.3%～0.5%。一般开产后6周左右达到产蛋高峰，且可维持90%以上的产蛋率18周作用。二是产蛋高峰过后，产蛋曲线下降十分平稳，呈一条直线状。正常的产蛋曲线每周下降的幅度是相等的，一般0.5%～1%，直到72周产蛋率仍维持在65%～70%。三是在整个产蛋过程中，如饲养管理不当或鸡群遭到疾病、惊吓等应激时，将使产蛋率受到影响。若应激发生在产蛋的前6周，即产蛋曲线的上升段，后果将会更为严重，使产蛋永远达不到标准高峰。同时，在产蛋曲线开始下降之前，曲线呈“弧形”。降低的产蛋峰在以后的产蛋期间是不可能再补偿的，而且高峰低于标准曲线的百分比，以后每周产蛋将按等比例减少。当然，如果应激发生在产蛋曲线下降阶段，虽不像前述那么严重，但产蛋最多只能达到标准产蛋率（顺序产蛋周）同等程度，而不可能恢复到中段之前的同等数量。因此，在生产中，要密切关注鸡群的产蛋变化，确保产蛋周期平稳生产，使鸡群的生产潜力得到更充分的挖掘。

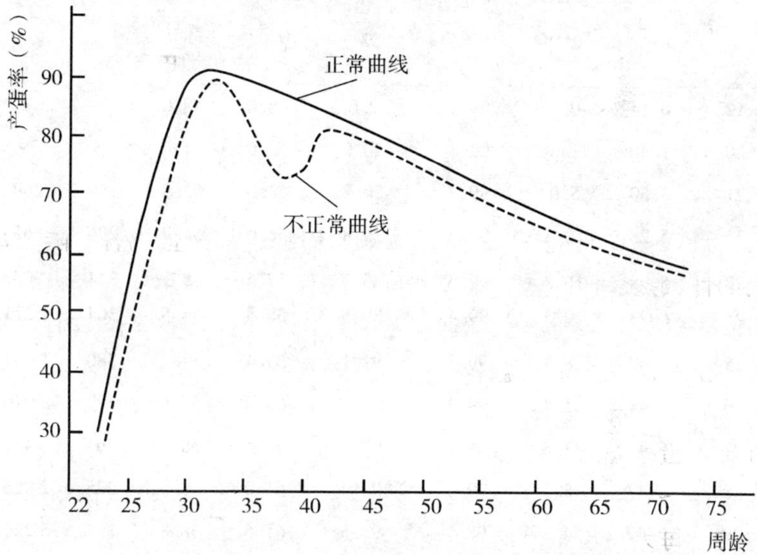

图5-1 产蛋曲线

二、商品蛋鸡生产指标

蛋鸡的生产指标是指在良好的饲养管理条件下所达到的生产

水平。其所列数据仅代表各品系鸡种的平均值，而该数据还会随着蛋鸡育种进展、饲养管理条件改善、营养水平的提高而不断提高，因此，蛋鸡的生产指标具有相对的时间性。表 5－3 列出了中型商品蛋鸡的生产标准。由于蛋鸡生产指标受品系、气温、应激、死亡率、笼养密度以及其他许多因素影响，故对管理不善的鸡群，生产性能可能低于标准，反之将高于标准。所以，在生产中生产指标只是一个参考数据。

表 5－3　中型商品代蛋鸡生产标准

周龄	产蛋数（个）		成活率（%）	产蛋率（%）	蛋重（克）		总蛋量（克）	
	每周	累计			周平均	累计平均	每周	累计
19	0.14	0.1	99.9	2.0	48.0	48.0	7	7
20	1.40	1.5	99.8	20.0	52.0	51.6	73	79
21	3.50	5.0	99.7	50.2	54.0	53.3	189	269
22	5.28	10.3	99.6	75.8	56.0	54.7	296	565
23	5.98	16.3	99.5	85.9	57.5	55.7	344	909
24	6.23	22.5	99.4	89.5	58.5	56.5	364	1 273
25	6.40	28.9	99.3	92.1	59.4	57.1	380	1 653
26	6.44	35.4	99.2	92.8	60.0	57.6	387	2 040
27	6.47	41.8	99.1	93.2	60.5	58.1	391	2 431
28	6.47	48.3	99.0	93.4	61.0	58.5	385	2 826
29	6.47	54.8	98.9	93.5	61.5	58.8	398	3 224
30	6.47	61.3	98.8	93.6	61.9	59.2	401	3 625
31	6.47	67.7	98.7	93.6	62.3	59.5	403	4 027
32	6.45	74.2	98.6	93.5	62.6	59.7	404	4 431
33	6.43	80.6	98.5	93.3	62.9	60.0	405	4 836
34	6.41	87.0	98.4	93.0	63.1	60.2	404	5 240

续表

周龄	产蛋数（个）		成活率（%）	产蛋率（%）	蛋重（克）		总蛋量（克）	
	每周	累计			周平均	累计平均	每周	累计
35	6. 38	93. 4	98. 3	92. 7	63. 3	60. 4	404	5 644
36	6. 35	99. 8	98. 2	92. 4	63. 5	60. 6	403	6 047
37	6. 32	106. 1	98. 1	92. 0	63. 7	60. 8	402	6 450
38	6. 28	112. 4	98. 0	91. 6	63. 9	61. 0	402	6 851
39	6. 25	118. 6	97. 9	91. 2	64. 1	61. 1	401	7 252
40	6. 22	124. 8	97. 8	90. 8	64. 3	61. 3	400	7 652
41	6. 18	131. 0	97. 7	90. 4	64. 5	61. 5	399	8 050
42	6. 15	137. 2	97. 6	90. 0	64. 7	61. 6	398	8 448
43	6. 11	143. 3	97. 5	89. 5	64. 9	61. 7	396	8 845
44	6. 07	149. 3	97. 4	89. 1	65. 1	61. 9	395	9 240
45	6. 03	155. 4	97. 3	88. 6	65. 3	61. 9	376	9 616
46	5. 99	161. 4	97. 2	88. 1	65. 4	62. 0	392	10 008
47	5. 95	167. 3	97. 1	87. 5	65. 5	62. 1	390	10 398
48	5. 91	173. 2	97. 0	87. 0	65. 6	62. 3	388	10 785
49	5. 87	179. 1	96. 9	86. 5	65. 7	62. 4	385	11 171
50	5. 83	184. 9	96. 8	86. 0	65. 8	62. 5	383	11 554
51	5. 78	190. 7	96. 7	85. 4	65. 9	62. 6	381	11 935
52	5. 74	196. 4	96. 6	84. 9	66. 0	62. 7	379	12 314
53	5. 70	202. 1	96. 5	84. 4	66. 1	62. 8	377	12 691
54	5. 65	207. 8	96. 4	83. 8	66. 2	62. 9	374	13 065
55	5. 62	213. 4	96. 3	83. 3	66. 3	63. 0	372	13 437
56	5. 57	219. 0	96. 2	82. 7	66. 4	63. 1	370	13 807
57	5. 53	224. 5	96. 1	82. 2	66. 5	63. 1	368	14 175

续表

周龄	产蛋数（个）		成活率（%）	产蛋率（%）	蛋重（克）		总蛋量（克）	
	每周	累计			周平均	累计平均	每周	累计
58	5.49	230.0	96.0	81.7	66.6	63.2	366	14 541
59	5.44	235.4	95.9	81.1	66.7	63.3	363	14 904
60	5.41	240.8	95.8	80.6	66.8	63.4	361	15 265
61	5.36	246.2	95.7	80.0	66.9	63.5	359	15 623
62	5.32	251.5	95.6	79.5	67.0	63.5	356	15 980
63	5.28	256.8	95.5	79.0	67.1	63.6	354	16 334
64	5.24	262.0	95.4	78.4	67.2	63.7	352	16 686
65	5.20	267.2	95.3	77.9	67.3	63.7	350	17 036
66	5.15	272.4	95.2	77.3	67.4	63.8	347	17 383
67	5.11	277.5	95.1	76.8	67.5	63.9	345	17 728
68	5.07	282.6	95.0	76.3	67.6	64.0	343	18 071
69	5.03	287.6	94.9	75.7	67.7	64.0	340	18 411
70	4.98	292.6	94.8	75.1	67.8	64.1	338	18 749
71	4.95	297.5	94.7	74.6	67.9	64.1	336	19 085
72	4.90	302.4	94.6	74.0	68.0	64.2	333	19 418

三、产蛋母鸡的饲养

（一）产蛋母鸡的阶段饲养

蛋鸡产蛋期间可根据鸡群的产蛋率和周龄划分为三个阶段：大体上18～24周龄为产蛋前期，25～42周龄为产蛋中期，43～72周龄为产蛋后期。鸡群开始产第一个蛋的日龄叫见蛋日龄，开始见蛋不等于大群开产，产蛋率达到50%时才代表全群开产，因此，把产蛋率达到50%的日龄叫做全群开产日龄，产蛋率达到最高的那段时间叫做产蛋高峰期。

划分阶段饲养的意义在于产蛋期内对蛋鸡饲料中的营养水平的调节，以便满足产蛋鸡对不同产蛋期的营养素需要量，合理而经济地利用营养素，使其充分发挥最大的效益，既不造成浪费，又可降低饲料成本。比如产蛋前期因生长和产蛋的双重需要，营养需要量较高；产蛋后期体重增加缓慢，沉积脂肪能力强。因此，饲养管理要点是前期满足营养需要，后期适当限饲。创造良好的环境，延长产蛋高峰期，减缓下降速率，避免应激，提高产蛋量。

1. 产蛋前期的饲养要点　育成鸡转入产蛋鸡舍以后，这一时期是鸡发育的最重要时间，一方面要长身体，增加体重；另一方面又要迅速发育生殖系统，为进入成年产蛋期做准备。开始见蛋以后产蛋率逐日增加，而且上升得很快，蛋重也一天比一天大。在这种情况下，如果营养跟不上，不但延缓了鸡的发育，而且使鸡的产蛋性能得不到充分的发挥。也就是说，达不到最高产蛋极限，高峰持续时间也短。

育成鸡转入产蛋鸡舍以后开始饲喂产蛋前期饲料，日粮中的钙由1%增加到2%或仍用1%的钙加入2.5%的碎贝壳，使日粮总含钙量达到2%。

这一时期鸡的卵巢和第二性征（鸡冠、肉髯）发育很快，采食量显著增加，必须任其自由采食，以满足其营养需要。

目前，在给产蛋鸡喂料上有两种方法：一种是在鸡开产以后随着产蛋率的上升而确定饲料营养水平，即当产蛋率上升一个台阶以后，饲料营养水平才跟上来；另一种方法是当鸡产蛋率达到5%时，就开始饲喂产蛋高峰期的饲料，饲料营养水平走在产蛋率前边，也就是预付饲料，这样有利于将产蛋高峰促上去，不至于因饲料营养水平不够而使鸡不能达到最高的产蛋能力。

2. 产蛋中期的饲养要点　在正常饲养管理条件下，150～

160 日龄的鸡群产蛋率应达到 50%，这一时期产蛋率上升很快，经过 3 ~4 周即可达到产蛋高峰期。产蛋高峰期是鸡产蛋的黄金时期，要加强饲养管理，使其充分地发挥遗传潜力，达到理想的产蛋水平。当今优良品种的产蛋鸡，在良好的饲养管理条件下，90% 以上的产蛋率可维持 18 周左右。从鸡的生理角度上讲，过了产蛋高峰期，喂再多的优质饲料也下不了那么多蛋。产蛋高峰期要避免一切应激因素，除本鸡舍的饲养员外，其他人员不准进入鸡舍。饲养员的衣着每天都要同一颜色，料袋换色也容易引起惊群。此期绝不能断料、断水、断电，舍温不能过高过低，要无噪声，该段时间不要接种疫苗，饲料要全价、稳定，不可轻易改变。产蛋高峰期的产蛋鸡特别神经质，出现干扰必将影响产蛋，甚至难以恢复，将给鸡场造成巨大的经济损失。

3. 产蛋后期的饲养要点 产蛋鸡经过一段高峰产蛋期后，随着日龄的增长，产蛋机能逐渐衰减，产蛋率缓缓下降。这时要根据产蛋率的下降情况，适当调整料量，减少蛋白质的喂量。产蛋率一下子下降太快也不是正常现象，要查找原因，予以克服。

加拿大圭尔夫大学建议：产蛋率 85% 以下，每日每只鸡蛋白质喂量减至 16 克；产蛋率降至 65% ~70% 时，每日每只鸡喂 14 克蛋白质。加拿大雪佛公司的阶段饲养法是：第一阶段蛋白质日喂给量每只鸡 17 ~18 克，高峰阶段达 19 克，高峰过后降至 15 ~16 克。只要日粮中各种氨基酸平衡，粗蛋白质降低 1%，对鸡的产蛋性能无大的影响。

夏季天热，鸡食欲差，采食减少；冬季天冷，维持营养需要增加，鸡采食量增多。冬夏相比，每日采食量甚至相差 20 ~30 克，因此，在配制产蛋鸡饲料时应注意以下两点：一是冬季要提高饲料的代谢能水平，这样才能保持产蛋率不至于下降；二是夏季由于采食量减少，要用油脂取代部分玉米供应能量，并提高饲料中维生素、微量元素和必需氨基酸水平，降低粗蛋白质和粗纤维含量，这样才能降低热增耗，满足对营养素的需要，不致由于采食营养素不足而影响产蛋率。

（二）产蛋母鸡的钙质补充

为使母鸡高产和降低蛋的破损率，产蛋期应检查钙的供应情况。饲料是决定蛋壳质量和蛋壳强度的主要因素。试验证明，开产前半个月母鸡骨骼中钙的沉积加强，因此，从 4 月龄起至达到 5%产蛋率时，应给母鸡喂含钙量较高的配合料。现在普遍认为，产蛋鸡日粮中含钙量 3.2% ~3.5%最佳，而在高温或产蛋率高的情况下，含钙量可加到 3.6% ~3.8%，短期内加到 4%能使蛋壳变厚，但进一步提高对产蛋不利，也不能改善蛋壳质量。饲料中钙不足会使鸡多吃料，导致饲料消耗过多，母鸡体重增加，肝中脂肪沉积多；饲料中钙含量如处于超饱和状态，会使鸡的食欲减退。地面平养时，可在鸡舍内放几个专装粗沙粒和碎贝壳的饲槽，任鸡自由采食。

一般情况下，母鸡骨骼中有足够形成几个蛋所需的钙贮备，当从饲料中得不到足够的钙时，蛋壳就会变差，产软蛋或无壳蛋，甚至母鸡瘫痪。骨骼中的钙被动用来形成蛋壳的时间越长，蛋壳强度就越差。

夜间形成蛋壳期间母鸡会感到缺钙。光照期间，鸡摄食的钙经消化道，在小肠中被吸收进入血液，沉积在骨骼中，然后在必需时动用以形成蛋壳。只有后半天摄食的钙，才能被直接用于形成蛋壳，因此，最好在每天 12 ~20 时给母鸡补喂钙。让母鸡自由吃钙时，它们能自行调节钙量。例如，在蛋壳形成期间，吃钙量为正常情况下的 92%，而在非形成期间吃钙量只有 68%。体重较低，吃料又少的母鸡，应多喂一些钙。

人们普遍采用贝壳和石粉作钙源。日粮中贝壳和石粉为 2∶1 的情况下，蛋壳强度最好。鸡对动物性钙源吸收最好，对植物性钙源吸收较差。经过高温消毒的蛋壳是最好的钙源。

在杂交鸡补钙的试验中，当61周龄的鸡破壳蛋率达3.5%时，在下午补加饲料总量2%的粒状贝壳粉，破蛋率明显减少，蛋壳光滑。到72周龄时平均破蛋率仅为1.59%，收到了良好的效果。

钙、磷和维生素D_3的含量和比例对蛋壳强度有影响。钙决定蛋壳的脆性，磷决定蛋壳的弹性。维生素D_3缺乏会破坏钙的体内平衡，结果形成蛋壳有缺陷的蛋。一般在每天14~17时所产蛋的蛋壳质量都很好，主要跟产蛋间隔时间延长、鸡得到足够的钙补充有关。

（三）产蛋母鸡饲养方式

蛋鸡饲养管理方式分两大类，即平养与笼养。不同的管理方式其设备与设施不同。随着管理方式的变化，设备的改进，相应饲养工艺将取得更好的生产效果。

1. 平养 平养是指利用各种地面结构在平面上饲养鸡群，其优点是：一次投资较少，喂饮设备利用率高，便于在大面积上观察鸡群的各种状况，鸡的活动量大，骨骼较坚实。缺点是：饲养密度低，捉鸡较麻烦，需设置产蛋箱。平养蛋鸡通常用以下管理方式：

（1）垫料地面：垫料的种类与雏鸡垫料所用的相同。垫料地面一类是一般垫料地面，这类地面铺垫的厚度夏季8厘米、冬季10厘米。另外一类为厚垫料地面，一般在地面上撒布一层生石灰末以吸潮。先垫上10厘米厚的垫料，以后局部撤换，同时加垫，直至垫料厚度达20厘米左右为止。

这类管理方式设备投资较少，冬季保温较好，但饲养密度低，舍内易潮湿，如寒冷季节通风不足，氨的浓度可能偏高，空气中灰尘与微生物含量较高，窝外蛋与脏蛋较多。

（2）网状或木条平面：其结构与养雏鸡相同，只是网眼大一些，一般为2.5~5.0厘米。木条平面用的板条宽1.25~5.1

厘米，空当宽2.54厘米，板条走向要与鸡舍的长轴平行。也有的用竹片做竹条平面，竹片的宽度及其间的空当为2.0～2.5厘米。近来又出现塑料板条平面，坚固耐用，便于消毒，只是造价稍高些。

这类平面饲养密度较垫料地面高40%～50%，舍内易于保持干燥，鸡体也很少与粪便接触。但养在其上的轻型蛋鸡比较神经质，窝外蛋与破蛋较多，有时产蛋率稍低。

2. 笼养 目前全世界75%、美国97.85%的商品蛋鸡养于笼内。我国集约化蛋鸡场特别是大型蛋鸡场几乎所有的蛋鸡都养在笼内。乡镇或农村养鸡户饲养的蛋鸡也多采用笼养。笼养之所以愈来愈广泛地被采用，其原因是优点多，最主要的是笼养经济效益较高。我国笼养蛋鸡多为3层，少数为2层，也有一些鸡场用4层，从管理方面来看3层较方便。如为高床鸡舍通风良好，4层按每平方米计可获得较高的经济效益。在国外采用机械供料与集蛋的渐多，蛋鸡笼有向高层发展的趋势，现已制造出高达8层的蛋鸡笼。

（四）饲养密度

蛋鸡各种管理方式的饲养密度，详见表5-4。

表5-4 蛋鸡的饲养密度

管理方式	轻型蛋鸡	中型蛋鸡
垫料地面（只/米^2）	6.2	5.4
网状地面（只/米^2）	10.8	8.6
木条地面（只/米^2）	10.8	8.6
笼养（只/米^2）	33	23

近年来笼养增多，为减少投入，提高每平方米饲养面积的利润，笼养蛋鸡饲养密度有增大的趋势，或者用轻型蛋鸡笼养中型蛋鸡。但如果饲养密度过大或中型蛋鸡得不到应有的饲养面积，

会导致产蛋减少，死亡率升高。如适当提高密度，特别寒冷季节或地区，舍内通风良好，轻型蛋鸡每只所占笼底面积低至360平方厘米，饲养效果也不错。

为使蛋鸡有适宜的饮食条件，表5－5分别列出了蛋鸡采食与饮水宽度。

笼养鸡自动水杯或乳头饮水器通常安装在2个小笼之间，鸡可以在左右饮水，一旦有一个堵塞，还有另一个供水。

表5－5　蛋鸡采食饮水器大小

项目	轻型蛋鸡	中型蛋鸡
料槽长度（厘米/只）	8.75	10.5
30厘米直径料盘（只/盘）	14	12
40.1厘米直径料盘（只/盘）	18	15
水槽长度（厘米/只）	1.9	2.2
25.1厘米直径水盘（只/盘）	55	47
自动水杯（只/个）	14	12
乳头饮水器（只/个）	10	9

四、商品蛋鸡管理

（一）产蛋鸡日常管理

1. 转群

（1）转群时间：育成鸡到17～18周龄转入成年产蛋鸡舍。转群过早，由于鸡笼底坡度较大，影响育成鸡的发育；过晚因个别鸡开产，影响产蛋。

（2）选留与淘汰：结合转群进行选择淘汰。将体重过小、有病、瘦弱、有残疾的鸡淘汰，不同体重的鸡要分区管理，同时记录转入的鸡只数。

（3）预防疾病：转群前后 2～3 天，饲料中的维生素增加1～2 倍，或饮速补、电解多维、电解质溶液、抗生素水等，以减轻转群应激给鸡群带来的不良影响，预防疾病发生。

转群过程中其他注意事项参考育成鸡部分。

2. 光照

（1）产蛋期应遵循的光照原则：光照时间只能延长、恒定，不能缩短，光照强度不能减弱。

（2）光照制度：母鸡到达 18 周龄后，视鸡的体重和胫长发育情况，逐渐延长光照。当体重、胫长均达标，从 18 周龄开始逐渐延长，一般每周延长 0.5～1 小时，到 27～29 周龄，使每日光照时间达到 15～17 小时，然后恒定，直至淘汰。如果体重过小，推迟延长光照的时间。光照强度以 10 勒克斯为宜（每平方米 2.5～3.0 瓦）。

对于开放型鸡舍，自然光照不足的部分补充人工光照。可在早晨补充，也可在晚上补充，还可早晚分别补充。

3. 预防疾病

（1）接种疫苗：根据抗体监测水平，确定新城疫、禽流感等疫苗的接种时间。

（2）卫生消毒：鸡舍每周带鸡消毒两次，饲养员每次进入生产区必须消毒、更衣，饲槽、饮水器定期消毒，严禁非生产人员进入生产区。

4. 观察鸡群　任何时候饲养员进入鸡舍，都应观察鸡群的精神状态和粪便是否正常，若发现病鸡和异常鸡应及时隔离检查。喂料时观察鸡群的采食和饮水情况，检查水槽是否漏水，乳头式饮水器是否出水。夜间关灯后听听鸡舍内有无呼吸道发出的异常声音。中午应观察有无啄癖鸡，若发现应立即取出处理。

5. 减少应激　产蛋期鸡群对环境的变化极其敏感，尤其是轻型蛋鸡。如抓鸡、防疫、换料、停水、饲养员服装颜色的改变，饲喂、光照时间的变更等，都可能对其产蛋产生不良影响。受到应激的鸡主要表现食欲不振，产蛋量突然下降，软壳蛋增加。严重应激时，由于鸡的高度精神紧张而乱撞，导致内部脏器的损伤或死亡。

为了减少应激，应制定严格的科学管理程序，饲喂、光照、集蛋、清扫卫生、供水、通风要定时、定点、定人，避免噪声，防止其他动物闯入，饲料变更要逐渐进行。

6. 记录 准确完整的记录可反映鸡群的生产动态和日常饲养管理水平，它是考核经营管理效果的重要依据。应当记录的主要内容有产蛋量、产蛋率、蛋重、耗料量、体重、鸡只死亡淘汰数、舍温、防疫等。

（二）产蛋鸡的四季管理

我国大部分地区春夏秋冬四季分明，四季温差较大，而温度是蛋鸡饲养管理重要的环境因素之一，对鸡生理有多方面的影响。保持鸡舍最适宜的温度，是保持产蛋率平稳和节省饲料的重要措施。

鸡对温度虽有一定的适应能力，但突然升温和持续上升超过最适温度的上限，会使鸡中暑；相反，寒流突然袭击也会使产蛋率下降，休产，甚至换羽。昼夜有一定温差对产蛋有利，南方鸡的产蛋量没有北方高，一定程度上与温差小有关。一般认为在13～25 ℃范围内不影响产蛋性能。从节省饲料的角度看，以20～25 ℃为宜，20 ℃时产蛋率最佳。15 ℃以下每降低1 ℃，产蛋率下降1.5%。25 ℃以上温度对产蛋量有影响。例如，把21 ℃时蛋重作为100%；26 ℃时就降为99.1%，32 ℃时为96.6%，37.7 ℃时为86.6%。26 ℃以上蛋壳变薄，30 ℃以上破蛋率明显增加。

为了提高产蛋率，维持产蛋曲线平稳，要根据四季气候的变化，采取相应的管理措施。产蛋期间，特别是产蛋高峰期，环境条件急剧变化或饲养管理上出现失误，都会导致产蛋率下降。实践证明，产蛋率一旦降低，要使其恢复至原有水平是较难的，至少要经过2~3周以上时间才能接近降低前的水平。而蛋鸡生产需要一个相对稳定的环境，为了减小环境的影响，在不同季节，采取不同的饲养管理措施。

1. 春季管理 春季，气温回升，但早春冷暖天气交替变化，昼夜温差较大，3月中旬以后气温才较稳定。经过一个漫长的冬天，鸡的体质较弱，要加强饲养，增强体质。随着自然日照时间的延长，由于生物进化上的原因，鸟类多在春季繁衍后代，因此，无论开放式鸡舍还是密闭鸡舍饲养的鸡，在春天一般都会出现产蛋率回升现象，而且会出现一个产蛋的次高峰。次高峰出现的早晚与持续时间的长短，主要取决于饲养管理的好坏。如能抓好这个环节，对促进全年高产会起良好的作用。受外界温度影响较大的开放式鸡舍饲养的鸡，抓好饲养管理，利用春季的有利时机，对增加产蛋量效果更为明显。

管理上，在气温尚未稳定的早春，开放式鸡舍的通风换气要根据风力的大小、天气的阴晴、气温的高低来决定开窗的次数、大小和方向。一般情况下，早春北面窗户夜间关闭，白天无大风天气，可适当打开通风换气。南面窗户白天可以打开，夜间少量窗户可以不关以利于通风换气。昼夜温差不大且无大风天气时，北窗可以部分或全部打开，这样能保持舍内空气新鲜，创造良好的生活环境。

2. 夏季管理 夏季高温、高湿，常有雨天出现。鸡的皮肤没有汗腺，体躯又为羽毛所覆盖，因此，鸡不耐高温。10~28 ℃的温度范围内母鸡产蛋性能不致受明显影响，但不能忍受30 ℃以上的持续高温。舍温在28 ℃以上，鸡变得热不可耐，表现为张嘴呼吸，呼吸次数增加，通过呼吸把肺内的水分排出，以促进散热。这时多见母鸡张开翅膀，借以扩大体表散热的面积，并产生空气对流来应付高温。由于体热增高，鸡本能地减少饲料的摄取量，所以，母鸡显得食欲不好，采食量少。高温的热应激，可使母鸡产蛋率降低，蛋重变小，蛋壳变薄，破蛋率增加。

试验证明，温度由22 ℃升到30 ℃，母鸡的产蛋率、蛋重变化不大，但采食量约减少20%；当继续升至35 ℃时，采食量下降明显，产蛋率和蛋重也极显著地低于22 ℃条件下饲养的鸡。气温对采食量、产蛋率和蛋重的影响见表5－6。可见，高温对产蛋鸡的影响，首先是采食量下降，然后产蛋率和蛋重逐渐下降，蛋重的反应比产蛋率更为敏感，因此，夏天饲养蛋鸡的关键措施是解决降温问题。

高温条件下，鸡的甲状腺素分泌减少。甲状腺素水平的高低直接影响新陈代谢的速率，而代谢速率是影响鸡产蛋性能的重要因素之一。所以，高温引起采食量的下降，进而导致体重减轻，最终引起产蛋率和蛋重降低，蛋壳质量下降。

母鸡排卵是受血浆中促黄体生成素周期性释放引起的。高温条件下，血浆中促黄体生成素的含量低于正常排卵的需要，因此，就影响卵子的适时排放，引起产蛋率降低。母鸡产蛋率的降低与血浆中促黄体生成激素水平降低是相吻合的。促黄体生成激素降低的主要原因是高温导致下丘脑中促进性腺激素释放激素，对垂体前叶细胞合成和分泌促黄体生成素的刺激活动减弱的缘故。

表5－6　气温对采食量、产蛋率和蛋重的影响

环境温度（℃）	平均耗料量（克/只）	产蛋率（%）	平均蛋重（克/只）	环境温度（℃）	平均耗料量（克/只）	产蛋率（%）	平均蛋重（克/只）
22	100 ±3.0	79.9 ±2.0	58.8 ±0.38	22	105 ±3.1	79.7 ±3.1	58.8 ±0.45
22	104	85	58.5	30	83	89.6	58.1
22	103	80	57.8	30	73	77.5	58.7

续表

环境温度（℃）	平均耗料量（克/只）	产蛋率（%）	平均蛋重（克/只）	环境温度（℃）	平均耗料量（克/只）	产蛋率（%）	平均蛋重（克/只）
22	106	87.5	58.6	35	48	92.5	58.1
22	100	85	57.7	35	55	69.3	55.6
22	100	87.5	58.6	35	56	61.5	52.1
22	101	80	59.4	35	59	60.5	52.2
22	103	77.5	58.1	35	59	76.5	53.4
22	83	85	57.4	35	53	60.5	54.3

高温条件下母鸡的蛋重之所以变小，是因为母鸡的采食量减少，结果整个蛋重减轻。高温下母鸡对钙的吸收率差，因而蛋壳变薄，破蛋率增加。

不同基因型的鸡种，对高温反应不同，有些鸡种在高温下能保持较高的产蛋率。同类鸡种中也有耐高温的群体，饲养者在选择鸡种时必须考虑地区条件，选择适于本地饲养的鸡种。

为解决高温条件下鸡采食量减少，摄取的营养不足，影响产蛋性能的问题，一般把日粮的蛋白质水平和能量含量适当提高，使母鸡在食量减少的情况下仍能满足营养需要。新的观点认为，蛋白质的热增耗高于碳水化合物和脂肪，因此，高温条件下给母鸡喂高蛋白质水平的日粮，是不适宜的。要想保持夏天母鸡有较高的产蛋水平，一方面在高温来临之前加强饲养，使鸡体有足够的营养贮备，这是防止高温下产蛋率急剧降低的有效手段之一；另一方面利用夏季早、晚天气凉爽的时间给料，这时鸡的食欲较好，让鸡尽可能多采食，以保证食入所需的营养。日粮中加入0.3%的氯化胆碱有利于提高产蛋率、降低饲料消耗，因为胆碱能促进蛋氨酸的合成和防止脂肪的沉积。

密闭式鸡舍采取纵向通风（由舍一端进风，另一端排风），可以消灭和克服舍内通风死角和风速小、不均匀的现象，同时也能克服横向排式或串联式通风所造成的鸡舍间交叉感染的弊端。纵向通风配合湿帘降温，对夏季鸡舍降温有明显的作用，这种通风方式已在我国很多鸡场推广，收到了良好的效果。

开放式鸡舍在热天必要时可安装风扇，利用送风方式来降低鸡的体表温度。夏季虽然开放式鸡舍内温度与外界几乎一致，但如能安装风扇，给鸡的头部吹风，使鸡有凉快感，采食就较正常，有利于鸡群度过炎夏。

热天，鸡的饮水量明显增加，目的是通过多饮水以求得暂时的凉快，并通过水汽呼出及蒸发散热来降低体温。鸡的饮水量主要取决于饲料消耗量和温度。据测试，15.6 ℃时鸡的饮水量为饲料消耗量的 1.8 倍，21.1 ℃时为 2 倍，26.6 ℃时为 2.8 倍，32.2 ℃时为 4.9 倍，37.8 ℃时猛增到 8.4 倍。因此，在夏天任何情况下都不能缺水，如果自动供水，一定要保持水流畅通；如用饮水器或一般的水槽供水。一定不要空槽。要保持饮水充足和洁净。鸡饮水过多，会使鸡粪变稀，恶化舍内的卫生环境。笼养鸡使用乳头式饮水器，是减少耗水量、保证正常供水和消除鸡粪过稀的好措施。

要控制水的流量，量不可过大，以防溢出槽外，要细水长流。要注意检查水槽是否平直，有无漏水和溢水的地方。

夏季，常流水的水槽最好在上、下午各洗刷 1 次，普通水槽每次添水时洗刷 1 次。产蛋率高的鸡群需水量较多，应注意充分供水。褐壳蛋鸡耗水量比白壳蛋鸡多 10% ~20% 。

夏季出现鸡粪较湿较稀的现象，与温度高、鸡的耗水量增加有很大关系。除此之外，一般情况下出现鸡粪过稀时，可能与饲料中蛋白质过高、鱼粉中含盐过高、饲料中食盐用量超过 0.4% 以上、鸡有肠道寄生虫和其他疾病、鸡舍中空气不流通等原因有关。

夏季也是鼠类和蚊蝇大量繁衍的季节，要做好经常性的灭鼠和灭蚊蝇的工作，以减少疾病的传播、饲料的消耗和对鸡群的干扰，要注意防止鸡虱、羽螨的繁殖和传播。

夏季影响产蛋的最重要因素是“热”。体温过高会导致鸡采食量减少，体重减轻，产蛋量下降或停产甚至鸡只死亡。如果适时把影响散热的鸡毛剪掉，能防暑降温，使鸡能保持正常产蛋。剪毛位置：翅膀、胸腹、背部，鸡脖上毛多也要剪掉。但鸡尾长毛和翅膀长毛不剪，留给鸡当扇子用。剪毛长度，以不损伤鸡皮，大毛管断面不流液为原则。也可在初夏少剪些，盛夏多剪些，这样效果更佳。但剪毛后要防止雨淋着凉，并要用高锰酸钾液给鸡舍和活动场所消毒。

3. 秋季管理 立秋后，太阳直射点逐渐移向南半球，北半球白天渐短，夜晚渐长。这时，对在开放鸡舍饲养的产蛋鸡来说，要增加人工补充的光照，以促进产蛋。秋季是极地冷气团南下与热带海洋暖气团交替过渡的阶段，秋雨天气较多，一场秋风过后就有一场秋雨，气温大幅度下降。由于自然光照缩短，天气渐凉，昼夜温差较大，开放式鸡舍养鸡要做好鸡舍的防寒保温工作，夜间要适当关闭部分窗户，以防鸡感冒。入秋以后，由于注意保温，鸡舍相对通风较差，应注意避免暴发呼吸道疾病、霉形体病（旧称支原体）等。在无大风降温天气时，秋天仍应开窗通风，让鸡逐渐适应天气的变化。

经历 1 年产蛋的母鸡，有一部分低产鸡开始停产换羽，这是自然现象。这时是人工强制换羽的好季节，也可以根据换羽情况来挑选高产母鸡。凡到秋季就开始换羽的鸡，其产蛋成绩都不太好，而羽毛残旧、冠子红润、仍然产蛋的母鸡多为高产者。早春孵出的鸡，有一部分开产过早的母鸡，到秋末也可能产后早衰，出现休产，甚至换羽。

春季孵出的鸡，到秋天进入产蛋高峰期。由于春秋二季是一年中气候最适宜的时期，要抓好饲养管理，促进高产稳产。但到晚秋以后，气温逐渐下降，且时有寒流侵袭，天气变化较快，对处于高峰期的鸡更应加强管理，否则会使产蛋率下降，再恢复到原来的水平就很困难。

4. 冬季管理 冬季，气温低，大风降温天气较多。无论是密闭鸡舍，还是开放式鸡舍，都要做好防寒保温工作。要防止贼风直吹鸡体，尽可能使鸡舍温度保持 10 ℃以上，否则就会影响产蛋。保温性能差的鸡舍，鸡群规模又不大，光靠鸡群自温难以维持所需舍温时，要加温才能保持高产。“三九”天又遇寒流时，要防止饮水结冰、水管冻裂。

冬季一定要补充人工光照，达到鸡龄所需的光照时数。冬天老百姓散养的鸡因气温低，又不补充光照，加上饲料质量差，一般不产蛋，如能解决上述问题，鸡照样产蛋。

天气冷，鸡为御寒而采食饲料量增加，因此，冬季要适当多喂些料，以关灯前把料吃完为好。

在做好保温的前提下，还应注意通风换气。有窗鸡舍，白天根据阴晴、风力大小，适时适量开窗通风换气，同时要及时清粪。只重视保温而忽视通风，容易使鸡发生呼吸道疾病。

冬季鸡群易患呼吸道疾病，必须给予足够的重视，否则会给鸡场带来很大的经济损失。母鸡冬季必要换气量见表 5－7。

表 5－7 母鸡冬季必要换气量

日龄	体重（克）	换气量（米³/分）	
		最大	最小
0～20	230	30.0	7.6
21～30	305	40.0	10.0
31～50	600	78.0	20.0

续表

日龄	体重（克）	换气量（米^3/分）	
		最大	最小
51～70	810	105.0	27.0
71～90	1 030	134.0	34.0
91～120	1 330	173.0	44.0
120～150	1 540	200.0	51.0
成鸡	1 900	250.0	63.0

注：最大换气量，体重1千克0.13米^3/分；最小换气量，体重1千克0.033米^3/分。

在冬季，为防寒保温起见，鸡舍的门窗关闭较严，空气流通差，舍内氧气不足，二氧化碳、氨气和硫化氢等有害气体大量积留，这些有害气体对鸡就是一种强烈的应激因素，而且长时间作用还会损伤鸡的呼吸道黏膜；冬季气候干燥，舍内尘埃增多，通过鸡的活动使舍内尘土飞扬，鸡吸入这些尘埃对呼吸道黏膜损伤很大；病原微生物在低温条件下存活时间很长，这是冬季鸡呼吸道疾病流行的重要原因之一。当饲养管理不善、天气突变的时候，鸡群就很容易发生传染性支气管炎、喉气管炎、鼻炎、慢性呼吸道疾病等。为此，在冬季要处理好保温与通风换气的矛盾。密闭鸡舍，可根据舍内空气污浊情况定时、定量开启风机。较大的鸡舍，一般都有几组风机，高温季节全部开动，冬季可根据气温情况，适当开一组或两组风机或开一两个风机，做到适当通风换气。有窗鸡舍，要根据鸡群密度大小、温度高低、鸡的日龄大小、天气阴晴、白天黑夜、风力大小、有害气体的刺激程度等因素来决定开窗时间的长短、开窗的多少、开窗的次数等。这些全凭饲养人员的经验和责任心。风速、环境温度与体感温度的关系见表5－8，温度、湿度与体感温度的关系见表5－9。

表5－8 风速、环境温度与体感温度的关系（相对湿度为100%时）

环境温度（℃）	风速（米/秒）				温度差
	0	1	2	3	
	体感温度				
35	35.0	34.3	33.7	33.3	1.7
28	28.0	26.5	25.2	24.0	4.0
21	21.0	19.0	17.0	15.5	5.5
10	10.0	5.5	3.4	0	10.0

表5－9 温度、湿度与体感温度的关系

温度（℃）	相对湿度（%）	体感温度（℃）	温度差
35	100	35.0	0
35	80	32.5	2.5
35	63	31.0	4.0
35	47	29.3	5.7

预防鸡传染病的重要措施，是要适时接种鸡新城疫、传染性支气管炎、传染性喉气管炎、传染性鼻炎等疫苗或菌苗。同时，要定期做好鸡的饮水消毒、带鸡喷雾消毒等日常性的卫生保健工作。

（三）防止蛋的破损

蛋的破损给蛋鸡生产带来相当严重的损失，全世界估计占产蛋总量的6%～8%。美国的鸡蛋破损率约6.4%，年损失0.7亿～1.59亿美元；英国的鸡蛋破损率约6.7%，年损失1 500万英镑；德国与澳大利亚更高一些，破损率达8%。

1. 影响蛋破损的因素 影响蛋破损的原因很多，归总起来有以下几个方面。

（1）鸡的生理基础：如产蛋间隔时间长的沉积钙质多，蛋壳强度大，不易破损。又如产蛋时间，下午比上午产的蛋破损低，Roland（1978）认为这是由于下午产的蛋在蛋壳形成期间，鸡处于较长的光照时间下，有较多的时间摄取饲粮中的钙。

（2）蛋的构造：如蛋壳的厚薄、形状、大小都会对蛋壳强度产生影响。

（3）鸡的行为：如产蛋的姿态、鸡蹲下的高低；又如受惊吓的鸡发生早产或蛋在子宫中受损。

（4）设备：如产蛋箱数量不足；蛋鸡笼底网斜度过大，铅丝过粗，集蛋线设计或制造不佳等。

（5）管理：如每天捡蛋的次数和动作、盛蛋的容器等。

（6）环境：特别是环境温度，当环境温度超过 32 ℃时，蛋壳质量就要受到损害。高温不但使鸡对钙的摄入量减少，还由于呼吸频繁发生呼吸性碱中毒，对蛋壳质量造成不利影响。

（7）营养：主要是钙、磷和维生素 D_3 影响，钙与磷的吸收都需要维生素 D_3，磷过量会影响钙的吸收，因此，其量须适当。锰对蛋壳的强度也有影响，其量不足使蛋壳强度降低。

（8）鸡龄：蛋重随鸡龄的增长而增大，但壳重未相应增加，因而造成蛋愈大壳愈薄，破损率愈高。

（9）遗传差异：许多研究证实，蛋壳强度存在品种及个体差异。无论时间、环境和测量方法如何，这种差异都表现出很强的一致性，由此可见，有一种遗传因子与蛋壳强度有关。

（10）疾病：鸡体发病时，由于营养紊乱而影响钙的吸收或在子宫的沉积，使蛋易于破损。

2. 防止蛋破损的措施　防止蛋的破损，有的因素可人为控制，有些不能；有些当时能防止，有些则需预先做安排。了解了引起蛋破损的诸因素，有助于全面考虑如何从各方面来防止蛋的破损。下面介绍一些防止或减少蛋破损的主要措施：

第一，选择蛋壳强度大的品种或品系。

第二，饲养中可选用磷、钙、锰与维生素 D_3 含量充足且比例适当的饲料。

第三，对平养鸡群在开产前1周，应将产蛋箱提前放到产蛋鸡舍，先低放，待鸡习惯后再提升到便于捡蛋的高度。

第四，平养蛋鸡，在其育成期如为平养，应设置栖架，这将会减少产窝外蛋。窝外蛋是脏蛋、破蛋的主要来源。

第五，将充足的产蛋箱放置在鸡舍较暖和、通风良好、光线较弱的位置上。

第六，每天至少捡蛋4次，每次捡蛋应将破蛋、脏蛋另放。

第七，笼养鸡的笼底不可太陡，铅丝不可太粗。

第八，捡蛋、搬蛋箱均应尽量轻拿、轻移、轻放，装蛋最好用蛋托，或木箱下垫清洁、干燥的垫料。

第九，运输过程中防止颠簸或避免蛋箱相撞。

（四）克服蛋鸡饲养工艺带来的疾病

近20年来，我国蛋鸡业发展迅速，笼养鸡已遍及全国。笼养有很多优点，但笼养也有其不足之处，主要是由于运动不足而降低体质，对疾病的抵抗力减弱。这些病是由于饲养工艺改变而出现的，在平养条件下很少发生。因此，国外有人把笼养条件下出现的病称之为“工艺病”，如脂肪肝综合征、笼养疲劳症、啄癖、神经质等。

美国生理学家研究证实，在散养条件下鸡每天行走1.5～2千米，而在笼养条件下鸡养在窄小、面积有限的笼里，活动量已减少到最低限度。因此，运动不足会产生许多与新陈代谢有关的机能障碍性疾病。

1. 脂肪肝综合征　笼养蛋鸡经常活动量不足，为提高产蛋量，不合理地采用高能量日粮，也是造成此病的因素之一。脂肪肝综合征于1956年首次报道，其特征是肝细胞脂肪浸润，肝中脂肪含量高达40%～50%（正常肝含脂肪15%～20%）。摄入能量过多就会沉积脂肪，这些脂肪不能利用，时间长了就导致肝脏机能障碍。肝的颜色呈黄色或浅褐色。肝细胞充满脂肪就压迫血管，造成血管破裂。从肝腹侧面上有许多出血点就可做出判断。得脂肪肝综合征的鸡都表现过肥，体重一般超过正常的25%～30%，产蛋率下降，贫血，腹泻，突然死亡，死亡率增加。在美国，脂肪肝综合征的死亡率平均为1.7%，气候炎热的地区达4.6%。

预防脂肪肝综合征和普遍过肥的有效方法，是在对每只鸡每天营养物质绝对需要量标准化的前提下实行能量限制，饲料中加胆碱并利用高剂量B族维生素。国外有人认为，采用间歇性光照比连续性光照能刺激鸡的活动，可防止鸡因运动不足造成过肥。

2. 产蛋鸡笼养疲劳症 此病于1955年首次报道。笼养疲劳症的特点是：肌肉松弛，腿麻痹，骨质疏松脆弱。由于肌肉松弛，鸡翅膀下垂，腿麻痹，不能正常活动，出现脱水、消瘦而死亡。鸡群中有5%～10%的鸡表现出临床症状，产蛋鸡多出现在产蛋高峰期间。笼养疲劳症与产蛋缺钙有关。产蛋高峰期，每只鸡每天形成蛋壳要从体内带走2～2.2克钙，如果不注意钙的及时补给，饲料中钙量不足，只好动用鸡骨骼中的钙，鸡体就受损，最高产的母鸡受害最大，瘫鸡最多。此病往往造成死亡。平养条件下，因有足够的运动量，未见此病。

检查钙的供应水平是预防笼养疲劳症的基础，每天每只鸡应保证钙的总供给量为3.3～4.2克。最好在正常含钙日粮外，下午让鸡自由采食贝壳碎粒或石灰石碎粒，同时要保持钙磷比例平衡。每千克饲料含维生素D_3 2 500单位。

饲料被黄曲霉污染，会发生鸡的继发性缺钙，也会促进疲劳症的发生。

3. 互啄 互啄是密集条件下普遍出现的现象。雏鸡在脱绒毛时出现啄羽、啄趾，青年鸡和成年鸡啄尾羽、背羽，产蛋鸡啄肛、啄蛋等。这些行为都是啄癖，所有的鸡都会遭受互啄，最严重的是轻型的来航品种发生较多。据统计，因互啄造成的死亡和被迫淘汰的鸡，严重的可占鸡群的20%。

内分泌学的研究表明，雄雏在6~8周龄以前，雌雏在11~12周龄前，血液中促肾上腺皮质素和肾上腺皮质素的含量变化不大，但过了上述日龄以后就出现稳定性差异，这时鸡群中个体之间为确定在群中等级地位，发生争斗，以确立个体的地位，即个体之间的从属关系，只有这种关系建立以后，群中才有良好的气氛和协调。青年鸡和产蛋鸡也是一样，如果重新调整鸡群，放入新鸡就会破坏原来的安定格局，必然发生争斗，重新确立群序。当群序建立之后，确定了从属关系，互啄就会停止。

现在已经查明，有恐惧感的鸡，是发生互啄的主要原因，恐惧感越重，受啄越厉害。笼养条件下，胆小的鸡总受欺负、受啄。大群饲养条件下，胆小的鸡总躲开强者，喂食时不敢接近食槽，待强者吃饱后才悄悄去吃食，因此，强者和弱者的羽被都较完整，这种情况下，互啄与等级地位高低无关。不过这种鸡生长发育较差。如能适当分群，则鸡的健康状况会有改观，产蛋性能就会更好。

此外，外界环境因素也会促进互啄。

（1）密度过大：鸡群拥挤不堪，空气污浊，最容易引起互啄，主要是啄羽。

（2）肠炎：肠炎引起鸡营养吸收差，为满足营养需要，鸡就会发生啄羽，这时要检查是否有霉菌病。鸡体有羽螨、鸡舍通风不良、光过强、鸡过肥等都是鸡群出现啄癖的原因。

（3）啄肛：是因为鸡产蛋时受伤，特别是蛋过大难产或过肥引起的难产、鸡体内有蠕虫或球虫，影响子宫的肌肉收缩力。当母鸡的肛门长时间努责脱出，别的鸡看到红色的肛门就上前啄，一旦啄出血来，群起而啄之，这就是发生啄肛的原因。被啄肛的鸡，多为开产期产双黄蛋的或产蛋过大的鸡；或者产蛋窝过少，找不到窝而在窝外产蛋的鸡，往往都是产蛋好的母鸡。笼养的鸡无处可藏，受啄最厉害，损失也最重。

4. 神经质（惊恐症）　笼养的蛋鸡有发生神经质倾向。这种鸡的神经有高度的兴奋性，当遇到某一因素的刺激时，鸡群中突然出现惊恐，整个鸡舍内鸡群骚乱，在笼内拼命挣扎、扑打翅膀，尖叫声此起彼伏，结果有些鸡翅膀折断，有些内脏出血，有些早产无壳蛋，有些甚至造成死亡。惊群的结果，往往使产蛋率降低。

神经质的现象多出现在产蛋高峰期。网上平养和地面平养鸡较少见。

引起神经质的原因有：噪声突发，闪动的光照，断水断料，密度过大，饲养员穿陌生的衣服，鸟类掠过或飞机飞过，饲料中镁含量过多等。

有惊恐症的鸡很神经质，易出现间歇性的“炸群”现象。母鸡高伸头颈，眼睛圆睁，显出高度紧张状态，稍有动静就惊叫乱飞，波及全鸡舍，甚至有时无明显的刺激因子也出现惊群现象。母鸡除发生死伤以外，往往产蛋率下降，出现软壳蛋，破蛋率明显提高。惊恐症造成的恶果不可小视。因此，要保持安静的环境，避免出现异常音响、突然的闪光、陌生人或着艳装在鸡群中出现，防止鼠猫和鸟类进入鸡舍骚扰。

褐壳蛋鸡性情温顺，一般无多大的神经质现象。经常发生惊群的鸡，每吨饲料加入200克烟酸，能缓解惊群的现象发生。

5. 过早换羽　集约化笼养的鸡，在相对稳定的环境中生活，抗应激能力较差。打乱光照制度、气温突变、产蛋期间免疫、断水断料、日粮中含钙量过高、甲状腺机能亢进等，都可能引起鸡群发生过早换羽现象。过早换羽往往使鸡群的产蛋率降低到30%～40%。为此，在开产前必须提前做好免疫工作，开产后免疫就会影响产蛋和引起换羽。有人给鸡接种鸡痘，由于免疫后强烈应激反应，出现绝大多数母鸡停产并纷纷换羽；1992 年秋天，某鸡场在开产后给母鸡接种油乳剂甘保罗疫苗和减蛋综合征疫苗，由于疫苗的应激反应，出现换羽的现象，结果达 50% 产蛋率的日龄比往年推迟 1 个多月；1982 年，有人饲养星杂 444 父母代，11 月突然寒流袭击，鸡舍无保温措施，当寒流过后，鸡群产蛋率由 80% 猛降到 50% 左右，而且有半数的鸡出现了停产换羽的现象。必须在开产前完成免疫接种，开产后力求保持稳定的饲养环境，尽量减少对鸡群的应激影响。

由此可见，饲养者如能注意与生物学有关的现象，想方设法防止在高密度条件下出现上述疾病，就能顺利地提高鸡群的生活力，延长产蛋利用期，充分挖掘产蛋性能的遗传潜力。

第四节　蛋用种鸡的饲养管理

一、蛋用种鸡生产指标

饲养种鸡的目的是为了提供优质的种蛋或种雏，种鸡质量的好坏关系到商品蛋鸡生产性能的高低。因此，种鸡饲养管理的重点是保持种鸡具有健康良好的种用体况和旺盛的繁殖能力，以确保生产最多的合格种蛋，并保证有高的种蛋受精率、孵化率和健雏率。现代蛋用种鸡的生产性能见表 5－10。

表 5－10　蛋用种鸡的性能指标

项目	轻型蛋用种鸡	中型蛋用种鸡
20 周龄体重（千克）	1.37	1.66
70 周龄体重（千克）	1.78	2.24

续表

项目	轻型蛋用种鸡	中型蛋用种鸡
入舍母鸡产蛋数（个）	250	250
入舍母鸡产种蛋数（个）	210	205
平均入孵蛋孵化率（%）	87	83
入舍母鸡产母雏数（只）	86	85
每天每只耗料（克）	114	124
存活率（%）	90~94	90~94

注：每天耗料包括9%种公鸡在内。

二、蛋用种鸡的饲养方式

蛋用种鸡常用的饲养方式有以下两种。

（一）混合地面

混合地面是由网状（或条木）地面与垫料地面混合组成，两者之比为60%和40%。木条地面在舍的两侧，中间铺垫料。木条地面高出地面45厘米，供料、供水系统置于其上。大部分产蛋箱悬吊在垫料地面之上，一头落在木条地面上。有时将产蛋箱置于木条地面靠两侧墙边，由两边各自的集蛋带将蛋输送到饲养区外的工作间的集蛋台上，饲养人员在此处装盘。

（二）种鸡笼与公鸡笼

种鸡笼与公鸡笼配套使用养种鸡，后者养种公鸡。种鸡笼通常用2层蛋鸡笼，以便进行人工授精。有的也用3层蛋鸡笼，授精时在笼架上搭一个与鸡笼等长的斜梯，站在其上，对上层笼的母鸡进行输精。轻型与中型蛋用种母鸡的饲养密度相同于轻型与中型商品蛋鸡。种公鸡笼一般高2层，每个组装笼分隔成8个单体笼，中型的比轻型的公鸡笼的笼深要大5厘米，每个单体笼养1只公鸡，每只种公鸡占笼底面积：轻型的932平方厘米，中型的 1 048 平方厘米。

三、蛋用种鸡的饲养管理要点

（一）营养需要

蛋用种鸡育雏、育成期间对营养素的需要量与商品蛋鸡基本相同，但是在产蛋期间满足产蛋需要的维生素和微量元素可能难以满足胚胎发育的需要。高水平的核黄素、泛酸和维生素 B_{12} 对孵化率特别重要，其他营养素也有一定影响。因此，产蛋种鸡饲料中某些微量元素和维生素的需要量比商品蛋鸡高。另外，为了保证种蛋的受精率和孵化率，种鸡饲粮中尽量少用或不要杂粕和非常规饲料原料。

种公鸡目前一般都使用母鸡料，这是不科学的，既影响了种公鸡的正常发育，又造成饲料浪费，因为种公鸡不需要太高的蛋白质水平和钙磷含量。综合一些试验研究，建议后备公鸡日粮：代谢能 11.30 ~ 12.13 兆焦/千克；育雏期蛋白质水平 16% ~ 18%，育成期 12% ~ 14%；钙 1% ~ 1.2%，可利用磷 0.4% ~ 0.6%；微量元素与维生素可与母鸡相同。公母混养时应设公鸡专用料槽，放在比公鸡背部略高的位置，公鸡可以伸颈吃食而母鸡够不着；母鸡的料槽上安装防护栅，使公鸡的头伸不进去而母鸡可以自由伸头进槽采食。

（二）种鸡的体重与跖长监测

种鸡必须维持适当的体重和充分的骨骼发育才能正常地发挥其遗传潜力。产蛋初期体重低将会使产蛋持续性差，后期体重过大会使产蛋减少，死亡淘汰率上升，自然交配的种鸡过肥还会影响配种。跖长与全身骨骼的发育密切相关，一般 12 周龄骨骼发育完成 90%。当体重达标而跖长不达标时，就会形成小肥鸡，将来鸡群开产早，蛋重小，产蛋量低，死淘率高。因此，跖长指标对育雏育成种鸡非常重要。若 8 周龄跖长不达标，应推迟育雏料的更换时间；若8周龄后跖长达标而体重不足，应增加日粮能量水平。因此，在种鸡的饲养管理中应根据品种标准掌握饲喂量，定期检查体重和跖长，发现问题及时采取措施。迪卡褐及海兰父母代种鸡各阶段体重、跖长见表5－11。

表5－11　迪卡褐、海兰W—36父母代体重及跖长指标

周龄	体重（克）		跖长（毫米）		周龄	体重（克）		跖长（毫米）	
	迪卡褐	海兰W—36	迪卡褐	海兰W—36		迪卡褐	海兰W—36	迪卡褐	海兰W—36
1	70		30		11	870	850	91	91
2	110		40		12	960	950	95	93
3	160		46		13	1 050	1 030	99	95
4	220		52		14	1 140	1 100	101	96
5	310		58		15	1 230	1 160	102	97
6	400	390	65	62	16	1 310	1 210	103	98
7	500	470	71	69	17	1 400	1 250	104	98
8	600	550	78	76	18	1 480	1 280	105	98
9	690	640	83	82	19	1 560	1 300	106	99
10	780	740	87	87	20	1 650	1 320	107	99

（三）蛋用种鸡的选留

种鸡的选留对繁殖力影响至关重要，一般对种公鸡的选择较种母鸡更为严格。

1. 种公鸡的选择　种公鸡在使用前需要选择3次。

第一次选择：6～8周龄进行。选留公鸡外貌符合品种特征，鸡冠、肉垂发达，鲜红，体躯发育良好，体重大小适中，羽毛完整，无残疾，健康无病。淘汰外貌：身体结构有缺陷，胸部有囊肿，嗉囊大而下垂，体重过轻，有病或残疾的个体。笼养公母比

例1∶10，自然交配1∶8。

第二次选择：17～18周龄进行。选留公鸡体型外貌符合品种要求，鸡冠、肉垂发达鲜红，个体发育良好，无残疾，健康无病。用于人工授精的公鸡还要求性反射好，肛门大而湿润。公母比例人工授精1∶(15～20)，自然交配1∶9。

第三次选择：21～22周龄进行。笼养种鸡应逐只进行精液品质的检查。选择精液品质好的公鸡，如精液量大、色泽乳白、活力高、浓度大、畸形率低。人工授精按公母比例1∶(25～30)，自然交配1∶(10～12)留种。淘汰精液量少，无性反射的个体。

2. 种母鸡的选择 种母鸡的大范围选择主要有两次，分别在6～8周龄和17～18周龄结合转群进行。要求种母鸡外貌符合品种特征，体重大小适中，健康无病，做人工授精的母鸡尤其不应有输卵管疾患。

(四) 人工授精

1. 目的和意义

(1) 减少种公鸡的饲养量：自然交配下种鸡的公母比例为1∶10，采用人工授精后公母比例扩大到1∶(30～50)，降低了养鸡成本，优良种公鸡的利用率提高。

(2) 提高种蛋受精率：自然交配时公鸡常把母鸡背部扒伤而使母鸡拒绝交配，且有些公鸡对母鸡有选择性，或群大时公鸡之间互相争配，由此导致受精率降低。采用人工授精避免了公母之间的直接接触，同时使每只母鸡都能得到同等的授精机会，种蛋受精率明显提高。

(3) 便于选种育种：由于人工授精可准确记录，便于选种育种。另外，可扩大基因库，使家禽繁殖不受时间和国界的限制。

2. 方法和步骤 人工授精分为采精和输精两个过程。

(1) 人工授精前的准备：人工授精前应进行种公鸡的训练、

器具的准备。

1）种公鸡训练：正式采精前3～5天开始训练（方法同正式采精法），每天两次。经训练后仍不反射或不射精者，应淘汰。能使用的公鸡将其肛门周围羽毛剪去，以防污染精液。

2）器具的准备：主要器具有采精杯、棕色试管（集精杯）、保温杯、温度计、输精管（滴管或注射器）、显微镜等。

（2）采精：目前常用的采精方法是腹背按摩法。即双人操作，一人保定，一人采精。保定者两手分握公鸡两腿，使其自然分开，头向后，尾朝术者。术者右手中指和无名指夹住采精杯，拇指与其余四指分开，置于肛门下腹部，使器口向外。左手沿公鸡背鞍部按摩3～6次，待鸡翘尾有性反射时，迅速翻到肛门两侧，用拇指和食指轻轻挤压，与此同时，右手在腹部揉弄几下，并将采精杯口置于肛门下接收精液。

鸡每次的射精量为0.25～0.5毫升，以每周采精3～5次为宜。注意将采出的精液保存在33～37℃的环境中，20～30分钟用完。

（3）输精：输精也由两人操作（3人一组可加快速度），一人翻肛，一人输精。翻肛者一手握住鸡的两腿，将其提至笼口处；另一手拇指与其余四指分开，在腹部稍稍挤压，输卵管口翻出（左侧开口）。输精者将吸好精液的输精管插入输卵管1～1.5厘米，将精液挤出。

母鸡每次的输精量为0.025～0.05毫升，每5～7天输精一次。每天14时后输精，输精后48小时可采集种蛋。

每次输完精后将所有器械进行蒸煮消毒（蜡封口时用酒精消毒），晾干后待用。用酒精消毒时，一定待酒精气味挥发完后再用。

（五）种蛋管理要点

1. 捡蛋后消毒再保存　每天捡蛋4～5次（商品蛋鸡每天捡

2～3 次），捡后尽快消毒再保存。受到污染的种蛋孵化率降低，雏鸡的品质不良，死亡率高。

2. 设法减少窝外蛋 窝外蛋不可作种蛋，因受到严重污染，每克垫料含菌数能高达 60 亿个。

3. 防止毒素污染 蛋壳脏、污表明霉菌素已引起鸡的肾脏机能异常，要查找毒素的来源尽快解决。

4. 防止肛门附近羽毛沾污 一旦发现非特异性肠炎造成的鸡肛门附近羽毛受污染，应尽快治疗。肛门附近羽毛受污染是脏蛋的主要原因。

5. 夏季在饮水中加维生素 夏季对刚产蛋到 40 周龄的鸡群，每周连续 2 天在饮水中加维生素 C 与复合维生素 B，可提高种蛋的受精率，减少胚胎死亡，增强孵出雏鸡的体质。

6. 适时留种蛋 刚开产时的蛋，蛋形不规整，蛋重小，受精率低，不能留种。一般在 25～27 周龄，平均蛋重在 50 克以上时留种蛋。

7. 适时交配 自然交配时提前 1 周放入公鸡。人工授精时提前 2 天连续输精，第三天收集种蛋。

四、影响种蛋合格率的因素及对策

种蛋的合格率直接影响种鸡场经济效益。为此，作为种鸡管理者，必须了解影响种蛋合格率的因素，采取相应的对策，提高种蛋的合格率。

（一）产蛋早期种蛋合格率低

对开产蛋重小的品系，应注意在生长阶段控制光照、限制饲喂，适当延迟其性成熟期，使其生长发育比较均匀，性成熟接近同期，开产蛋重大，其后种蛋均匀性好，合格率高。

（二）产蛋后期种蛋合格率低

一般在产蛋 10 个月后蛋壳品质急剧下降，这时如果入孵，种蛋孵化率低，可以采取控制营养的方法使种蛋蛋重减小一些；如此时蛋壳品质与入孵蛋孵化率均显著下降，而种鸡的性能优异，可采用强制换羽方法，使其休产一段时间，待恢复产蛋后，种蛋合格率与蛋的种用品质都有明显提高。

（三）蛋的外形不符合要求

若属于遗传方面，应注意选择蛋形好的品系。属于饲养管理方面，如蛋壳品质下降、破蛋多、种蛋合格率低，则根据具体情况改善饲养管理条件。

（四）因破损和受污染而不能作种蛋

除破损外，受到粪便污染的蛋和窝外蛋均不宜用于孵化。因这些蛋不仅孵化率低，以后孵出雏鸡的性能也差。因此，要采取各项措施尽量防止和减少破蛋、脏蛋和窝外蛋。

五、种鸡的检疫与疫病净化

种鸡场是向外供种的场所，首先要确保鸡群健康、无病，否则用户引种就等于引进疾病。所以，除了本场做好日常性的卫生防疫工作之外，应谢绝参观。若有特殊情况，必须严格消毒后才能参观。同时，与场内无关人员，不能随便进入鸡舍，以防万一。

种鸡群要对一些通过种蛋垂直传播的疾病进行检疫和净化，如鸡白痢、白血病、霉形体病、脑脊髓炎等。通过检疫淘汰阳性个体，能大大提高种蛋的质量。目前，国内外不少场家在白痢净化方面已获得成效。此外，除坚持白痢检查外，饲喂无鱼粉日粮，也是净化沙门杆菌病感染的重要方法。各级种鸡场都应坚持年年进行此项工作，才能取得好的效果。

六、种鸡的人工强制换羽技术

在自然环境条件下饲养的鸡群，一般在夏末或秋初开始自然换羽；养于人工控制环境鸡舍的鸡群，一般于产蛋后期开始自然换羽，在此期间羽毛的脱旧换新需14~16周，或更长时间。由于换羽开始的时间有早有晚，换羽持续时间有长有短，造成鸡群产蛋不整齐，蛋的大小与质量不一致，影响鸡群生产与效益。通过采取强制换羽措施，使鸡群在同一时间开产，经过7~9周的较短时间，使鸡群羽毛脱换一新，全群产蛋迅速恢复到50%以上，从而创造第二个产蛋高峰。通过强制换羽，不仅缩短了停产时间，比自然换羽鸡群多产8%~12%的蛋，而且改善了蛋的品质。不过，经过强制换羽的鸡群，其生产性能不如第一个产蛋期产蛋率高。因此，只有在后备鸡群供应不上或价格昂贵的种鸡且继续饲养有利的情况下，可对产蛋1年左右的鸡群进行强制换羽，以延长其利用年限。否则，强制换羽意义不大。

（一）强制换羽的方法

1. 常规方法 人为造成严厉的应激环境，如饥饿法。

2. 使饲料中某种营养极度不平衡 如喂高锌日粮，将日粮中锌的水平由$50\times10^{-6}\sim60\times10^{-6}$提高到2%；或喂低钠日粮，将日粮中钠的水平由0.15%降到0.04%。

3. 抗排卵药物 如投服或注射孕酮等。

（二）强制换羽的要求

为了使强制换羽获得较好效果，在确定方案时，必须考虑以下各项要求：

第一，能使鸡群迅速停产，即1周内产蛋率下降到1%以下。

第二，有一个足以使鸡群恢复体力的时期。

第三，经恢复的鸡群能迅速产蛋，一般应在采取措施的7~9周内，全群产蛋率达50%。

第四，方法简便，安全，死亡率低，费用少。

第五，强制换羽后的生产性能较高。

（三）强制换羽常用方法及注意事项

1. 强制换羽常用方法

第一，开始强制换羽前 3 周，将光照时间突然改变减至每天 8 小时以下。原先进行人工辅助光照的，将辅助光照突然取消。

第二，开始实施方案时，如有条件可将鸡群移居，容量可比原舍小 20%。

第三，停料 7～10 天或停料到鸡群平均体重减轻 30% 时为宜。停料期间只喂贝壳碎粒，按每百只蛋鸡 2 千克。

第四，停料后喂 2～3 周碎玉米粒或碎米，任其自由采食。

第五，单一粮食饲喂结束后，换喂含 16%～17% 粗蛋白的产蛋日粮，任其自由采食，同时逐渐恢复原先的光照。

2. 强制换羽注意事项

第一，为避免损失，开始前应淘汰瘦小、病弱、残鸡。

第二，在停料结束后，重新开始喂料时，必须使每只鸡都有足够的采食宽度料槽。

第三，寒冷季节强制换羽时，要注意保温。

第四，机械清粪的鸡舍，在鸡群褪毛期间要增加清粪次数，以免因过多羽毛使刮粪板阻滞，造成清粪困难。

七、蛋种鸡繁殖性能的评定

评定种鸡繁殖性能高低的主要指标有种蛋合格率、受精率、孵化率、健雏率、种母鸡提供健雏数等。

（一）种蛋合格率

种母鸡在规定的产蛋期内（一般 72 周龄）所产合格种蛋占总产蛋数的百分比。即

种蛋合格率 = 合格种蛋数/总产蛋数 ×100%

（二）种蛋受精率

指受精蛋数占入孵蛋数的百分比。血蛋按受精蛋计算；散黄

蛋按无精蛋计算。即

受精率（%）=受精蛋数/入孵蛋数×100%

（三）孵化率

有两种表示方法，即受精蛋孵化率和入孵蛋孵化率。

受精蛋孵化率指出雏数占受精蛋数的百分比。即

受精蛋孵化率（%）=出雏数/受精蛋数×100%

入孵蛋孵化率指出雏数占入孵蛋数的百分比。即

入孵蛋孵化率（%）=出雏数/入孵蛋数×100%

（四）健雏率

初生健康雏鸡数占出雏数的百分比。即

健雏率（%）=健雏数/出雏数×100%

（五）种母鸡提供健雏数

指规定的产蛋期内种母鸡提供的健康雏鸡的总数。

一般情况下，种蛋合格率95%以上；种蛋受精率在90%以上；受精蛋孵化率在93%～95%，入孵蛋孵化率在85%以上；健雏率在98%以上，每只种母鸡72周龄提供健雏数180～200只。

第六章
蛋鸡场的经营管理与产品质量控制

第一节　蛋鸡场的经营管理

养鸡业随着市场经济的发展，面临激烈的市场竞争环境。养鸡场如何谋求较好经济效益与社会效益的统一，经营管理与科学饲养管理技术将起到同等重要的作用。企业的基本任务，就是充分调动全体职工的工作积极性，合理地利用一切生产要素，发挥鸡群的遗传潜力，做好计划管理、生产管理和财务管理，实现高产、优质、低耗、高效，生产出具有竞争力的禽产品，获得最佳经济效益和社会效益。

一、经营与管理

（一）经营与管理的概念

经营与管理是两个不同的概念。经营是指在国家法律、条例所允许的范围内，面对市场的需要，根据企业内部的环境和条件，合理地确定企业的生产方向和经营总目标，合理组织企业的供、产、销活动，以求用最少的人、财、物消耗，取得最多的物质产出和最大的经济效益，即利润。管理是指根据企业经营的总目标，对企业生产总过程的经济活动进行计划、组织、指挥、调节、控制、监督和协调等工作。

（二）经营、管理的关系和区别

经营和管理是统一体，在企业整个生产经营活动中是相互联系、相互制约、相互依存的统一体的两个组成部分。但两者又是有区别的：一是经营的重点是经济效益，而管理的重点是讲求效益。二是经营主要解决企业的生产方向和企业目标等根本性问题，偏重于宏观决策；而管理主要是在经营目标已定的前提下，如何组织和以怎样的效率实现的问题，偏重于微观调控。

（三）经营管理的职能

1. 决策 即对经营目标和方向进行预测、论证、决策和计划。如组建某鸡场，从产品方向、生产规模、饲养方式、投资额、饲料、技术、产供销和效益等诸多要素，对今后运行过程中可能出现的问题以及发展趋势进行预测和论证，提出应该采取的措施，制订详细的实施计划。

2. 组织 按照建场的决策目标和确定的生产方针、计划，在鸡场的各个部门配置生产力，把各类鸡舍、养鸡设备、劳力、技术、物质等生产要素科学地组织起来，并合理使用，保证各个生产环节的生产经营活动有条不紊地结合起来，进行正常生产。

3. 指挥 对鸡场各生产环节与外部关系进行及时正确的判断和决定，然后有效地调动全场的人力、物力、财力，为最有效的生产经营进行调整与分配。

4. 监督 在生产运行中，不可避免地会出现一些不利于生产经营的问题，企业职工有权对问题进行监督，帮助领导找出矛盾，提出建议，采取相应措施，通过监督检查，把问题解决在萌芽期，减少经济损失。

二、经营管理的主要内容

（一）信息收集与分析预测

在市场经济激烈竞争当中，及时收集市场需求的种类、数量、时间和价格等信息，然后反馈回生产场进行快速信息分析，判断出正确有利的信息，进行市场预测。预测市场对鸡产品要求的变化情况，城乡人民消费习惯的变化；预测政策的调整变化；预测同行的生产动态；调整本场生产营销计划；积极参与有利于自身经济效益的市场竞争。

（二）产前决策

产前决策包括确定经营方向、生产规模、鸡舍建筑、饲养方式及设备等。如筹办什么性质的鸡场、规模大小、经济条件、技术力量等统筹规划，因地制宜做好产前决策。

（三）计划管理

编制生产经营计划是鸡场必不可少的管理方法。其内容包括：产品生产计划、饲料供应计划、产品销售计划、生产成本利润计划等。

1. 生产计划

（1）鸡群周转计划：鸡场按“全进全出”制周转安排。一是确定年初和年终及各月份各鸡群的只数；二是计算出全年平均饲养只数；三是确定全年淘汰数和补充数。采用三段饲养制，育雏舍、育成舍、蛋鸡舍按 1∶2∶6 配套，鸡群以日为单位编制周转模式，充分利用鸡场的人、财、物，亦可获得较高的经济效益。如一个 6 万只蛋鸡场鸡群周转模式见表 6－1。

鸡群周转计划是生产计划的基础，产品生产计划、饲料消耗计划、产品销售计划等是以鸡群周转计划为基础而制订的。

制订鸡群周转计划必须考虑鸡场合理的结构和足够的更替，以便确定全年总的淘汰和补充只数。根据生产计划确定每月的死亡淘汰率和存栏率，分别列出雏鸡、育成鸡与蛋鸡的周转计划表（表6－2、表6－3）。

表6－1　6万只蛋鸡场鸡群周转模式

项目	雏鸡	育成鸡	蛋鸡
饲养阶段日龄	1～42	43～132	133～504
饲养天数	42	90	372
空舍天数	23	40	18
单栋周期天数	65	104	390
鸡舍栋数配比	1	2	6
单栋鸡位数	12 346（育雏率90%）	11 111（育成率90%）	10 000
390天养鸡批数	6	3	1
总笼位数	12 346	22 222	60 000

表6－2　雏鸡、育成鸡周转计划

月份	0～42日龄					43～132日龄				
	期初只数	购入 日期 数量	转出 日期 数量	成活率	平均饲养只数	期初只数	转入 日期 数量	转出 日期 数量	成活率	平均饲养只数
合计										

表6－3　蛋鸡周转计划（133～504日龄）

月份	期初只数	转入		死亡率	淘汰数	存活数	总饲养只数	平均饲养只数
		日期	数量					
合计								

（2）产品生产计划：主要包括产蛋计划和产肉计划。产蛋计划要根据周转母鸡群做出各月及全年每只鸡平均产蛋量、产蛋

率、蛋重、全场总产蛋量（或产蛋重），计划指标可根据本场往年水平或技术改进后的新指标来制订，要切实可行，留有余地。商品蛋鸡场的产肉计划主要根据淘汰的母鸡数量和平均重量制订。

（3）孵化育雏计划：根据自养和外销的数量、品种类别制订孵化育雏计划。计划指标要参考本场条件下的往年平均水平来制订月孵化量、育雏量、对外销售量，然后归纳出年总孵化量和育雏量。做计划时必须设计明细统计表，能一目了然。例如，全年孵化几批、品种、入孵日期、孵化总蛋量、种蛋受精率、孵化率和健雏率。育雏统计表格应包括：批次、育雏日期、品种、育雏数量、转群日期、成活数和成活率等。

2. 饲料供应计划　根据鸡群数量和饲料消耗定额制订月份和全年总饲料计划。饲料计划的种类要根据不同年龄和生产阶段的饲料营养标准要求，配制出全价营养配方。例如，蛋鸡 0～6 周龄只均 1 千克；7～20 周龄的育成鸡只均 7～7.5 千克；21～72 周龄产蛋母鸡只均 40～45 千克。只均的饲料定额指标还要参照各品种推荐喂量，然后计算各种饲料在配方中的大致比例，分别计算出主原料和副原料的采购供应量，以及价格和资金需要，保证饲料及时供应（表 6－4）。

表 6－4　各类蛋鸡饲料用量计划

周龄或月份	饲养只数	饲料总量（千克）	各种饲料（千克）						添加剂
			玉米	豆饼	鱼粉	麸皮	磷酸氢钙	石粉	
1～6 周龄 7～14 周龄 15～20 周龄 1 月 2 月									
合计									

3. 产品销售计划 产品销售计划是鸡场财务收入好坏的决定因素，尽可能把产品转变成收入进账，作为年度生产财务计划的依据。鸡场销售计划主要包括：种蛋、种雏供应计划，商品鸡、淘汰鸡及鸡粪等销售数量，并根据市场产品价格动态估测产品销售收入。

做好产品销售计划的同时，还需要做好产品销售渠道、销售时间、销售方针，力争产品有最佳的销售收入。

4. 生产成本利润计划 鸡场的财务管理中成本核算是财务活动的基础和核心。经常要根据生产资料和生产水平了解产品的成本，算出全场盈亏和效益的高低。

（1）成本核算的基础工作：一是建立健全各项财务制度和手续；二是建立鸡群变动日报制度，包括饲养鸡群的日龄、存活数、死亡数、淘汰数、转出数及产量等；三是按各成本对象合理分配各种物资的消耗及各种费用，并由主管人员审核。

（2）成本核算的对象和方法：

1）成本核算的对象：每个种蛋，每只初生雏，不同日龄的育成鸡，每千克商品蛋等。

2）成本核算的方法：核算公式包括：种蛋成本、初生雏鸡、每千克鲜蛋成本。计算上述成本应考虑相应的生产费用。种蛋成本费包括种鸡育成费、饲料费、人工费、房舍与设备费、水电费、医药费、管理费、低值消耗品费用等；初生雏成本费，应增加种蛋采购费，孵化出雏雌雄鉴别费，雏鸡包装箱和托运费等；每千克鲜蛋成本应增添鲜蛋破损率等，计算方法如下：

$$\text{每个种蛋成本}=\frac{\text{种蛋生产费用}-(\text{种鸡残值}+\text{非种蛋收入})}{\text{入舍母鸡出售种蛋数}}$$

$$\text{每只初生雏鸡成本}=\frac{\text{种蛋费}+\text{孵化生产费}-(\text{未受精蛋}+\text{雄雏收入})}{\text{出售初生蛋雌雏数}}$$

$$\text{每千克鲜蛋成本}=\frac{\text{蛋鸡生产费用}-(\text{蛋破损}+\text{残鸡收入})}{\text{入舍母鸡总产蛋重（千克）}}$$

（3）养鸡场利润概算：

1）利润的构成：鸡场产品收入有种蛋、雏鸡、淘汰鸡、鸡粪、商品蛋等构成。从各类鸡场的收入中减去成本部分就是所获取的利润。

2）利润分析：种鸡场收入首先是种蛋的产量和质量（指受精率、种蛋合格率等），种蛋利用占总产蛋量的比率，一般应占85%以上，利润将随种蛋利用率的上升而增加；其次是种蛋的价格高低；第三是淘汰鸡的价格高低；第四是鸡粪能否及时销售出去。

商品鸡场的收入决定鸡群的健康水平和总产蛋重及破损蛋率高低；其次随着商品蛋合格率的提高，市场蛋价高，淘汰鸡价高，鸡粪收入多，鸡场全年的利润也就好。

鸡场利润高低决定于收入与支出差的正负值，正值越大则利润就越高。支出的主渠道是饲料，一般饲料费用占总费用的65%～70%。因此，要想增加鸡场的利润，除抓好日常的科学管理外，应特别抓好饲料的节约和降低饲料价格成本，实现正值的利润指标。

（四）生产管理

蛋鸡场的生产管理是通过制定各种规章，制度和方案作为生产过程中管理的纲领或依据，使生产能够达到预定的指标和水平。主要内容包括：

1. 制定技术操作规程　技术操作规程是鸡场生产中按照科学原理制定的日常作业的技术规范，也是检验生产的依据。鸡群管理中的各项技术措施和操作等，均要通过技术操作规程加以贯彻。

2. 制定日工作程序　从早到晚划分工作程序，对每项常规操作做出规定，使每天的饲养工作按时完成。

3. 制定综合防疫制度　为保证家禽健康和安全生产，场内必须制定严格的防疫措施，规定对场内、外人员、车辆，场内环境，装蛋放禽的容器进行及时或定期的消毒，禽舍在空出后的冲洗、消毒，各类鸡群的免疫，种鸡群的检疫等。

4. 建立岗位责任制 在鸡场的生产管理中，要使每一项生产工作都有人去做，并按期做好，使每个职工各得其所，能够充分发挥主观能动性和聪明才智，需要建立责、权、利分明的联产计酬岗位责任制。其内容包括：负担哪些工作职责、生产任务或饲养定额；必须完成的工作项目或生产量（包括质量指标）；授予的权利和权限；超产奖励、欠产受罚的明确规定等。

（五）技术管理

技术管理包括有关品种的更新、鸡舍设计、设备选型、生产工艺、饲料营养、饲养管理、卫生防疫等各项生产技术指标的制定及完成各项生产指标的具体技术措施。养鸡技术性比较强，要教育职工认真学习，熟练掌握鸡场技术要求，并派专人做好每日生产记录，以便发现问题及时采取措施解决。养鸡场技术工作绝不能疏忽大意，否则会造成不可弥补的损失。

（六）财务管理

根据财务的年度计划，安排好资金的流动周转，提高资金的周转率，缩短资金周转期，及时做出产品成本分析和核算，提供财务收支月报表，以便于经营决策和管理措施的调整，保证全年生产计划和经济效益的完成，并为制订下一年度财务计划提出建议。鸡场要有健全的财会制度、账本记录和财会手续。收支情况要日清月结，笔笔清楚。要盘活资金，该存银行的就要拿去存银行取息，该买饲料的就要拿去买饲料，但不能压库，应加快资金的周转速度，并且做到增收节支。

（七）物资管理

任何鸡场都成批量地购进饲料、疫苗、药品、燃料、器材与设备，以及低值易耗品。对这些物资要按需要计划采购、贮备、发放，做到进出有账，收发人员签名，防止物资积压、损坏和浪费。

（八）提高鸡场经济效益的措施

1. 提高经营管理水平

（1）做出正确的经营决策：在广泛的市场调查并测算可获取的经济效益的基础上，结合分析内部条件，如资金、场地、技术、劳动等，做出生产规模、饲养方式、生产安排的经营决策。正确的经营决策可收到较高的经济效益，错误的经营决策会导致重大的经济损失。

（2）确定正确的经营方针：按照市场需要和自身条件，充分发挥内部潜力，合理使用资金和劳动力，实现合理经营提高劳动生产率，最终提高经济效益。既考虑眼前利益，又要考虑长远效果。总之，正确的经营方针，要能够以最低的消耗取得更多的优质产品。

（3）生产规模适度：一般情况下，养鸡的效益与饲养数量同步增长，即养鸡越多，效益越高。适度规模生产，便于应用科学管理方法和先进的饲养技术，合理地配置劳力，降低饲养成本。随着养鸡生产的进一步发展，市场竞争日益加剧，每个鸡场都要根据自身条件和市场情况制定出适合自身条件的饲养规模。

2. 降低生产成本

（1）降低饲料成本：饲料费用占鸡场生产成本的70%左右，所以降低成本是降低生产成本的关键。

（2）降低水、电、燃料费开支：在不影响生产的情况下，真正做到节约用电、节约用水。

（3）节省药品和疫苗开支：生产中对鸡群投药时，可投可不投者，不投；剂量可大可小者，投小剂量；用国产、进口药均可的，用国产药；用高低价药均可的，用低价药。对无饲养价值的鸡，应及时淘汰，不再用药治疗。

3. 选择优良品种 除选择当今国内外生产性能最高的品种进行饲养外，还要在饲养管理的各个环节上引进和应用新技术。这些技术包括：饲养环境的科学，应用计算机配制、筛选饲料配方；应用氨基酸、高效添加剂等新的饲料饲养技术；科学免疫程序的制定；疾病防治技术。现代商品市场的竞争，说到底就是技术的竞争，只有高质量、低成本的产品，才有真正的竞争力，但这一切要靠先进的饲养管理技术来实现。

4. 走产业化发展之路 要降低蛋鸡业的市场风险，依靠单个（中小规模的）养殖户面对市场的经营方式已经不适应现代农业发展的要求，必须依靠龙头企业的带动，走产、供、销、科、工、贸一体化的联合体之路。通过龙头企业的示范效应，带动一方人从事与此相关的行业，造就“公司+农户”的庞大集合体，使其在市场上所占的份额有着举足轻重的作用。

走产业化之路，要求每个养殖户或企业必须摒弃原有的那套小而全的模式，使社会分工进一步细化，市场分工也随之细化，各司其职，各尽其能。一条完整运作的产业化链条，各个环节相互关联，缺一不可，它们之间应避免交叉与重复设置，实行专业化分工。例如，一个大的集团公司关联企业有育种企业、生产养殖企业或农户、产品加工与开发企业、采购部门、运输部门、饲料生产企业、产品宣传与形象策划部门、市场调研部门等。在产业化生产链条中，每一环节都是产业化过程中的贡献者，在各环节间求得合理的利润分配比例就显得尤其重要。这样才能从根本上使蛋鸡生产良性循环。

第二节 蛋品质量的安全控制

随着人们生活水平的提高和膳食营养科学知识的普及，蛋品已成为人们生活中的常用食品，蛋品的质量与卫生安全直接关系到人们的健康，广大消费者日益崇尚无公害、安全、绿色的蛋类食品。但我国蛋品质量总体上存在蛋壳质量差、蛋污染严重、药物残留多、内部质量差、蛋制品比例低等特点，迫切需要在蛋品生产、加工、运销过程中加大管理和检测力度，通过一系列的安全质量控制措施和质量标准，消除或降低各种有害因素对消费者健康的影响及对畜牧业本身的危害，保证消费者安全和畜牧业自身的安全。

一、影响蛋品质量安全的因素

（一）饲料因素

从养殖场到餐桌的每一环节都对蛋品的安全存在不同程度的影响，蛋品质量与饲料是食物链中两个紧密联系的环节，因此，饲料的安全性是保证蛋品安全的首要环节。饲料安全存在问题将严重影响动物的健康，进而危害人类的健康。影响蛋品质量安全的饲料因素主要有以下几个方面：

1. 劣质和有毒有害饲料使用导致的蛋品安全问题　劣质和有毒有害饲料是指那些受到重金属、农药和生物污染的饲料。这些有毒有害成分随着食物链进入动物体内后，会由于生物放大作用而过量沉积在蛋黄和蛋白中，对人类健康造成危害。目前，饲料中污染物的进入主要通过以下几个途径：

（1）矿区饲料原料的种植：我国饲料原料来源广泛，矿区也是饲料原料的重要产地。矿区重金属污染十分严重，一些生物毒性显著的重金属元素如铅、镉、汞、砷进入土壤后，非常容易被农作物吸收。重金属含量高的农作物作为饲料原料被蛋鸡采食后，蛋中的重金属含量会相应增高。当人摄入过多重金属超标的鸡蛋后，可引起中毒，造成肝、肾及中枢神经系统损伤。另外，被重金属污染的水源，也会造成蛋品重金属超标。

（2）源自农业生产活动的污染：由于现代化农业的不断发展，在农业中使用农药和化肥的量不断增多，但是这些化学物质（包括农药、化肥和化学添加剂等）的使用不当或非法使用国家禁止的物质，使这些物质直接进入农产品原料中或在土壤中积累，导致在收获的农产品原料中有害物质的积累。这种不合格的原料未经必要处理就直接进入饲料加工生产过程中，从而导致饲料成品被污染。另外，由于国家缺乏对作为食品原料的农产品中有害物质含量的限制或尚未制定强制性的标准，所以原料中有害物质几乎不被检验或无法检出就投入蛋品生产过程中，也会导致食品安全问题。

（3）饲料存放不当引起的微生物及其代谢产物的生物污染：霉菌毒素污染是最突出的生物污染。自然界中霉菌种类繁多，大多数霉菌能引起粮食饲料和食品等多种物质变质。饲料中有曲霉菌和镰刀霉菌属，其中黄曲霉毒素对饲料的污染最严重。黄曲霉毒素属于剧毒物质，理化性质稳定，不易被分解破坏，并能从一种生物体转移至另一种生物体内，它是目前所有致癌物质中毒性最大、致病力最强和危害性最大的一种毒素，对人、家畜和家禽的健康威胁很大。另外，沙门菌、大肠杆菌、葡萄球菌、肉毒梭菌等按规定在饲料中是不得检出的，但目前仍然有部分病原菌被检出，特别是一些动物性来源的饲料，如骨粉、肉骨粉、羽毛粉的卫生安全值得重视。

2. 人为添加物导致的蛋品安全问题

（1）抗生素滥用：抗生素在饲料中添加主要有两个用途：一是预防和治疗疾病，二是提高生产性能和改善饲料效率。但饲料中长期大量使用抗生素也会导致下列问题：一是耐药性。抗生素使病菌产生抗药性，形成耐药病菌，给临床治疗增加了困难，人类耐药性的产生是否与家禽使用抗生素有直接关系值得深入研究。二是二次感染。正常动物机体的呼吸道、消化道及泌尿生殖系统寄生着多种微生物群落，菌群之间相互制约、动态平衡，形成共生状态。而长期大量使用抗生素，会使敏感的细菌生长繁殖受到抑制，而不敏感的细菌大量繁衍，产生新的感染。三是抗生素残留。抗生素被动物吸收后，可以分布全身，同时可通过产蛋过程残留在蛋中，从而在蛋品中广泛地残留。抗生素的残留不仅可能影响蛋品的质量和风味，也被认为是畜禽细菌耐药性向人类传递的重要途径。目前，国内很多养殖场在使用抗生素时，往往加大剂量，长期添加，并很少按规定停药，甚至用人医药治病；还有很多饲料企业长期在蛋鸡料中使用抗生素药渣，使细菌的耐药性进一步提高，对人类和动物的疫病防治和健康造成重大影响。另外，大多数饲料企业在生产过程中，没有专用的加药添加剂饲料混合机，造成药物的交叉污染比较严重。

（2）过量添加微量元素：微量元素是指动物需求量较低，但如果缺乏又会严重影响动物生长速度和生产性能的矿物元素。饲料中微量元素不足时须人为添加。目前饲料工业中主要存在以下两方面的问题：一是饲料原料中微量元素含量较低，达不到动物营养需要；二是在经济利益的驱使下，过量添加微量元素，影响动物健康和畜产品食用安全。目前，在蛋鸡饲料中过量添加的微量元素主要是铜、锌、铁。研究表明，细胞内过量的铜可使自由基增多，引起生物损伤，促使细胞癌变鸡引起视网膜和神经末梢病变；过量锌对中枢神经系统有迅速的神经毒性作用，可导致神经原和胶质细胞损伤；高铁状态下生产的鸡蛋对人体的健康也会产生严重的危害。

（3）违规使用添加剂：一些蛋品生产、销售从业人员，安全卫生意识和法律意识淡薄，为牟取暴利，在蛋品生产制作和加工处理的环节中违规地使用防腐剂、色素、添加剂等，为蛋品的安全性埋下隐患。2006 年 11 月 12 日，中央电视台《每周质量报告》披露，河北省销往北京的一些红心鸭蛋中经检测含有国家禁止用于食品中的工业染料“苏丹红Ⅳ号”，而这类染料是属于三类致癌物。

（二）疫病因素

动物疫病是制约我国畜牧业经济增长、阻碍我国畜产品出口和造成我国动物源性食品安全问题的最主要原因。我国由于动物品种繁多、动物疫病复杂多样、防疫基础比较薄弱、防疫制度不甚科学，以及市场经济条件下的利益驱动等诸多原因，近几年呈现出致病微生物种类增多、毒力上升、耐药性增强等特点。动物在饲养阶段感染了病毒、细菌和寄生虫等致病性病原微生物，或者在加工阶段受到污染，其食品中就很可能携带对人类的生命健康和安全具有直接危害的成分。

常见的影响鸡蛋质量的疾病有：感染新城疫耐过后的病鸡常产小型蛋；传染性支气管炎会使蛋鸡产软壳蛋、畸形蛋或粗壳蛋以及蛋白稀薄如水样、蛋白与蛋黄分离、蛋白粘壳等；产蛋下降综合征会造成蛋鸡产无色蛋、薄壳蛋、软壳蛋、无壳蛋、畸形蛋等，褐壳蛋蛋壳表面粗糙，退色如白灰、灰黄粉样，蛋白呈水样，蛋黄色淡，有时蛋白中混有血液异物等；几乎所有与呼吸系统有关的疾病都会影响褐壳蛋的颜色，并且还会影响蛋壳强度；霉菌毒素中毒及患内寄生虫病时会引起蛋黄色泽异常；发生腹泻性疾病时，会使泄殖腔被粪便污染而致蛋表面有粪迹；维生素K、维生素A缺乏症可致卵巢或输卵管出血产生血斑蛋；鸡体内寄生虫如果在蛋形成时被包入蛋内，就会产下含有寄生虫的蛋。

（三）加工因素

蛋品加工过程中，病原微生物如李氏杆菌、大肠杆菌、弯曲杆菌、沙门菌对蛋品的影响已成为世界多数国家关心的焦点。在蛋品加工过程中，除了重视防止食品原料微生物污染外，还须防止微生物二次污染，即防止机械、生产工具等的微生物污染，同时要保持加工设备的清洁，确保水源、添加物、加工环境的清洁卫生，这也是防止食物中毒等事故最有效的方法。

（四）影响蛋品安全的包装、贮藏、销售等因素

仪器包装常用塑料 PE（聚乙烯）、PP（聚丙稀）和 PET（聚酯），这类塑料本身比较稳定，其安全性较高。但由于在复合材料和塑料印刷过程中苯类溶剂挥发不安全，有可能造成苯类物质在包装材料中残留，进而渗透到蛋品中，会导致蛋品中含有苯。蛋品贮藏不当时，会产生“出汗”现象，溶解掉蛋壳表面的胶护膜，从而导致微生物污染。

二、蛋品安全问题控制措施

蛋品的安全问题，早已引起政府的高度重视，特别是近几年发生的禽流感，使动物防疫和生物安全成了禽蛋业乃至整个畜牧业的生命线。国家和地方政府相继出台一批食品卫生安全的标准和法规，如《动物防疫法》、《食品卫生法》等。国家的一系列法规都强调食品安全从源头抓起，加工、包装、运输、物流配送，直到终端市场贮存保鲜，步步按照标准化要求运作，实行全程质量控制，并付诸整套的具体措施。

（一）完善饲料标准化体系，加强饲料安全监管

为了确保蛋品安全，必须首先从饲料源头的标准化体系建设与饲料安全监管抓起。要规范健全饲料标签和标志管理办法，保证饲料产品在各个环节的可追溯性，建立饲料安全评价基地和饲料安全监控信息网，完善饲料标准化体系，改善检测条件，加强监控和执法，对饲料原料、生产、经营和使用等环节的全过程监管，对违禁药品的生产、流通和使用实行重点监控，对违法违纪行为进行严厉打击。

（二）建立无公害蛋鸡生产基地

无公害蛋鸡生产基地的建立可以由地方政府引导和实施无公害蛋鸡生产基地的建设，也可以由蛋鸡产品加工企业为龙头，采

用“公司+基地+农户”的方式，由基地源源不断地为蛋鸡产品加工企业提供安全产品。这样不仅提高了养殖的经济效益和饲料报酬，形成良性循环，还可以解决我国蛋品的安全性问题，促进我国畜牧业的持续发展。大力推进无公害蛋鸡生产基地建设，规范蛋鸡良种培育，提高养殖者技术水平，严禁兽药与添加剂滥用，完善全程质量管理体系，确保无公害蛋鸡生产过程按标准的生产技术体系进行。

（三）加强加工、贮运和销售的设备更新与卫生检验

我国蛋品加工企业的建筑设施水准较低，设计理念从蛋品的源头抓起，就是严把饲料及药物使用关，把种植业与养殖业有机结合起来。除保证水质、空气、粪便处理等环境卫生指标的基本要求外，还需要选用优良品种，并严格遵循可持续发展原则；加大对蛋品加工业的扶持力度，重点推广洁蛋、液蛋、蛋粉等蛋品加工品种的市场份额，促进应用高新技术，加大蛋品深加工研发力度，高效提取禽蛋中的多种生物活性物质，解决蛋品中有害物质残留问题。

（四）加强蛋品生产的科学研究与技术引进

长期存在的“科技”瓶颈是影响我国蛋品安全的重要因素。国内蛋品行业整体技术水平不高，深加工水平低，产品结构相对落后的一个重要原因是原料产品质量安全的不合格，使得生产出的产品质量不高、安全性不好。质量安全检测技术改进和标准的完善将有利于促进蛋品质量和安全指标的提高，使生产出的产品质量安全有保障，使禽蛋制品有较好的销路，从而促进禽蛋的深加工，提高鲜蛋的附加值，对促进禽蛋行业整体效益增加、带动农民增收具有重要意义。

（五）完善蛋品安全生产质量与管理体系

我国现行标准存在着标准体系不完善、技术内容落后、实用性不强等问题，特别是在有毒有害物质限量标准方面缺乏基础性

研究，在创新性方面差距更明显。同相关国际组织及发达国家相比，我国在禽蛋的标准制定方面相对滞后，一些标准体系不健全。目前我国许多禽蛋标准已不能适应新形势下国际贸易的需要。许多在国内检验已经合格的产品，出口到国外就遭遇“绿色贸易壁垒”而被退回。因此，加快禽蛋标准体系建设及禽蛋标准制定，提高禽蛋安全卫生指标和检测技术水平，建立蛋品质量安全监控体系，提高蛋品总体质量，还有利于扩大蛋品的出口贸易量，解决国内禽蛋供大于求的问题。此外，消费都应该充分认识和把握蛋品各种风险因素，建立科学的膳食结构观念，通过消费者的市场监督与意见反馈，增强蛋品生产者的社会服务责任，完善食品安全生产质量和管理体系。

第三节　安全蛋品的质量标准

一、安全畜禽产品质量标准的概念

安全畜禽产品是无公害、绿色和有机畜禽产品的总称，它归属食品范畴，绿色食品、有机食品和无公害食品涵盖了安全畜禽产品。

无公害畜禽产品：在我国是指产地环境、生产过程和最终产品符合无公害食品的标准和规范。这类产品中允许限量、限品种、限时间地使用人工合成化学药物，如兽药、饲料添加剂等。无公害食品是我国 1990 年初提出的。2001 年由国家质量监督检验总局颁布了《农产品安全质量》的国家标准和由农业部颁布的《无公害蔬菜、水果、畜禽产品、水产品的产品标准》、《生产技术规程》、《使用准则》等部颁标准，并于 2001 年 10 月实施。

绿色畜禽产品：根据可持续发展原则，按照特定生产方式生产，经专门机构认定，许可使用绿色食品标志的，无污染的，安全、优质、营养类的畜禽产品。绿色食品是中国农业部门1990年提出来的，分为AA级和A级两个级别。两者相同点是产地环境质量标准要求相同；不同点是，AA级生产过程中不使用任何化学合成的兽药、饲料添加剂、食品添加剂和其他有害环境和身体健康的物质。A级绿色食品生产过程中严格按照绿色食品生产资料使用准则和生产操作规程要求，限量使用限定的化学合成生产资料。

作为绿色食品必须同时具备：产品或产品原料产地必须符合绿色食品生态环境质量标准；农作物种植、畜禽饲养、水产养殖及食品加工必须符合绿色食品的生产操作规程；产品必须符合绿色食品质量和卫生标准；产品外包装必须符合国家食品标签通用标准，符合绿色食品特定的包装、装潢和标签规定。

有机畜禽产品：是一类按照国际有机食品生产要求生产，并通过独立的认证机构认证的环保型安全畜禽产品。有机食品译自英文“Organic Food”。在德国、法国等国家，也称“生态食品”、“生物食品”。有机食品的原料要求来自无污染的环境，在畜禽生产及其产品加工过程中，不允许使用化学药物，如兽药、生长激素、化学色素、防腐剂等化学合成物质，也不允许采用转基因工程。

二、安全畜禽产品质量标准体系构成

安全畜禽产品质量标准以全程质量控制为核心，对产前、产中、产后及产品加工全过程质量控制技术和指标作了全面的规定，构成了一个科学、完整的标准体系。

（一）安全畜禽产品产地环境质量标准

制定安全畜禽产品产地环境质量标准的目的，一是强调安全畜禽产品必须产自良好的生态环境地域，以保证安全畜禽产品最终产品的无污染、安全性；二是促进对安全畜禽产品产地环境的保护和改善。安全畜禽产品产地环境质量标准规定了产地的空气质量标准、农田灌溉水质标准、渔业水质标准、畜禽养殖用水标准和土壤环境质量标准的各项指标以及浓度限值、监测和评价方法。对于一个给定的污染物在全国范围内其标准是统一的，必要时可增设项目，适用于安全畜禽产品（AA 级和 A 级）生产的牧场、养殖场和加工厂。

（二）安全畜禽产品生产技术标准

安全畜禽产品生产过程的控制是安全畜禽产品质量控制的关键环节。安全畜禽产品生产技术标准是安全畜禽产品质量标准体系的核心，它包括安全畜禽产品生产资料使用准则和安全畜禽产品生产技术操作规程两部分。安全畜禽产品生产资料使用准则是对生产安全畜禽产品过程中物质投入的一个原则性规定，它包括生产安全畜禽产品的食品添加剂、饲料添加剂和兽药等的使用准则，对允许、限制和禁止使用的生产资料及其使用方法、使用剂量、使用次数和休药期等作出了明确规定。安全畜禽产品生产技术操作规程是以上述准则为依据，按畜牧种类和不同区域的生产特性分别制定的，用于指导安全畜禽产品生产活动，规范安全畜禽产品生产的技术规定，包括畜禽饲养、水产养殖和食品加工等技术操作规程。

（三）安全畜禽产品质量标准

安全畜禽产品质量标准是衡量安全畜禽产品最终产品质量的指标尺度。它虽然跟普通食品的国家标准一样，规定了食品的外观品质、营养品质和卫生品质等内容，但其卫生品质要求高于国家现行标准，主要表现在对药物残留和重金属的检测项目种类多、指标严。而且，使用的主要原料必须是来自安全畜禽产品产地的、按安全畜禽产品生产技术操作规程生产出来的产品。安全畜禽产品质量标准反映了安全畜禽产品生产、管理和质量控制的先进水平，突出了安全畜禽产品无污染、安全的卫生品质。

（四）安全畜禽产品包装标签标准

安全畜禽产品包装标签标准，规定了进行安全畜禽产品包装时应遵循的原则，以及包装材料选用的范围、种类，包装上的标识内容等。要求产品包装从原料、产品制造、使用、回收和废弃的整个过程都应有利于食品安全和环境保护，包括包装材料的安全、牢固性，节省资源、能源，减少或避免废弃物产生，易回收循环利用，可降解等具体要求和内容。安全畜禽产品标签，除要求符合国家《食品标签通用标准》外，还要求符合安全畜禽产品商标标志设计使用规范的规定，包括标准图形、标准字形、图形和字体的规范组合、标准色、广告用语以及在产品包装标签上的规范应用等。

（五）安全畜禽产品贮藏、运输标准

安全畜禽产品贮藏、运输标准，应对安全畜禽产品贮运的条件、方法、时间作出规定，以保证安全畜禽产品在贮运过程中不遭受污染、不改变品质，并有利于环保、节能。

（六）其他相关标准

其他相关标准主要包括一些能促进安全畜禽产品质量控制管理的辅助标准，如“绿色食品生产资料”认定标准、“绿色食品生产基地”认定标准等。

三、无公害、绿色蛋的质量标准

（一）禽蛋的形态结构与化学组成

各种禽蛋都可供食用，但作为食品主要是鸡、鸭、鹅蛋。其中尤以鸡蛋产量最大，食用最普遍，在食品制造业中使用最广泛。鸡蛋的蛋白质转化率仅次于牛奶，在动物性食品中按蛋白质含量计算是最廉价的食品。

鸡蛋由蛋壳、蛋清和蛋黄三部分组成。鸡蛋壳约占全蛋重的11%，其组成中96%为碳酸钙、2%为碳酸镁、2%为蛋白质。蛋壳上布满细孔，新鲜蛋在壳外有一层胶质薄膜，壳内面紧贴一层角质膜，在蛋的钝端，角质膜分离成一气室。蛋清包括两部分，外层为中等黏度的稀蛋清，内层包围在蛋黄周围的为胶冻样的稠蛋清。蛋黄表面包有蛋黄膜，由两条韧带将卵黄固定在蛋的中央。

蛋黄和蛋清分别约占总可食部分的1/3和2/3。铁、磷及钙等无机盐多集中于蛋黄中。蛋黄还含有较多的维生素A、维生素D、维生素B_1和维生素B_2。鲜蛋各部分的主要营养组成见表6－5。

表6－5　鲜蛋各部分的主要营养组成

成分（%）	全蛋	蛋白	蛋黄
水分	75	87	50
蛋白质	12～14	10～12	15～17
脂肪	12	微量	33
无机盐	1	0.6	1.7

（二）无公害、绿色蛋的质量指标

1. 无公害鸡蛋的质量指标　国家农业部于2001年发布了无公害食品鸡蛋的质量标准（NY 5039—2001）。标准规定了无公害鸡蛋产品定义、技术要求、试验方法、产品检验和标志、包装、运输、贮存。标准适用于鲜鸡蛋及冷藏鸡蛋的质量安全评定。

（1）检测指标：标准引用了其他部分标准的条款作为本标准的条款。指标后括弧内表明了检测方法所依据的其他文件条款。

1）微生物检测：菌落总数（GB 4789.2）、大肠菌群（GB 4789.3）、沙门菌（GB 4789.4）、志贺菌（GB 4789.5）、金黄色葡萄球菌（GB 4789.10）、溶血性链球菌（GB 4789.11）。

2）矿物质测定：总砷（GB/T 5009.11）、铅（GB/T 5009.12）、镉（GB/T 5009.15）、总汞（GB/T 5009.17）、铬（GB/T 14962）。

3）药物残留物检测：六六六、滴滴涕（GB/T 5009.19）、土霉素、四环素和金霉素（高效液相色谱法，GB/T 14931.1）。

4）其他：蛋卫生标准（GB 2748）、蛋与蛋制品卫生标准（GB/T 5009.47）、标签通用标准（GB 7718）、无公害食品蛋鸡饲养管理准则（NY/T 5043）。

（2）技术要求：鸡蛋来自按 NY/T 5043 要求组织生产的养鸡场；感官指标应符合 GB 2748 要求。

1）理化指标：理化指标应符合表 6－6 的规定。

表 6－6　理化指标

项目	指标（毫克/千克）	项目	指标（毫克/千克）
汞（以 Hg 计）	≤0.03	六六六（BHC）	≤0.2
铅（以 Pb 计）	≤0.1	滴滴涕（DDC）	≤0.2
砷（以 As 计）	≤0.5	金霉素	≤1
铬（以 Cr 计）	≤1.0	土霉素	≤0.1
镉（以 Cd 计）	≤0.05	磺胺类（以磺胺类总量计）	≤0.1
呋喃唑酮	≤0.1		

2）微生物指标：微生物指标应符合表 6－7 的规定。

表 6－7　微生物指标

项目	指标（毫克/千克）
菌落总数（cfu/克）	$\leqslant 5\times10^4$
大肠杆菌（MPN/100 克）	≤100
致病菌（沙门菌、志贺菌、葡萄球菌、溶血性链球菌）	不得检出

（3）检验方法：感官检验按 GB/T 5009.47 规定执行，理化指标检验和微生物检验按照上述引用标准进行。

2. 绿色食品蛋与蛋制品的质量指标　绿色食品蛋与蛋制品标准（NY/T 754—2003）由中华人民共和国农业部于 2003 年 12 月 1 日发布，2004 年 3 月 1 日实施。本标准由农业部畜禽产品质量监督检验测试中心、中国绿色食品发展中心、北京国农工贸发展中心负责起草。标准规定了绿色食品蛋与蛋制品的定义、技术要求、检测方法、检验规则、标志、标签、包装、运输及储存。本标准适用于绿色食品蛋与蛋制品。

（1）检测指标：标准引用了其他部分标准的条款作为本标准的条款。指标后括弧内表明了检测方法所依据的其他文件条款。

1）微生物检测：菌落总数（GB/T 4789.2）、大肠菌群（GB/T 4789.3）、沙门菌（GB/T 4789.4）、志贺菌（GB/T 4789.5）、金黄色葡萄球菌（GB/T 4789.11）、溶血性链球菌（GB/T 4789.10）。

2）理化指标测定：水分（GB/T 5009.3）、脂肪（GB/T 5009.6）、总砷及无机砷（GB/T 5009.11）、铅（GB/T 5009.12）、铜（GB/T 5009.13）、锌（GB/T 5009.14）、镉（GB/T 5009.15）、总汞及有机汞（GB/T 5009.17）、氟（GB/T 5009.18）、铬（GB/T 5009.123）。

3）残留物测定：六六六、滴滴涕（GB/T 5009.19）、土霉素、四环素和金霉素（高效液相色谱法 GB/T 5009.116）。

4）绿色食品产地、用药和卫生准则：产地环境技术条件（NY/T 391）、食品添加剂使用准则（NY/T 392）、饲料和饲料添加剂（NY/T 471）、兽药使用准则（NY/T 472）、动物卫生准则（NY/T 473）、蛋与蛋制品卫生标准的分析方法（GB/T 5009.47）。

5）包装储运：包装储运图示标志（GB/T 191）、食品标签通用标准（GB 7718）、包装通用准则（NY/T 658）。

6）其他：无公害食品鸡蛋（NY 5039）、无公害食品皮蛋（NY 5143）、鲜鸡蛋（SB/T 10277）。

（2）术语和定义：下列术语和定义适用于本标准。

1）绿色食品：见 NY/T 391。

2）劣蛋：禽蛋受自然条件、保存时间和保存条件的影响而变质，成为不能供食用的废品，包括雨淋蛋、出汗蛋、靠黄蛋、散黄蛋、腐败蛋、霉蛋等。

3）次蛋：因家禽生理、病理、饲料等原因生产的非正常蛋，包括无黄蛋、沙壳蛋、血（肉）斑蛋、寄生虫蛋等。

4）破损蛋：蛋壳有不同程度破损的蛋，包括裂纹蛋、咯窝蛋、损壳蛋、流清蛋等。

5）破次率：破损蛋和次蛋所占百分率。

6）劣蛋率：劣蛋所占百分率。

7）干燥蛋制品：蛋制品生产过程中经过干燥处理的产品，包括巴氏杀菌全蛋粉、蛋黄粉、蛋白片等。

8）冰蛋制品：鲜蛋去壳后，所得的蛋液经一系列加工工艺，最后制成冷冻和保鲜的蛋制品，包括巴氏杀菌冰全蛋、冰蛋黄、冰蛋白等。

9）再制蛋：蛋加工过程中不去壳、不改变蛋形的制成品，包括皮蛋、咸蛋、糟蛋等。

（3）要求：

1）原料：禽蛋应来自于非疫区、健康家禽生产的蛋。禽的饲养环境、饲料及饲料添加剂、兽药、饲养管理应分别符合 NY/T 391、NY/T 471、NY/T 472、NY/T 473 的要求。用于加工的原料蛋应新鲜良好，蛋壳清洁完整。

2）加工：加工用水应符合 NY/T 391 的规定；加工过程中使

用的添加剂应符合 NY/T 392 的规定。

3）感官：

鲜蛋：蛋壳清洁完整，灯光透视时，整个蛋呈橘黄色至橙红色，蛋黄不见或略见阴影。打开后蛋黄凸起、完整、有韧性，蛋白澄清、透明、稀稠分明，无异味，破次率≤7%，劣蛋率≤1%。

皮蛋（松花蛋）：外包泥或涂料均匀洁净，蛋壳完整，无霉变，敲摇时无水响，剖检时蛋体完整；蛋白呈青褐、棕褐或棕黄色，呈半透明状，有弹性，一般有松花花纹。蛋黄呈深浅不同的墨绿色或黄色，溏心或硬心。具有皮蛋应有的滋味和气味，无异味，破次率≤5%，劣蛋率≤1%。

咸蛋：包壳包泥（灰）等涂料洁净均匀，去泥后蛋壳完整，无霉斑，灯光透视可见蛋黄阴影，剖检时蛋白液化，澄清，蛋黄呈橘红色或黄色环状凝胶体。具有咸蛋正常气味，无异味，破次率≤5%，劣蛋率≤1%。

糟蛋：蛋形完整，蛋膜无破裂，蛋壳脱落或不脱落。蛋白呈乳白色、浅黄色，色泽均匀一致，呈糊状或凝固状。蛋黄完整，呈黄色或橘红色，呈半凝固状。具有糟蛋正常的醇香味，无异味。

巴氏杀菌冰全蛋：坚洁均匀，呈黄色或淡黄色，具有冰禽全蛋的正常气味，无异味，无杂质。

冰蛋黄：坚洁均匀，呈黄色，具有冰禽蛋黄的正常气味，无异味，无杂质。

冰蛋白：坚洁均匀，白色或乳白色，具有冰禽蛋白正常的气味，无异味，无杂质。

巴氏杀菌全蛋粉：呈粉末状或极易松散的块状，均匀淡黄色，具有禽全蛋粉的正常气味，无异味，无杂质。

蛋黄粉：呈粉末状或极易松散块状，均匀黄色，具有禽蛋黄粉的正常气味，无异味，无杂质。

蛋白片：呈晶片状，均匀浅黄色，具有禽蛋白片的正常气味，无异味，无杂质。

4）理化指标：应符合表6－8的规定。

5）卫生指标：应符合表6－9的规定，干制蛋制品应按鲜蛋折算。

6）微生物指标：对于各种类型的蛋及蛋制品均不得检出有沙门菌、志贺菌、金黄色葡萄球菌和溶血性链球菌，其他微生物指标应符合表6－10的规定。

（4）检验方法：感官检验按GB/T 5009.47规定的方法检验，其他检验依照上述引用标准进行。

表6－8　理化指标

项目	指标（%）									
	鲜蛋	皮蛋	咸蛋	糟蛋	巴氏杀菌冰全蛋	冰蛋黄	冰蛋白	巴氏杀菌全蛋粉	蛋黄粉	蛋白片
水分，≤	—	—	—	—	76	55	88.5	4.5	4.0	16
脂肪，≥	—	—	—	—	10	26	—	42	60	—
游离脂肪酸，≤	—	—	—	—	4	4	—	4.5	4.5	—
酸度，≤	—	—	—	—	—	—	—	—	—	1.2
pH（1∶15稀释），≥	—	9.5	—	—	—	—	—	—	—	—
食盐（以NaCl计）	—	—	2.0～5.0	—	—	—	—	—	—	—

表 6－9　卫生指标

项目	指标（毫克/千克）	项目	指标（毫克/千克）
汞（以 Hg 计）	≤0.03	六六六	≤0.05
铅（以 Pb 计）	≤0.1	滴滴涕	≤0.05
砷（以 As 计）	≤0.5	四环素	≤0.2
镉（以 Cd 计）	≤0.05	金霉素	≤0.2
氟（以 F 计）	≤1.0	土霉素	≤0.1
铜（以 Cu 计）	≤5（皮蛋不超过 10）	呋喃唑酮	≤0.01
锌（以 Zn 计）	≤20（仅对皮蛋）	磺胺类（以磺胺类总量计）	≤0.1
铬（以 Cr 计）	≤1.0		

表 6－10　微生物指标

项目	指标									
	鲜蛋	皮蛋	咸蛋	糟蛋	巴氏杀菌冰全蛋	冰蛋黄	冰蛋白	巴氏杀菌全蛋粉	蛋黄粉	蛋白片
菌落总数（cfu/克），≤	5×10^{4}	500	500	100	5 000	10^{6}	10^{6}	1×10^{4}	5×10^{4}	5×10^{4}
大肠菌群（MPN/100 克），<	100	30	100	30	1 000	1.1×10^{6}	1.1×10^{6}	90	40	40

（5）检验规则：

1）组批：以同一班次、同一生产线生产的同品种、同规格且包装完好的产品为一组批。

2）抽样方法：鲜蛋的抽样方法参照 SB/T 10277 规定执行；皮蛋、咸蛋、糟蛋抽样方法参照 NY 5143 规定执行；其他蛋制品的抽样方法：在成品库中每组产品中随机抽取足够样品供检验。

3）出厂检验：每批产品出厂前，生产企业均应进行出厂检验，出厂检验内容包括包装、标签、标志、感官、理化及微生物指标等方面，检验检疫合格并附合格证的产品方可出厂。

4）型式检验：型式检验是对产品进行全面考核，即对本标准规定的全部技术要求进行检验。有下列情况之一者应进行型式检验：申请使用绿色食品标志时；正式生产后，产品原料、工艺、配方有较大变化，可能影响产品质量时；国家质量监督机构或主管部门提出进行型式检验要求时；有关各方对产品质量有争议需仲裁时。

5）判定规则：产品的感官指标不符合本标准为缺陷项，其他指标不符合标准为关键项，有缺陷项两项或关键项一项，判为不合格产品。受检样品的缺陷项目检验不合格时，允许按抽样方法的规定重新加倍抽取样品进行复检，以复检结果为最终检验结果。关键项目检验不合格时，受检企业对检测结果如有异议，经主管部门同意，允许重新抽样复检。

（三）无公害、绿色蛋的包装和贮运

1. 无公害蛋的包装、标志、运输、贮存

（1）包装：外包装采用特制木箱、纸箱、塑料箱等；内包装采用蛋托或纸格，将蛋的大头向上装入蛋托或纸格内，不得空格漏装。

（2）标志：成品外包装应贴有符合《食品标签通用标准》GB 7718 规定的标签。

（3）贮存：贮存冷库温度为 -1 ~ 0 ℃，相对湿度保持在 80% ~ 90%。

（4）运输：运输工具必须清洁卫生，无异味，在运输过程中应轻拿轻放，防潮、防暴晒、防雨淋、防污染和防冻。

2. 绿色蛋的包装、标志、运输、贮存

（1）标志：产品的销售和运输包装上都应在明显位置标注绿色食品标志，储运图示标志按 GB/T 191 执行。

（2）标签：产品的标签应符合 GB 7718 规定。

（3）包装：包装应符合 NY/T 658 的规定。

（4）运输：运输工具应清洁卫生，具有防雨、防晒、防尘、控温设施，严禁与有毒、有害、有异味的物品混运，运输中应轻装、轻卸。

（5）贮存：

1）鲜蛋：鲜蛋的贮存环境应清洁卫生，有防鼠设施，无异味，无有毒有害物品。贮存冷库温度为 -1 ~ 0 ℃，相对湿度保持在 80% ~ 90%。

2）再制蛋：应在通风良好的场所贮存，不应同有毒、有害、有异味的物品混存，在包装完好的情况下保存期为 3 个月。

冰蛋制品：应贮存于 -18 ℃以下的冷冻库内，库温昼夜升降幅度不超过 1 ℃。

干蛋制品：在常温、干燥和有防潮设施处贮存。贮存库房应清洁、干燥、通风良好，无虫害及鼠害。严禁与有毒、有害、有腐蚀性，易发霉、发潮、有异味的物品混存。

第七章
蛋鸡生物安全与疫病防治技术

第一节　蛋鸡生物安全措施

一、生物安全的概念

生物安全的概念有狭义和广义之分。狭义生物安全，是指防范由现代生物技术的开发和应用（主要指转基因技术）所产生的负面影响，即对生物多样性、生态环境及人体健康可能构成的危险或潜在风险。广义生物安全，大致分为三个方面：一是指人类的健康安全，二是指人类赖以生存的农业生物安全，三是指与人类生存有关的环境生物安全。

对于家禽来说，疫病的发生是由病因通过一定途径作用于机体，冲破家禽的防御能力而致。减少或消灭病原，切断传播途径，增强家禽抵抗力，降低易感性，是防止家禽疾病发生流行的关键。家禽生物安全，是指将会引起禽病或人畜共患传染病的病原微生物排除在场区外，或使进入场内的病原不能有效繁殖和传播，是一种以切断传播途径为主要内容的预防疾病发生的生产体系，是保护家禽健康生长、免受致病因子侵袭的综合防御系统。生物安全针对所有病原体，核心是预防（防止）病原对家禽群体造成危害，是疾病综合防治措施的重要环节。

二、蛋鸡场病菌的来源及患病损失

病菌可由场内雇用人员、服务代表、卡车司机、接种免疫人员和兽医等带入。病菌可通过雏鸡、青年母鸡、种公鸡和精液传播，也可能由先前的污染经过不恰当的清洁禽舍和设备扩散，或者病菌也可能通过带菌的啮齿动物、野鸟、昆虫、风以及水源传播。

家禽患病会给生产者带来较大的经济损失，主要体现在：与死亡率相关的成本（ND、AI、MD 及 IBD 会导致严重的死亡损失）；与生产性能降低相关的成本（IB、ND、EDS 对产蛋鸡的影响）；饲料转化率下降导致的成本；兽医检验和服务成本；治疗成本；因患病无法进入市场所造成的损失。

三、蛋鸡场生物安全的核心

蛋鸡场生物安全主要应注意以下几点：

第一，加强隔离。严禁野禽及昆虫、鼠类进入鸡舍，严禁人员随便出入鸡场，定期进行严格的清扫消毒，实施“全进全出”的生产方案。

第二，加强对饲养管理人员的管理和培训，提高对生物安全重要性和必要性的认识，制定切实有效的生物安全措施，并严格执行。

第三，对入场人员采取严格的消毒及淋浴等措施，所有养殖场使用的物品、运输工具等严格按程序消毒。

第四，加强对饲料和饮水的管理，保证饲料和饮水的清洁卫生。

第五，从净化彻底、清洁卫生的种鸡场引种。

四、建立蛋鸡生物安全体系具体措施

建立蛋鸡生物安全体系具体措施，包括改善环境条件、隔离消毒控制病原及降低鸡群的易感性。

（一）环境及设施控制

通过良好的建筑及设施配备，防止鸡舍外的有害病原进入鸡群。

1. 重视场址选择 距离是传染病传播的天然屏障。在家禽养殖密集地区很难防止某些高度接触性的传染病不传入邻近养禽场，因此，养禽场最好应远离其他养殖场和交通要道的距离内，并建在上风区，同时应处在地势高燥、采光充足、空气清新、水质良好、土壤未被污染的生态环境地区，远离生活居民区、其他工厂、屠宰场、禽产品加工厂等，这样有利于避免外界与场、场与场之间的疾病传播。

2. 场内布局与设计要科学合理 鸡场的布局要根据场区的自然条件、地势地形、主导风向和交通道路等具体情况合理分区规划，应分为生产区、生活区、病畜管理区，间距为100米，并设立有隔离墙和专用门，便于对人员、鸡群、设备、运输、粪污等进行严格控制。对于一条龙企业，应尽量将种鸡场、孵化场、商品代鸡场、饲料场、屠宰加工场等生产环节安排在不同的地方，距离500米以上，并有隔离设施。不同饲养时期的鸡群要分小区规划，区间间距50米，并设置隔离林带。

鸡舍建筑应注意相对密闭性，以便对影响鸡群生产性能和传染病防治的因素（如温度、湿度、通风、光照、气流大小及方向等）进行控制和调节，同时要求鸡舍应具有防鸟、防鼠和防虫的功能。办公和生活场所尽量不受饲料粉尘、粪便气味和其他废弃物的污染。为杜绝各类传染源对鸡群的危害，依地势、风向排列各类禽舍顺序，育雏舍位于上风，顺风向依次为育成舍和成年禽舍。成年禽舍中以种禽为主。种禽舍可与育雏舍并排，但在下风。根据禽场条件，可用林带相隔，拉开距离，使空气自然净化。对人员流动方面的管理，可建隔墙和专门进出口。禽场分区规划的总原则是：人、禽、污三者以人为先，污为后；风与水以风为主的排列顺序。

根据生产流程，饲料库、蛋库和粪场均要靠近生产区，但不能在生产区内，因三者须与场外联系。饲料库、蛋库和粪场为相反的两个末端。

合理设计场内道路。道路是场区之间、建筑物与设施、场内与场外联系的纽带。场内道路应净、污分道：鸡苗车和饲料车走净道，物品一般只进不出，毛鸡车、出粪车和死鸡处理走脏道，两道互不交叉，出入口分开。场区道路要硬化，道路两旁设排水沟，沟底硬化，不积水，有一定坡度，排水方向从清洁区向污染区。

完善禽场的场址环境、场内环境、舍内环境、禽体环境是家禽生物安全的重要措施。

（二）严格的人员、物流控制

人员、物资流动是鸡病传播最大的潜在危险因素，是最难防范和极易忽略的传播媒介，所以一定要高度重视人、物在鸡病传播中的影响和作用，防止因人、物流动带来的危害。

人员、物流控制主要应注意如下几点：

第一，全部生产安排、全体人员的活动，都应服从生物安全要求，减少病原体及其媒介同鸡群接触的可能性。

第二，严格管理，非生产人员不得进入生产区，维修人员须经严格的消毒后方可进入。

第三，严把入口关，在鸡场入口、生产区入口、鸡舍入口、配料间入口，都应设有消毒更衣设施，制定详细的规章制度并严格贯彻实施。所有进入鸡场的人员要严格遵守卫生安全，经淋浴消毒、更衣后方可入内。如无法进行淋浴，必须更换洁净并经消毒的工作服和工作靴、帽。鸡舍门口设脚踏消毒池或消毒盆，消毒剂每天更换一次。工作人员进入鸡舍必须洗手，脚踏消毒剂，穿工作服、工作靴。工作服不能穿出鸡舍，饲养期间每周至少清洗消毒一次。不同鸡舍的饲养员之间不应串舍，不同功能区人员尽量避免流动。兽医等主管人员进入各类鸡舍时，一定要按场区内走访鸡群的次序按饲养日龄由小到大走访。

第四，饲养人员远离外界禽群，禁止携带与饲养家禽有关的物品进入场区，尤其禁止家禽及其产品进入场内。搞好个人环境卫生。定期进行健康检查，经常进行生物安全培训，提高防范疾病的卫生意识。对人员流动要做好详细的登记、统计记录，并作为档案保留一定时间。

第五，物品及工具应清洗和消毒，防止在产品流通环节交叉感染。携带入舍的器具和设备都是潜在的病原，所有物品入舍前都必须彻底消毒。场内公用蛋箱、孵化箱、饲料车、运鸡工具，若受污染就会波及全场，所以场内应设各类专用车，舍内各种工具专用固定，严禁串用。进鸡舍的用具必须消毒后方可入舍。

（三）鸡群控制

杜绝鸡群入场前的病原携带，减少鸡群在场内各环节各阶段的病原侵袭，降低鸡群的易感性。鸡群控制应注意以下几点：

第一，要从管理水平高、质量信誉好、具有种禽经营许可证、没有垂直传播疾病（鸡白痢、新城疫、禽流感、支原体、禽结核、白血病等）的种鸡场引入种蛋和雏鸡，最好不要同时从两个以上种禽场引种，防止交叉感染。新进鸡群经隔离检疫、健康检查，经兽医确认安全后方可入场继续饲养。

第二，同一场内最好饲养同品种、同日龄的鸡群。

第三，实行“全进全出”饲养制度，最低以栋为单位“全进全出”，最好以场为单位“全进全出”。当鸡群淘汰后，至少有 15 ~20 日的清洗、消毒、空圈时间以切断病原体的循环感染和交叉感染。

第四，给鸡群创造一个安静、稳定、舒适的生活环境条件，尽可能减少日常饲养管理中的应激反应，防止生产操作中的污染和感染。做好鸡群的日常观察和健康检查及病情分析，建立免疫和检查档案。减少生产性转群，对物品、设施、工具进行严格清洁消毒处理，减少流通环节的交叉污染。

（四）严格的消毒卫生措施

彻底消毒，从根本上消灭病原并切断疫病传播的“链条”，将病原拒之门外，从而控制疫病的发生。对于鸡场而言，消毒工作是一项很重要的日常管理工作，是贯彻“预防为主”方针的重要措施。

1. 场区内卫生要求　场区内无杂草、无垃圾，不准堆放杂物，每月用3%的热氢氧化钠水泼洒场区地面 3 次，生活区的各个区域要求整洁卫生，每月消毒 2 次。

2. 鸡舍的清洗和消毒　消毒过程必须按一定程序进行。据资料报道，如进行彻底打扫，可减少约 90% 的病毒含量；如喷洒常规的消毒药，可降低 95% 以上病毒：如进行福尔马林和高锰酸钾熏蒸，病毒和细菌的杀灭率达 99. 9%；如同时使用，则可基本杀灭环境中的病原。因此，禽场消毒的基本程序是：清扫—水冲—喷洒消毒药液—熏蒸。新建鸡场进鸡前，要求舍内干燥后，屋顶、地面用消毒剂消毒一次。饮水器、料桶、其他用具等充分清洗消毒。使用过的鸡场进鸡前，彻底清除一切物品，包括饮水器、料桶、网架或垫料、支架、粪便、羽毛等。清洁是发挥良好消毒作用的基础，因此，一定要彻底清扫鸡舍地面、窗台、屋顶以及每一个角落。然后用高压水枪由上到下，由内向外冲洗。要求无鸡毛、鸡粪和灰尘。待鸡舍干燥后，再用消毒剂从上到下整个鸡舍喷雾消毒一次。撤出的设备，如饮水器、料桶垫网等用消毒液浸泡30分钟，然后用清水冲洗，置阳光下暴晒2～3天，再搬入鸡舍。进鸡前一周，封闭门窗，用3倍量的高锰酸钾和福尔马林（每立方米用高锰酸钾21克，福尔马林42毫升）密闭熏蒸24小时（舍内温度22～26℃、湿度75%～80%时消毒效果最佳）后，通风2天。此后人员进鸡舍，必须换工作服、工作鞋，脚踏消毒液。

3. 环境消毒 禽舍周围每2～3周用2%的氢氧化钠溶液消毒或撒生石灰1次，场周围及场内的污水池、排粪坑、下水口每月用漂白粉消毒1次，场及禽舍进出口要设消毒池，放入2%的氢氧化钠溶液，每日更换1次，或放0.2%的新洁尔灭，每3天更换1次，生产区道路每日用0.2%的次氯酸钠喷洒1次。

4. 饮水和饲料的消毒 饮水消毒的目的就是彻底杀灭饮用水中的细菌和病毒，尤其是在夏季。家禽的呼吸道疾病除通过空气传播外，还可通过饮水传播。饮水中添加的药物必须对病毒和细菌都有效，长时间使用也不产生耐药性。水中含有大肠杆菌时可用氯进行消毒，水中加漂白粉，使水中含氯量达2～3毫克/千克即可。另外，许多饮水系统无法彻底清洗，尤其是在使用饮水系统投药之后，很多沉积物滞留在系统中很难被清除。所以清除禽舍时，饮水系统的清洁十分重要。

饲料总是被认为是危害家禽健康的可能来源。饲料的污染主要来自三个方面：一是来自动物饲料原料，特别是鱼粉、肉粉、骨粉及蛋壳粉；二是来自啮齿类动物及鸟类的粪便；三是来自饲料的加工和运输等。目前对饲料消毒的方法是制成颗粒料，利用加工过程中的高温杀死病原体。防止污染主要是加强饲料加工和运输过程中的管理措施：配料人员在进饲料厂时，淋浴更衣消毒，换工作服、鞋，脚踏消毒池，饲料运输车辆定期消毒，采用一次性饲料袋等。

条件具备的鸡场，要进行消毒效果监测和评估。

（五）废弃物及污物处理

粪便、污水、尸体及其他废弃物是防止疾病传播的主要控制对象，是病原体的主要集存地。粪便应及时运到指定地点，进行堆积生物热处理或干燥处理后做农业用肥，不得作为其他动物饲料，所有的废弃物必须进行无害化处理。病死禽严禁食用或乱扔，更不能出售（严禁鸡贩子进场收购），要在离开禽场较远的地方进行高温处理、焚烧或深埋，病禽的毛、血和粪便都应深埋。禽场污水的处理可根据情况采用物理、化学或生物方法进行净化。

五、生物安全及免疫程序的设计

随着集约化程度的提高，免疫预防是养鸡成功的关键措施，免疫的成功又依赖于一套合理的免疫程序。但免疫程序并不是固定的、模式化的，不能生搬硬套，应根据本场具体情况制定。

（一）养鸡场免疫程序设计的基本原则

养鸡场免疫程序设计的基本原则如下：

第一，应根据本地、本场疫病流行的情况，有选择地确定应该防疫的疾病种类。一般而言，本地区不曾发生过的传染病不必预防。

第二，不同传染病危害程度不同，制定免疫程序应有所侧重，对危害严重的传染病应重点预防。

第三，不同传染病流行均有一定规律，应根据其流行季节、易感日龄等确定首免时间。

第四，不同来源的雏鸡，其母源抗体水平不同，应考虑母源抗体对疫苗免疫的干扰。有条件的养鸡场应测定其母源抗体水平，或向供雏单位索取有关资料，以确定最佳首免时间。

第五，应根据不同疫苗免疫后抗体消长的情况，确定再次免疫（或称加强免疫）的时间。有条件的场应监测其抗体水平。

第六，根据疫苗的性质，确定最佳而且可行的免疫方法。

第七，由于疫苗免疫对机体都可能出现程度不同的副反应，引起机体短时间抵抗力下降，即出现免疫负期，故两种以上疫苗免疫之间应有一定时间间隔，一般至少间隔3～5天。

第八，联苗或多种疫苗混合免疫，可大大提高防疫工作效率，但不能随意“大拼盘”。应考虑不同疫苗之间的相互干扰，以及机体对多重刺激的承受能力。如果疫苗之间产生了干扰作用，或机体不能忍受过多刺激，引起剧烈免疫副反应，减弱了机体机能，均不能取得良好的免疫效果。

第九，应考虑各品种饲养期的长短。对于饲养期较长的品种，如蛋鸡、种鸡，其免疫程序应综合考虑、系统免疫。

第十，应考虑不同用途的鸡群之间存在的差异。如种鸡，虽然有些传染病在其成年产蛋期间很少发生或根本就不会发生，而主要发生在雏鸡阶段，但种鸡在开产前及产蛋过程中仍应加强免疫，使母体的抗体水平提高，雏鸡即可从卵黄中获得高水平的母源抗体而得到保护。

第十一，应考虑不同疫苗种类及使用方法对蛋鸡产蛋性能的影响。一般说来，对产蛋率有影响的疫苗应尽可能安排在开产前免疫；在产蛋期需要加强免疫时，亦应尽量选择不会造成鸡群应激反应的免疫方法，如饮水免疫、气雾免疫，避免抓鸡应激引起产蛋率下降。

第十二，即使制定了合理的免疫程序，在执行过程中还应根据当时疫情动态及鸡群的健康状况等进行调整，如周围鸡场已发生了某种传染病，本场已受到威胁，或本场经监测或观察出有发生某种传染病的潜在危险，应对该病提前进行紧急免疫；又如，本场鸡群虽然已经到了某种疫苗的免疫年龄，但鸡群正处于发病时期，应在鸡群康复后再进行免疫。

（二）推荐的基础免疫程序

推荐的基础免疫程序见表7－1。

表7－1　蛋、种鸡免疫程序

日龄	疫病名称	接种疫苗名称	接种方法	注意事项及备注
1	马立克病	液氮苗	皮下注射	
5～7	新城疫/传支	C30＋H120 或C30＋Ma5	滴鼻点眼	要防多种类型传支
10～13	传染性法式囊病	中等毒力苗	滴鼻点眼	弱毒苗首免应提前到7日龄
10～14	H5禽流感	灭活苗	皮下注射	加半剂量新城疫
22～25	新城疫/传支	C30＋H120 或C30＋Ma5	滴鼻点眼	灭活苗皮下注射
26～28	传染性法式囊病	中等毒力苗	饮水点眼	使用弱毒苗 需再加强免疫1次
30	H9禽流感	禽流感灭活苗	颈部皮下注射	使用H9亚型灭活苗
35～42	传染性喉炎 鸡痘	弱毒苗 鸡痘弱毒苗	滴口或擦肛 刺种	毒力较强， 谨慎使用
60～70	H5禽流感	灭活苗	皮下注射	
70～80	新城疫/传支	Ⅰ系或Ⅳ系＋H52 或C30＋Ma5	肌内注射	
90～100	喉气管炎/鸡痘	活苗/冻干苗	点服滴鼻/刺种	
110	H5和H9禽流感	禽流感灭活苗	颈皮下注射	可以使用联苗
120天前	新城疫、传支 减蛋综合征	三联灭活苗	肌内注射	同时新城疫Ⅰ系＋H52或C30＋M30饮水一次

第二节 人畜共患主要疫病防治技术

一、禽流感

禽流感又称欧洲鸡瘟、真性鸡瘟，是由A型流感病毒引起的各种家禽和野鸟的一种急性、高度致死性传染病。

（一）病原

本病病原属正黏病毒科正黏病毒属流感病毒中的A型流感病毒。根据囊膜上血凝素（HA）和神经氨酸酶（NA）的不同分许多亚型，目前，已确定HA亚型16个，NA亚型10个。HA亚型和NA亚型随机重组，从理论上讲可有135个以上亚型，各亚型间无完全交叉免疫作用。病毒常因抗原结构发生轻微变化或不同亚型之间的重组发生抗原性变异。本病毒能凝集鸡和某些哺乳动物红细胞，并能被特异血清所抑制，较鸡新城疫病毒来说，它能凝集马属动物红细胞而新城疫病毒不能。病毒能在鸡胚或鸡胚细胞上生长，存在于病禽所有组织、体液、分泌物和排泄物中。对热抵抗力低，普通消毒药即可很快杀死。

（二）流行病学

目前已从多数国家的家禽（鸡、火鸡、鹌鹑、鸭、鹅等）、野禽及野生水禽（野鸭、野鹅、海鸥等）中分离到多种A型禽流感病毒。

禽类A型流感病毒感染的症状、严重程度与感染的毒株性质有关。多数毒株的感染没有临床症状，有一些毒株会产生慢性呼吸道症状，少数毒株可导致严重感染，伴有中枢神经症状和一周内死亡等特征。

禽A型流感病毒一般是经呼吸道、消化道呈水平传播，很少有证据表明能够经垂直途径传播。主要引起禽类的呼吸器官性或全身性传染病。一些病毒在一个鸡场中传播很快，而另一些可能很慢，这与病毒的致病力有关。由于感染的禽类常从粪便中大量排毒而污染用具物品，如饲养管理用具、设备、授精工具、动物、饲料、饮水、衣服、运输工具等而发生机械传播；此外，还可通过直接接触、气溶胶等传播。

影响禽流感的发病率和死亡率的因素很多，既与家禽的种类和易感性有关，又与病毒株的毒力有关，还与年龄、性别、环境因素、饲养状况及疾病并发情况等有关。通常火鸡的感染比鸡要严重，野生鸟类的变化则比较大。过去认为鸭、鹅一般不发生禽流感病，而只是禽流感病毒的携带者，是危险的传染源，但近年来，鸭、鹅发生禽流感病的情况已屡见不鲜，应引起高度重视。在各种影响因素中，毒株的影响比较突出，高致病力毒株引起的发病率和死亡率可高达100%。此外，饲养管理不善、鸡群状况不良及环境应激的存在，都可以使发病情况加重，并发感染可使死亡率上升。

（三）临床症状和病理变化

本病的潜伏期可从几小时到几天不等，其长短与致病性的高低、感染强度、传播途径以及易感禽的种类等有关。

1. 急性型　多由H5或H7引起，潜伏期几小时，体温升高，突然不食，冠髯发绀，羽毛松乱，头部、眼部、眼结膜、脖颈水肿，呼吸道、鼻孔有分泌物，呼吸困难，母鸡产蛋停止，少数鸡腹泻，有神经症状，死亡率达50%～100%。剖检头部、颈部皮下水肿，喉头、气管有黏性分泌物，气管环出血，腺胃乳头、肌胃有出血，十二指肠黏膜严重出血，肝、脾、肺有出血，有时有坏死灶，腹腔、心包、气囊、输卵管壁有纤维素性渗出物。

2. 以呼吸道和产蛋下降为主的禽流感　多由弱毒株引起，初产鸡和产蛋高峰鸡易感，主要表现呼吸道症状和产蛋下降。病鸡表现呼吸困难和程度不等的产蛋下降。剖检，喉头气管内充满黏液，气管充血、出血，输卵管、卵泡充血、出血，卵泡破裂，造成严重腹膜炎。

（四）诊断

根据流行病学、临床症状和病理变化可做初诊，诊断要点为：一是流泡沫状眼泪；二是大群采食量明显下降，产蛋率大幅下降；三是出现头颈无力，头点地、直冲、转圈等神经症状；四是短期死亡率异常偏高，达 20% ~30% 及以上；五是胸肌、头颈肌肉出血及脂肪出血，六是胰腺针尖大灰白色坏死点；七是大脑出血、水肿。

如进一步确诊，应做病毒分离、血清学试验，方法也是采用鸡胚尿囊腔接种、血凝试验和血凝抑制试验等。

（五）防治措施

1. 严防高致病性禽流感病毒的传入 应加强进口检疫，对象包括家禽、野禽、观赏鸟、初生雏禽、孵化蛋、禽类的精液及新鲜肉、禽类的生物制品等。另外，在生产中应特别注意防止家禽与野禽（如野鸭）等的大量接触。

2. 暴发高致病性禽流感时的处理措施

（1）及时诊断：及时做出准确的诊断，为控制本病的流行赢得宝贵时间。

（2）划定疫区：坚决采取扑灭措施。在疫区的边界设立检疫站，负责对过往车辆的消毒，严禁疫区内被污染的物品、禽及禽产品外运。在疫区内则应扑杀所有被病毒污染的家禽，进行掩埋或烧毁；对健康的鸡群则应每周至少检疫两次，如发现被病毒感染也应全群扑杀并进行销毁。疫区内有病禽的产品只能在疫区内销售。

（3）加强环境的消毒：对象包括被污染的环境和用具。常用的消毒剂是酚类及次氯酸钠等。应注意在消毒前对消毒物品先进行清扫或用去污剂除掉区内的污物。

3. 药物治疗　目前对禽流感尚缺乏有效的治疗药物，一般不主张对患禽流感的病禽进行治疗（一是效果不好，二是防止散毒）；疫区和受威胁区可用禽流感（H5 + H9）油苗进行免疫预防。

二、禽巴氏杆菌病

禽巴氏杆菌病又名禽霍乱、禽出血性败血症，是鸡、鸭、鹅等禽类的一种接触性、急性败血性传染病。其主要特征是发病突然，全身呈败血症变化，剧烈下痢，高热，出血性肠炎和肝脏的灰白色针尖状坏死，发病率和死亡率都很高。

（一）病原

本病由多杀性巴氏杆菌的禽型株引起。多杀性巴氏杆菌是一种革兰阴性菌，不运动，不形成芽孢，单个或成双存在。其分为A、B、C、D、E五种荚膜血清型，其中A型主要引起禽类发病。各地分离出的菌株不完全一致，A型中还存在亚型，其中以5: A、8: A和9: A最常见，故在使用疫苗时应注意选择与本地血清型一致、特别是亚型一致的疫苗，或使用由多种血清型菌株制成的多价苗，免疫效果更佳。

多杀性巴氏杆菌很容易被普通消毒药、阳光、干燥或加热破坏。56 ℃15分钟、60 ℃10分钟即可被杀死。但在冻干状态或玻管中密封保存于4 ℃或4 ℃以下时，可保存许多年而不发生变异。

（二）流行病学

多杀性巴氏杆菌病造成鸡死亡，通常发生于产蛋鸡群，因这种年龄的鸡较幼龄鸡更为易感，而16周龄以下的鸡一般具有较强的抵抗力。幼龄鸡常常与其他疾病合并发生，且通常是血清学Ⅰ型引起感染。自然感染鸡的死亡率通常是20%以内，表现为经常性产蛋下降和持续性局部感染。断料、断水或饲料的突然改变，是引起鸡发生本病的诱因。本病主要通过消化道感染，其次是呼吸道感染，也可通过空气中飞沫传播，慢性感染鸡是感染的主要来源。细菌经蛋传播很少发生。

（三）临床症状和病理变化

1. 症状 该病的潜伏期较短，自然感染一般由数小时到3天，人工感染12～48小时，根据病程长短可分为最急性、急性和慢性三种类型。

（1）最急性型：病禽常常不表现任何症状而突然死亡。有时正在进行采食、饮水等正常活动，突然倒地，扑动翅膀，挣扎几下很快死亡。有时前日晚上还很正常，第二天却发现已经死亡。死亡鸡通常是肥胖的，鸡冠发绀。

（2）急性型：此型最多见。病鸡常见症状是精神沉郁，闭目打盹，羽毛粗乱，发热，腹泻和呼吸加快，口腔排出黏液性流出物，冠和肉髯发绀。腹泻的粪便最初为白色水样，稍后即变得略带绿色并有黏液。产蛋显著减少或停止。

（3）慢性型：可由急性型病例转化而来，也可能是由于感染了低毒力菌株而致。症状一般表现为局部感染。鸡冠、肉髯苍白、肿大，鼻窦炎，鼻孔内流出少量黏液。腿或翅关节、足胝和胸骨囊常常发生肿胀，有时发生中耳炎、呼吸道感染，最终可能死亡，也可能康复。康复以后产蛋性能明显下降。

2. 病理变化

（1）最急性型：最急性死亡病例往往看不到明显病变，有时仅见心外膜有少量出血点。

（2）急性型：急性死亡病例主要表现肝脏肿大，颜色变成绿色、棕色或紫黑色，表面有针尖大灰白色或黄白色坏死点，质脆易碎。腺胃乳头间和肌胃角质层下可见出血点和出血斑。十二指肠黏膜发生严重的出血性炎症。切开后可见肠黏膜呈广泛的弥漫性出血，肠内容物混有大量血液。心冠状脂肪和心外膜有大量出血点，心包膜增厚，内有多量淡黄色液体，并含有纤维蛋白渗出物。心肌和心内膜有大小不等的出血点。

（3）慢性型：慢性病例多呈局限性感染。例如，肺脏有黄色干酪样病灶，产蛋鸡卵泡软化或卵黄囊破裂，腹腔内脏表面附着干酪样卵黄样物质，有时可见脾、肾肿大等。

（四）诊断

根据本病的发病情况、流行病学资料、临床症状、病理变化、药物治疗效果等，一般可做出诊断。有条件者，可取病死禽的肝脏进行触片或心血推片，赖氏染色后镜检，可见具两极染色的特征细菌。还可进行病原菌的分离鉴定而做出最后诊断。诊断时，应与鸡新城疫区别。其鉴别要点详见表7－2，注意两病混合感染、同时存在的可能性很大。

表7－2 禽霍乱与鸡新城疫鉴别要点

区别点	禽霍乱	鸡新城疫
病原	多杀性巴氏杆菌	新城疫病毒
传播速度	散在或地方性流行	传播迅速
发病率和死亡率	相对较低	较高
药物治疗效果	有效	无效
怪叫声	无	有
神经症状	无	有
肝脏病变	针尖大灰色坏死灶	无坏死灶
肠道病变	卡他性、出血性炎症	出血性纤维素性坏死灶

（五）防治措施

1. 预防

（1）加强管理：由于健康家禽体内带菌的比率较大，本病的发生与机体抵抗力关系极大，应特别加强科学管理，提供充足、合理的全价饲料，补充足够的维生素，改善环境卫生，加强定期消毒，防止鸡舍潮湿、鸡群拥挤，预防气候突变等诱因而诱发本病。

(2) 免疫接种：目前使用较多的有两类菌苗：一类是禽霍乱灭活菌苗，另一类是禽霍乱弱毒菌苗。菌苗接种是在2月龄时进行的，氢氧化铝胶苗注射2毫升/只，油剂苗注射1毫升/只。注射后14天产生免疫力，免疫期3个月左右。弱毒菌苗注射后，常常出现部分鸡减食、沉郁及产蛋下降等不良反应，个别严重者会引起注射部位发炎、肿胀甚至溃烂、死亡，应注意观察。无论是灭活菌苗或是弱毒菌苗在第一次接种后15天再进行第二次接种，强化免疫效果，可使免疫期持续5~6个月。但这两种禽霍乱菌苗均不能够取得较理想的预防效果，主要是因为巴氏杆菌本身的免疫性能差，产生的免疫力不够持久。这也是一些养殖场不用菌苗进行预防的原因。

最近已研制出禽霍乱荚膜亚单位苗，安全可靠，免疫性能较好，注射后不出现肉眼可见的反应。产蛋鸡注射后，产蛋不受影响；发病禽注射该苗，5天可以控制疫情发展。

(3) 药物预防：在不利的应激环境下，可在饲料或饮水中添加药物预防。多种药物均可预防本病，如青霉素、链霉素、喹乙醇、磺胺类等，用药量为治疗量的一半。

2. 治疗

(1) 禽霍乱治疗的原则：

1) 首选高度敏感的药物：药物疗效的高低在很大程度上取决于用药种类及剂量是否恰当。有条件的养鸡场应从病死鸡中分离致病菌进行药敏试验，筛选出高敏药物用于治疗；无条件进行药敏试验的养鸡场应尽量选用平时在饲料、饮水中未添加过或不经常使用的药物种类。

2) 交替用药：任何一种药物，即使原来是高敏的药物都不能长期使用，否则，因抗药性的产生而降低疗效，甚至无效。为此应经常更换治疗药物，做到多种药物交替使用。

3）治疗应彻底：生产中对禽霍乱的药物治疗常常是不彻底的，停药后容易复发，故鸡群停止死亡后应继续用药2～3天，同时应将死鸡、粪便及时清除处理，鸡舍、运动场、器具彻底消毒，以彻底消灭传染源。

4）治疗应及时：病情一旦确诊，应及时用药，使病原菌侵入机体还未大量繁殖时即被彻底消灭。否则，病原菌在机体内大量繁殖后，即使应用高效的药物也未必能取得良好的治疗效果。

（2）禽霍乱治疗常用药物：

1）肌内注射：可选用链霉素每千克体重2万～3万单位，每天注射1～2次，连用2天；青霉素每千克体重3万单位，每天注射3～4次，连用2天；金霉素每千克体重40毫克，每天注射1次，连用2天。

2）饮水治疗：可用青霉素每只鸡每天2万～3万单位，饮水时要在2小时内饮完，以免时间长药物失效。

3）拌料投药：可选用金霉素、土霉素按0.1%量混在饲料中喂给，连用3～5天，可收到满意的治疗效果。但青霉素和链霉素混在饲料中喂给则无效。此外，红霉素、庆大霉素、氟哌酸、菌必清等对本病亦有良效。

4）磺胺类药物：磺胺二甲基嘧啶、磺胺二甲基嘧啶钠等混在饲料中用量为0.1%～0.2%，连喂2～3天，有良好疗效。磺胺嘧啶和磺胺噻唑的疗效稍差。大剂量（0.5%）的磺胺连用3天以上则有毒性作用，影响食欲、增重和产蛋率等。磺胺类药物若同磺胺增效剂混用（按5:1混合），则可降低磺胺用量喂0.025%，可服用较长时间。

5）喹乙醇：每千克体重用量为30毫克，每天1次，连喂2天，有较好的疗效。若每千克体重70毫克，连用数天即可发生中毒，因为此药排泄缓慢，在肝小有蓄积作用，所以用量不能过大，时间也不能过长。如需继续用药，应停药3~5天，然后再用一个疗程。

6）中草药及其制剂类：可用自然铜、大黄、厚朴、黄柏、苍术、胡黄连各30克，白芷15克，乌梅45克，研成细粉，拌料喂服，此为100只成年鸡用量。另外，千里光、一枝黄花、七叶一枝花（重楼）对禽巴氏杆菌也有高度抑菌作用，金银花、野菊花、筋骨草有中度抑菌作用，可以选用。用中草药制成的禽菌灵散、治霍宝等对之亦有良效。

三、鸡大肠杆菌病

鸡大肠杆菌病是由致病性大肠杆菌引起的幼鸡和成年鸡均可发生的原发性或继发性传染病。其主要表现有脐炎、气囊炎、眼球炎、关节炎、腹膜炎、肉芽肿等。

（一）病原

本病病原是埃希大肠杆菌。该菌是革兰阴性菌，非抗酸性，是染色均一的不形成芽孢的短小杆菌，其大小通常是（2~3）微米×0.6微米。大肠杆菌的抗原包含了菌体抗原、荚膜抗原和鞭毛抗原。这三种抗原形成了众多的不同血清型的大肠杆菌。

（二）流行病学

大肠杆菌对干燥的抵抗力强，在粪便、垫草、土壤、禽舍内的灰尘以及在孵化器中的羽毛、蛋壳碎片上附着的菌体，可长期存活，对禽类均可感染。

1. 垂直感染　大肠杆菌引起的败血症及腹膜炎均使其卵巢及输卵管感染，从而可引起卵的污染。卵壳的污染（外源性感染）在孵化过程中同样引起死胎或爆蛋。通过上述途径感染的胎儿即使出壳也多为感染雏鸡，这种雏鸡可排出大肠杆菌污染周围环境，并常在某种诱因的作用下呈败血症死亡，同时也能感染周围的健康雏鸡。

2. 呼吸道感染　大雏鸡或成鸡的气囊病或败血症，多为经呼吸道感染。主要是因为鸡舍内尘埃上附着的细菌在鸡吸氧时直接侵入气囊并定居、繁殖，在某种诱因的作用下引起大肠杆菌的侵袭。

3. 经口感染　由产生内毒素的大肠杆菌引起的急性出血性肠炎及全身的出血性变化感染而发生。

4. 发病诱因　致病性大肠杆菌经气囊或静脉接种雏鸡进行人工感染试验，虽可引起气囊炎、心包炎及肝周炎等典型的病理变化，但在自然情况下多因某种诱因的存在而发生，如寒冷、通风换气不良、氨气过多以及空气中游离的尘埃对呼吸道黏膜的刺激等。饲养密度过高、营养不均衡也能降低鸡的抵抗力。适当地补充维生素 A、维生素 E 可减少鸡的死亡。其他许多疾病中如鸡新城疫，大肠杆菌多为继发性病原体而加剧原发病的病势。

（三）临床症状及病理变化

埃希大肠杆菌由于侵害的部位不同，其临床症状和剖检变化也不同。常见的有以下几种病型：急性败血症、气囊炎、心包炎、眼球炎、输卵管炎、腹膜炎、大肠杆菌肉芽肿等。

1. 急性败血症　埃希大肠杆菌引起的急性败血症主要发生于小鸡。在成年鸡和育成鸡的病例中常与鸡伤寒和鸡霍乱相类似。病鸡肌肉丰满，嗉囊内充满食物，剖检发现肝脏呈绿色，胸肌充血，有时发现肝脏内有白色病灶。

2. 气囊炎　主要发生于 5 ~ 12 周龄的仔鸡，6 ~ 9 周龄鸡发病率最高。气囊炎常常继发或并发于传染性支气管炎、新城疫、霉形体病等，因为这些病的病原增高了呼吸道对从其进入的埃希大肠杆菌的易感性。吸入污染了此菌的灰尘是最重要的气囊发生感染的来源之一。鸡舍的灰尘和氨气导致鸡的上呼吸道纤毛失去运动性，从而使吸入的埃希大肠杆菌感染气囊。受感染的气囊增厚，呼吸面常有干酪样渗出物。轻微的气囊炎症状不明显，严重者可见呼吸困难。有啰音，咳嗽，食欲消失，病鸡消瘦，最后死亡。

3. 心包炎 埃希大肠杆菌的许多血清型在发生败血症时引起心包炎。心包炎经常伴发心肌炎。心包囊呈云雾状，心外膜水肿，并被覆有淡色的渗出物。心包囊内充满淡黄色纤维蛋白性渗出物。

4. 眼球炎 眼球炎是埃希大肠杆菌败血症的一种不常见的表现形式，经常是一侧眼睛的眼前房积脓、失明，脉络膜充血，视网膜完全被破坏。即使有些病鸡康复，但大多在发病后很快死亡。

5. 输卵管炎 当左侧腹大气囊感染埃希大肠杆菌后，许多母鸡发生慢性输卵管炎。输卵管扩张，壁变薄，内有大干酪样团块。该团块随着时间的延长而增大。病鸡常在受到感染后的最初6个月内死亡，发病后活的鸡几乎无能力产蛋。产蛋鸡也可能由于埃希大肠杆菌侵入泄殖腔而患输卵管炎。

6. 腹膜炎 产蛋母鸡可发生腹腔内的埃希大肠杆菌感染，以急性死亡、纤维素性渗出和游离的卵黄为特征。埃希大肠杆菌经输卵管上行至卵黄内，并在此迅速生长。由于卵黄落入腹腔而造成腹膜炎。

7. 大肠杆菌肉芽肿 本病的特征是以肝、盲肠、十二指肠和肠系膜发生肉芽肿，但是，脾脏没有病变。

（四）诊断

由于本病病型较多，而且容易与其他许多疾病混合感染或继发感染，单从临床症状和病变不能做出确诊，确诊必须依靠实验室手段。

（五）防治措施

1. 加强卫生管理 搞好平时的消毒工作。对禽舍要经常打扫，使其保持清洁卫生，并做到勤换垫草，保持环境干燥，改善通风条件，避免多尘、充满氨气的空气。粪便污染种蛋是鸡群间致病性大肠杆菌相互传播的最主要途径，因此，种蛋产出后要及时消毒入库，并淘汰破损和被粪便污染的种蛋。饲养密度不能过大，防止饲料突然改变、潮湿等应激因素的影响。饲料、饮水也要注意，防止大肠杆菌的污染，被污染的饲料、饮水以及老鼠的粪便中含有大量病原菌，鸡患霉形体、传染性支气管炎，以及环境污染严重、通风不良等可增加通过呼吸道感染埃希大肠杆菌的机会。杜绝其他动物和人员进入房舍。平时坚持自繁自养，不从疫情不明的种鸡场引种，对外来的禽类进行检疫。这样饲养的鸡群不接触或尽量少接触病原菌，减少发病的机会。

2. 做好大肠杆菌疫苗的接种　主要应用当地分离的常见血清型大肠杆菌制备灭活苗，往往具有良好的免疫效果。目前，已研制出针对血清型 O2: K1 和 O78: K80 的有效灭活菌苗。菌苗有油乳剂苗和氢氧化铝胶苗 2 种，通过对 25 ~ 28 日龄和 40 ~ 60 日龄二次免疫，可以明显地提高雏鸡血液中消除菌体的能力和增加对通过呼吸道感染的抵抗力。同时，在雏鸡的管理中采取保暖和避免饥饿，供给高蛋白饲料和提高维生素 E 水平，可明显提高被污染雏鸡的存活力。

3. 治疗　埃希大肠杆菌对许多种药物都敏感，如氨苄青霉素、氟哌酸、金霉素、新霉素、庆大霉素、土霉素、壮观霉素、链霉素以及磺胺类药和呋喃类药。由于埃希大肠杆菌不断产生耐药性，在使用时，要对某一疾病有关的埃希大肠杆菌做药物敏感性试验，以免应用时间短而无效的药物，并且剂量要足够大，时间要足够长；否则，剂量太小或药物浓度低，不能到达感染部位，即使用了高效药物也起不到较好的效果。

常用药物的使用方法：氟哌酸每千克用 1 克拌料或饮水，连用 5 ~ 7 天；庆大霉素 0.2% ~ 0.5% 拌料或饮水，连用 3 天；氨苄青霉素 1 克加水 20 千克饮用，连用 5 ~ 7 天。

四、禽沙门菌病

禽沙门菌病是由沙门杆菌属中的一种或多种沙门菌所引起的禽类的急性或慢性疾病的总称。该病世界各地普遍存在，对家禽业的危害性极大，主要包括鸡白痢、鸡伤寒和禽副伤寒。

禽沙门菌病的特点：感染率高；幼禽易感，呈急性经过，成年禽感染多呈慢性或隐性经过；病原菌对抗菌药物极易产生耐药性；尚无有效的免疫方法。

（一）病原

引起鸡白痢病和鸡伤寒病的病原体分别为鸡白痢沙门杆菌和鸡伤寒沙门杆菌，引起禽副伤寒病的病原体为其他有鞭毛能运动的沙门杆菌。

各型沙门杆菌均为兼性厌氧的短杆菌，无荚膜和芽孢，除鸡白痢沙门杆菌和鸡伤寒沙门杆菌无鞭毛不能运动外，其他沙门杆菌均有鞭毛能运动。

禽沙门菌病的病原存在于禽的内脏器官（如肝、肺、卵巢、肠及心脏）和排泄物中，病原菌对寒冷、干燥及直射阳光的抵抗力不强，一般的消毒药物都能迅速杀死病菌，但该菌对腐败的作用颇能耐受，从死后 10 天的尸体中仍能分离出本菌。

（二）流行病学

1. 鸡白痢 鸡和火鸡是鸡白痢沙门杆菌最重要的易感动物，不同品种的鸡对本病均具有易感性，但重型鸡比轻型鸡更敏感。另外，雏鸡比成年鸡敏感。雏鸡表现为急性全身性感染，发病率和死亡率都很高。成年鸡则表现为慢性、隐性感染。母鸡比公鸡易感染。

病鸡和带菌鸡是主要传染源，其排泄物中含有大量的病原菌，污染周围环境，如饲料、水源、笼具，而在鸡群中引起本病的水平传播。成年带菌母鸡，在其卵巢、卵子、输卵管和泄殖腔中含有大量病原体，在卵的形成和产生过程中，会进入卵内污染蛋壳表面，造成本病的垂直传播。这种带菌种蛋如果未经消毒孵化，就会出现死胚、死雏、弱雏，其粪便、绒毛和蛋壳等对孵化器、孵化室、饲料、饮水造成污染，因此在雏鸡群中引起严重的水平传播。这些鸡若不进行有效治疗，会造成大批死亡，耐过鸡会长期带菌，不仅对其生产性能有影响，而且也影响周围环境，不断散播病菌，其所产的蛋又是带菌蛋，这样代代相传很难根除本病。

本病的死亡通常限于 2～3 周龄的雏鸡。如果环境卫生条件差、温度过低、密度过大、通风不良、饲料营养不足以及其他病，如霉形体、大肠杆菌等混合污染，均可加重本病的发生和死亡。

2. 鸡伤寒　本病为鸡和火鸡特有的传染病，间或发生于其他雉科禽类。主要危害青年鸡、成年鸡，也可感染雏鸡，死亡率为 30% 左右。

本病主要经消化道感染，带菌鸡和带菌种蛋是主要的传染源。代代相传是该病重要的传播方式。

3. 禽副伤寒　本病能感染各种家禽和野禽。2 周龄内的雏鸡和火鸡最易感。成年鸡感染一般不表现症状，但肠道内长期带菌。1～2 周龄感染者常呈流行性发生。在自然情况下幼禽死亡率从 1% 到 10%～20% 不等，严重者高达 60%～80%。

病禽或带菌动物是本病的传染源，其传播方式和传播途径与鸡白痢和鸡伤寒相似。

（三）临床症状和病理变化

1. 鸡白痢　本病在雏鸡和成年鸡中所表现的症状和经过有显著的差异。雏鸡感染后，一般呈急性经过，卵内感染者在孵化中常出现死胚、弱胚，不死的也常在出壳后 1～2 天呈败血症过程而迅速死亡。出壳后感染的雏鸡，经 4 ~ 5 天的潜伏期后表现出症状，死亡率迅速增加，在 10 ~ 14 日龄死亡达到高峰。最急性死亡常无明显症状，稍缓型者表现精神沉郁、羽毛蓬松、畏寒怕冷、双翅下垂、闭眼昏睡、聚集成堆，有的离群呆立、蹲伏；有时伴有呼吸困难症状，食欲减少或消失，多数出现软嗉症、腹泻，拉白色浆糊样粪便，肛门周围绒毛被粪便严重污染；有时粪便干结封住肛门，造成排粪困难，最终因呼吸困难和心力衰竭而死亡。有的病雏发生关节炎，关节肿胀，不能站立行走，个别的发生眼球炎，病程短者 1 天，一般 4 ~ 7 天，死亡率达 40% ~ 70%。20 日龄以上雏鸡很少死亡，但发育不良，成为慢性病鸡或带菌鸡。成年鸡感染后常无明显症状。但多数母鸡产蛋量、种蛋受精率、孵化率下降，孵出的雏鸡成活率低，发病死亡率高。极少数母鸡表现精神委顿，头翅下垂。排白色稀粪，产蛋停止，或者卵黄掉入腹腔而引起卵黄性腹膜炎。

雏鸡急性死亡者，病变不明显，仅见各个脏器有充血、出血，肺部病变最常见，肺有充血、出血或坏死，呈紫红色或暗红色，有少量或大量的针尖状白色坏死点。病程稍长的卵黄吸收不良，心肌、心外膜、大肠及肌胃上有灰白色坏死点或小结节，肝脏肿大变性，淡白色或土黄色，充血或有条纹状出血，肾小管和输尿管充盈扩张，充满尿酸盐，盲肠中有干酪样物质而造成栓塞。

成年鸡最常见的病变部位在生殖器官，剖检典型病例可见卵泡变形如同鸭梨形、纺锤形、不规则形，质地改变，有的变成水泡，有的变硬似油脂状或干酪样，颜色变淡，无光泽，病变卵泡可掉入腹腔或阻塞输卵管而引起腹膜炎及腹腔脏器粘连，常伴有心包炎、心包液混浊，重者心包膜增厚而不透明，逐渐粘连，心包液增多，在腹腔脂肪中或肌胃及肠壁中有时可见到干酪样坏死。

成年公鸡的病变主要表现为睾丸萎缩，质地变硬，同时内有脓肿；输精管扩大，内有干酪样渗出物，也常发现有心包炎、心包增厚、心包液增多混浊、心包粘连等病变。

2. 鸡伤寒　潜伏期为4～5天，发病雏鸡的症状和病变与鸡白痢相似。青年鸡、成年鸡发病常表现突然停食，排黄绿色稀粪，羽毛松乱，冠和肉垂呈苍白色皱缩，体温升高1～3℃。急性者可迅速死亡，但通常在5～10天死亡。解剖时常见肝、脾、肾充血肿大。亚急性及慢性经过者，可见肝肿大呈青绿色，肝和心肌有灰白色坏死灶。母鸡因卵黄破裂常引起腹膜炎。

3. 禽副伤寒　2周龄内的雏禽感染常呈急性经过。经卵或孵化器感染的雏禽，呈败血症经过，往往不显症状而迅速死亡，较大的幼禽常呈亚急性经过，病禽表现呆立闭眼、两翼下垂、羽毛松乱、厌食、怕冷、排绿色或黄色水样粪便。病程1～4天。雏禽感染后表现颤抖、喘息，常猝然倒地而死。最急性死亡的病雏鸡，病变不明显。病程稍长者可见失水、消瘦。肝、脾充血并有条纹状或点状出血或坏死灶，卵黄凝固，出血性肠炎，盲肠内有干酪样物。成年鸡一般呈隐性经过，常不出现症状。偶尔可见急性病例，表现下痢、倦怠等症状。蛋鸡可见输卵管炎和卵巢的变性坏死及化脓，并由此引起腹膜炎。

（四）诊断

根据本病的流行病学、临床症状及病理变化，可以对禽沙门菌病做出初步诊断，但要确诊须采取实验室手段。

（五）防治措施

1. 预防和净化

（1）做好环境卫生：加强和改善鸡舍的消毒卫生工作是防止禽沙门菌病发生的重要环节之一，平时做好食槽、水槽等用具的清洗、消毒，以及鸡舍内墙壁、地面的清洁卫生，改善鸡舍的通风条件。对育雏室按每立方米的空间，定期用40%甲醛溶液

40 毫升和 20 克高锰酸钾熏蒸消毒。种蛋消毒与孵化室清洁是防止沙门菌经卵或孵化室传播的重要措施，一般种蛋每天收集 4 次（2 小时内收集一次），收集的种蛋经筛选后，放入种蛋消毒柜消毒，按每立方米的空间，用 40% 甲醛溶液 30 毫升和 15 克高锰酸钾熏蒸消毒 30 分钟，然后再送入种蛋库中贮存。蛋库也要定期消毒，保持良好的卫生、适宜的温度和湿度。

（2）二次熏蒸种蛋：种蛋送入孵化器后，进行第二次熏蒸，按每立方米的空间，用 40% 甲醛溶液 30 毫升和 15 克高锰酸钾熏蒸消毒 30 分钟；排气后按孵化规程进行孵化。

当出雏 60% ~70% 时，用 40% 甲醛溶液 7 毫升/米^2，对雏鸡进行熏蒸消毒，让其自然挥发，持续 1 ~ 2 小时，取出雏鸡。或者每立方米用 20 毫升过氧乙酸加 4 克高锰酸钾进行熏蒸消毒。死胎、蛋壳应及时消除并妥善处理。

（3）严格检疫和淘汰种鸡：拟订净化力案，定期对鸡群进行严格的检疫，淘汰阳性带菌鸡，以达到清除病原的目的。种鸡第一次检疫在 140 ~ 150 日龄为宜。若阳性鸡在 5% ~10%，间隔 30 天再进行一次普检，第二次检疫没达到规定的标准（0.1% ~ 0.3%），还需普检或抽检。若阳性鸡在 0.1% ~0.3%，建议在产蛋高峰后，300 ~ 350 天再进行一次普检。检出的阳性鸡坚决淘汰。

（4）选用对雏鸡敏感的药物：对雏鸡敏感的药物（如氟哌酸、庆大霉素、卡那霉素等），可选用进行预防和治疗。

2. 治疗 沙门菌极易产生耐药性，养鸡场应根据药敏实验的结果选择敏感抗菌药物进行治疗。目前一些新型抗菌药物，如先锋霉素类、头孢类等有较好疗效，但不能根除本病。种鸡群只能通过反复检疫，淘汰阳性鸡，同时加强隔离、消毒、管理等各项综合措施，才能减少本病的发生。

五、鸡葡萄球菌病

鸡葡萄球菌病是由致病性葡萄球菌引起的鸡的急性或慢性传染病，其临床表现多种多样，一般以组织器官发生化脓性炎症或全身败血症为特征。

（一）病原

家禽体内分离到的葡萄球菌包括金黄色葡萄球菌和表皮葡萄球菌。在葡萄球菌中，金黄色葡萄球菌是唯一对家禽有致病力的病原菌。该菌为革兰阳性菌，呈圆形或卵圆形，无鞭毛，无荚膜，不形成芽孢，常呈葡萄串或团块状排列，有些呈双球或链状排列。

金黄色葡萄球菌对外界的抵抗力极强，在固体培养基上或在脓性分泌物上可长时间存活。大多数菌株对高盐的某些抑制剂有抵抗作用。金黄色葡萄球菌的抗原性复杂，一般认为凝固酶阴性的金黄色葡萄球菌对家禽有致病性，而凝固酶阴性的菌株没有致病性。

（二）流行病学

金黄色葡萄球菌在自然界中分布极广，常存在于尘土、空气、饲料、水、物体表面，可以引起多种动物感染和发病。鸡的皮肤、眼睑、黏膜、羽毛和肠道中均有葡萄球菌存在，通过口腔特别是皮肤创伤侵入体内，此外，还可以通过直接接触和空气传播。若经皮肤伤口、毛囊进入组织内，则常发生毛囊炎、疽、蜂窝织炎、脓疱或坏死性皮炎、脓病及伤口化脓等，甚至发生败血症或脓毒血症；经呼吸道感染则引起呼吸道黏膜炎症、肺炎和脓胸；若经消化道感染则引起食物中毒和胃肠炎；若孵化室被本菌污染，则细菌可通过蛋壳表面微孔侵入蛋内，造成胚胎感染或在雏禽出壳时，感染脐环发生脐炎而呈败血症死亡。鸡群过大、拥挤、通风不良、断喙、卫生条件太差、笼具粗糙等都可促使本病的发生。笼养鸡比平养鸡多见，肉用鸡比蛋用鸡多见。

本病一年四季均可发生，以雨季、潮湿季节发生较多。各种年龄和品种的鸡均可感染，以1.5～3月龄的幼鸡多见，常呈急性败血症。中雏和成鸡常以慢性、局部性感染为主。

（三）临床症状和病理变化

由于本菌侵入机体的部位不同，导致致病力不同。鸡的葡萄球菌病表现形式有多种多样，常见的有以下几种：

1. 急性败血症型 为本病的常见病型，多发生于中型雏鸡。皮肤损伤是其发病的直接因素。最急性病可无任何症状而突然死亡。大多数病例可见缩头垂翅，闭目嗜卧，羽毛蓬松零乱，胸部皮下呈紫红色或紫黑色，有波动感，破溃后流出红色液体污染周围羽毛；呼吸困难，衰竭，很快死亡。特别是40～60日龄的笼养鸡，突出的表现是翅膀、胸部、腹部及臀部皮下有浆液性渗出物，皮肤浮肿有波动感，溃烂后流出恶臭茶水色液体。局部羽毛脱落，或一触即掉。皮下、浆膜、黏膜水肿、充血、出血和渗血，有棕黄色或黄红胶样浸润，特别是胸骨柄处肌肉呈弥漫性出血斑或条纹出血，部分病例腿肌出血。实质脏器充血肿大，肝呈淡紫红色，有花纹斑，肝、脾有白色坏死点，输尿管有尿酸盐沉积。常在发病后2～3天死亡。

2. 脐炎型 俗称“大肚脐”，是刚出壳不久雏禽的一种病型。由于脐环闭合不全，在污染的孵化器、孵化室或育雏室内感染后引起发病。除精神沉郁、不食、不爱活动等全身症状外，突出的表现是腹部膨大，脐孔及周围组织发炎肿胀或形成坏死灶，局部呈黄红、紫黑色，质硬，常有恶臭味，时间稍长者则为脓性干涸坏死。肝脏有出血点，卵黄吸收不全，呈黄红色或黑灰色，一般2～5天死亡。

3. 关节炎型 表现为多个关节发炎肿胀，特别是趾、跖关节多见，呈紫红色或紫黑色，滑膜增厚，充血，出血，关节腔内有渗出物，有时含有纤维蛋白。有的破溃并结成污黑色硬痂，脚掌肿大，有趾瘤，或趾尖坏死呈黑紫色，跛行，喜卧，消瘦，最后衰竭死亡。病程多为10天左右。

4. 其他病型　除上述几种常见病型外，有时还可见到眼球炎、肺炎、肝炎等多种病型，而且，有时在同一病例可表现出2种以上病型，临床上注意观察并及时治疗。

（1）眼炎型：最初出现浮肿性皮炎的症状，稍后即发生头部肿大，眼睑肿胀，眼结膜红肿，行动性分泌物将眼睑粘连，眼角有大量分泌物，眼睛失明，不久即死亡。病鸡多数出现浮肿性皮炎的症状，少数鸡只单纯出现眼部的症状。

（2）肺炎型：多发生于中型雏鸡，表现出呼吸困难的症状，死亡率在10%以上。

（3）肝炎型：多发生于成鸡，皮下有浮肿性皮炎，腿僵直，跛行，羽毛松乱，无食欲，腹泻，肉髯和鸡冠呈青紫色，腱鞘和关节也常发生肿胀。若发生于蛋鸡，则减产严重。

（4）并发型：鸡场内有某些疫病流行时，常可并发葡萄球菌病，如鸡痘、传染性鼻炎和支原体病等都可以并发此病。由于是合并感染而在临床上出现一些复杂的症状，需要仔细进行观察和分析，才能做出正确的诊断。

（四）诊断

根据本病的流行病学特点（如1～2月龄的幼禽，有外伤存在，卫生条件差，饲养管理不善等）、特征表现（败血症、皮炎、关节炎和脐炎等）及病变（皮肤、关节发炎、肿胀、化脓、坏死等），一般不难做出初步诊断。必要时用病变部位脓汁或渗出液及血液等涂片镜检或分离培养，并进一步做生化试验、动物接触试验等对病原进行鉴定，即可确诊。

本病应注意与坏疽性皮炎、病毒性关节炎、滑液囊霉形体病和硒缺乏症等相区别。坏疽性皮炎系由魏氏梭菌和腐败梭菌所引起，多发生于4～16周龄鸡，除大腿、胸、腹部皮肤和深层组织、翅尖和趾坏死外，还可见出血性心肌炎，肝脏周围有坏死点，镜检可发现大量革兰阳性菌。硒缺乏症主要是因日粮中硒的含量不足，身体较低部位的皮下充血呈蓝紫色，有浅绿色水肿，主要病变是胰腺变性、坏死和纤维化，若无继发感染，一般查不到细菌，补硒后很快控制。病毒性关节炎虽然也有关节肿大、跛行等症状，但一般精神、食欲无明显变化，体表没有化脓、溃烂现象。滑液霉形体病也有关节肿胀及跛行症状，但病程较长，体表各部无出血、化脓和溃烂，用链霉素和泰乐菌素治疗有效。

（五）防治

葡萄球菌广泛存在于环境中，防治本病要做好经常性预防工作。具体方法如下：

第一，防止和减少外伤的发生，消除饲养环境（如笼、网具等）中一切尖锐物品，从而堵截葡萄球菌的侵入和感染门户。对鸡来说，适时接种鸡痘疫苗，是防止本病发生的重要措施。鸡在断喙、戴翅号、剪趾及免疫刺种时，要做好消毒工作，以避免发病。

第二，加强饲养管理，喂给必要的营养物质，特别是供给足够的维生素和矿物质；鸡舍要适时通风，保持干燥；鸡的饲养群体不宜过大，避免拥挤；鸡适时断喙，防止互啄现象；有适当的光照。这样，使鸡群有较强的体质和抗病能力。

第三，严格消毒是贯彻预防为主的综合防治措施中的一项主要措施，结合平时饲养管理，做好鸡舍、用具和饲养环境的清洁、卫生及消毒工作，以减少或消除传染源，降低感染机会，对于防止本病的发生有重要的实际意义。在有鸡、鸭、鹅存在的条件下，圈舍可用5%的过氧乙酸进行消毒，对圈舍地面、墙壁、羽毛上的葡萄球菌有良好的杀灭作用。

第四，要注意种蛋、孵化器及孵化全过程中工作人员的清洁、卫生和消毒工作，防止污染葡萄球菌引起鸡胚及雏鸡的感染或发病。

第五，鸡场一旦发生葡萄球菌病，要立即对鸡舍、饲养管理用具进行严格的消毒，以杀灭散播在环境中的病原体，从而达到防止疫病发展和蔓延的目的。还要及时进行药物治疗。常用的抗生素、磺胺类药物等都有一定治疗效果。如用新生霉素：每千克饲料或饮水加入 0.5 克，连用 5 ~ 7 天；庆大霉素或卡那霉素：每只鸡 4 000 ~ 5 000 单位，混入水中饮服，连用 5 天；红霉素：对关节炎型病鸡可用 $400\times10^{-6}\sim600\times10^{-6}$ 混饲或 $240\times10^{-6}\sim330\times10^{-6}$ 混饮，连用 5 天；外伤处理：切开脓肿，排出脓液，用双氧水冲洗溃口及内部数次，然后注入大量的青霉素、链霉素预防感染。全身使用广谱抗生素，如庆大霉素、强力霉素支持治疗。

第六，用葡萄球菌菌苗预防注射，可收到一定的预防效果。由于金黄色葡萄球菌容易产生抗药性，因而药物防治效果常不稳定。为了控制本病的发生和蔓延，可以使用从发病当地分离出的菌株制备的灭活苗，往往可起到良好的预防效果。

第三节　蛋鸡常见病的预防和安全用药

一、常见病毒性传染病

（一）鸡新城疫

鸡新城疫（ND）又称亚洲鸡瘟，俗称鸡瘟，是由病毒引起的一种高度接触性传染病。发病不分年龄和季节，发病率高，发病急，病程短，传播迅速，死亡率高。近年来鸡新城疫在鸡场时有发生，其原因如下：疫苗选择不当，免疫程序不合理；疫苗保存、运输不当；接种途径不当，免疫鸡群受到强毒的严重污染；鸡群的抗体不整齐，某些传染病尤其是超强毒严重污染等。

另外，常见的发病鸡群症状轻微，发病率、死亡率低，病理变化不典型，又称为非典型新城疫，也会给养鸡场造成一定的经济损失。

1. 病原和流行病学 本病病原是鸡新城疫病毒，属副黏病毒科副黏病毒属单股 RNA 病毒，存在于病鸡所有组织和器官、体液、分泌物和排泄物中。以脑、脾、肺中含毒量最高，骨髓含毒时间最长。本病毒能在多种细胞上生长，且能引起细胞病变；具有凝集红细胞的特性，并能为特异性抗体所抑制。本病毒对干燥、日光、湿热抵抗力不强。

本病主要发生于鸡和火鸡，其他鸟类也能感染，各种年龄、品种、性别的鸡皆可发病，但雏鸡易感。主要传播途径是消化道和呼吸道，不能垂直传播。一年四季均可发生，鸡群一旦感染，传播迅速，发病率、死亡率可达90%。

2. 症状和病理变化 鸡新城疫潜伏期 3～5 天，在临床上可表现为最急性型、急性型、慢性型和非典型型。

（1）最急性型：病程极短，往往头天晚上还看不出症状，次日早晨即已死亡。此型多发生于雏鸡及流行初期。

（2）急性型：表现为病初体温升高，精神委顿，昏睡，不食，母鸡产蛋量剧减。特征症状：上呼吸道分泌物增多，自口鼻流出；呼吸困难，冠髯发绀；病鸡表现下痢，粪便呈绿色、黄白色，恶臭；部分鸡嗉囊积液，倒提自口中流出。有的病鸡还出现神经症状，最后体温下降，不久在昏迷中死亡。病程 2～5 天，1 月龄内的小鸡病程短，症状不明显，病死率高。

急性型病鸡的主要病变发生在消化道和呼吸道，腺胃黏膜水肿，乳头和乳头间有出血点或出血斑，肌胃的角质膜下也常见出血点或溃疡。小肠黏膜出血，盲肠和直肠黏膜条纹状出血，盲肠扁桃体肿大，产蛋鸡输卵管和卵黄膜充血、出血，卵泡易破裂，引起卵黄性腹膜炎。

（3）慢性型：病初与急性相似，不久后渐见减轻，但出现神经症状，头颈向一侧或向后扭曲，呈观星状，病程一般达10～20天。此型多发生于流行后期的成年鸡，病死率较低，产蛋母鸡发病后，产蛋会突然下降，且产软壳蛋、薄壳蛋、粗糙蛋等异常蛋。耐过鸡留下神经后遗症。

（4）非典型型：多发生于30～40日龄雏鸡，主要表现为明显的呼吸道症状和发生下痢，新城疫的典型症状不明显。雏鸡表现呼吸困难，张口伸颈。病程稍长的出现神经症状。剖检可见喉头及气管出血，并有多量黏液。硬脑膜下呈树枝状充血并有出血点。幼雏缺乏有乳头出血病变，但随日龄增加，可见腺胃黏膜有少量出血点，小肠卡他性炎症。成鸡仅表现为食欲减少，产蛋量下降，幅度为10%～30%，半个月后开始回升。产蛋下降的同时，软壳蛋、畸形蛋和小蛋增多，呼吸困难，拉黄绿色稀粪。剖检可见喉头、气管黏膜充血、出血、黏液增多，盲肠扁桃体肿胀、出血，泄殖腔黏膜充血、出血。硬脑膜下有出血点。

3. 诊断与防治　根据流行病学、临床症状和剖检变化，可做出初步诊断。要做出准确诊断，则借助实验室检查。方法有：病毒分离培养，常采用鸡胚或鸡胚单层细胞；血细胞凝集试验和血凝抑制试验；中和试验；荧光抗体试验等。

预防新城疫除在饲养管理上下工夫外，如加强鸡舍内外环境的消毒，带鸡消毒，饮水消毒，定期检疫，隔离，以切断传播途径，搞好饲养管理，提高鸡群的抗病力，还要根据当地疾病流行情况，制定合理的免疫程序。以下程序可供参考：

1～3日龄：Clone30 + Ma5点眼。

15日龄：新支H120或新支二联油苗或新支法三联油苗每羽

0.3 毫升肌内注射。

50～70 日龄：新城疫Ⅳ系或新城疫 Clone30. N79，2 倍量点眼，滴鼻，也可肌内注射，大群鸡饮水用 2 倍量，第二天再用 2 倍量重复一次。

110～120 日龄：新城疫Ⅳ系或新城疫 Clone3. N79，4 倍量饮水，新支减三联油苗 0.5～0.8 毫升肌内注射，亦可用新城疫Ⅰ系苗与新支减三联苗分别肌内注射。

一旦确诊为新城疫，在治疗上可选用鸡干扰素滴鼻、点眼、口服或注射，配合使用特异性抗体（高免卵黄或高免血清），另外在饲料中添加抗生素、抗病毒中草药及多种维生素等，在发病早期或受威胁鸡群使用，治疗和预防效果明显。

（二）鸡传染性囊病

鸡传染性囊病（IBD）又称传染性法氏囊炎，是由病毒引起的急性、高度接触性传染病。本病不仅引起鸡发病死亡，而且破坏鸡的体液中枢免疫器官——法氏囊，造成免疫抑制，从而使鸡对外界的病原微生物易感性增强，导致新城疫、马立克等的免疫失败，给养鸡业造成巨大的经济损失。

1. 病原和流行病学 本病病原为鸡传染性法氏囊病病毒（IBDV），属于双股 RNA 病毒的呼肠孤病毒科呼肠孤病毒属。病毒无囊膜，目前已被分离到 2 个血清型，即血清Ⅰ型和血清Ⅱ型。血清Ⅰ型对鸡有致病力，血清Ⅱ型仅对火鸡致病。血清Ⅰ型和血清Ⅱ型在抗原性上不相同，用交叉保护试验可以区别。本病毒可在鸡胚上生长，也可在鸡胚成纤维细胞上生长，并形成蚀斑。鸡胚适应毒还可在 PK－15 细胞上生长，均产生细胞病变。本病毒具有耐热性，耐酸耐碱，对消毒药有一定抵抗力，无红细胞凝集作用。

本病毒仅感染鸡，各种品种的鸡均可感染，发病急，传播迅速，发病率死亡率高。本病一年四季均可发生，发病日龄范围大，主要侵害2～6周龄的雏鸡，易继发感染其他疾病，且降低机体对疫苗的免疫应答。直接和间接接触是本病的传播方式。

2. 症状和病理变化　本病潜伏期短，一般2～3天。病鸡的主要症状是：全群突然发病，病势严重，精神高度沉郁，缩头，闭目，怕冷，挤堆或伏地昏睡，羽毛松乱，食欲降低，饮欲增加；病鸡排出白色水样稀粪，含大量尿酸盐。脱水严重。病鸡眼窝下陷，脚爪皮肤干枯；出现以上症状后，病鸡发生大批死亡，7天后，则症状明显减轻，死亡减少。

剖检病变主要在法氏囊。病鸡在感染后第三天可见法氏囊显著肿大，为正常的1～2倍，其浆膜面上覆盖有淡黄色胶冻样渗出物。囊本身由正常的粉白色变为奶油黄色、深灰色，有的呈紫红色。囊黏膜有炎症变化，黏膜及皱褶有针尖大出血点或出血斑，甚至整个法氏囊广泛出血，囊内有干酪样或脓性分泌物。

除典型的法氏囊变化外，常伴有腺胃乳头出血，或腺胃与肌胃交界处形成明显出血带。腿肌、胸肌出血，肾肿大，尿酸盐沉积。

3. 诊断与防治　根据流行病学、临床症状及病理变化一般可做出初步诊断。但由于该病毒破坏了体内免疫器官——法氏囊，引起免疫抑制，导致对各种免疫不能产生正常应答，增加了对其他病毒、致病菌的易感性，因而在诊断时要注意有无继发感染。

实验室诊断多采用鸡胚接种、琼脂扩散、对流免疫电泳和免疫荧光技术。

对该病的预防，除加强饲养管理，搞好卫生消毒外，还要搞好疫苗免疫接种工作。下列免疫程序可供参考：

（1）种鸡群：2周龄和5周龄时接种传染性法氏囊病弱毒疫苗。20周龄及40周龄2次使用灭活油乳剂苗预防注射。

（2）商品蛋鸡：分为无母源抗体雏鸡和有母源性抗体雏鸡

两种，分别采用下列程序：

1）无母源抗体的雏鸡：5～7 日龄：法氏囊 B87（SPF 苗）滴口或 1.5 头份饮水；15～20 日龄：法氏囊 B87 或法氏囊二价双价苗（含变异株）2 头份饮水。

2）有母源性抗体的雏鸡：14 日龄：法氏囊 B87 滴口或 1.5 头份饮水；28 日龄：法氏囊二价或双价苗（含变异株）2 头份饮水。

（3）法氏囊病常发鸡群：10 日龄：法氏囊 B87 滴口，同时肌内注射新支法三联油苗 0.3 毫升；25～30 日龄：法氏囊二价或双价苗（含变异株）2 头份饮水。也可以用弱毒苗，连续用 3 次，即 10 日龄：（法氏囊 B87）滴口；20 日龄：法氏囊 B87 滴口或二价、双价苗 2 头份饮水；30 日龄：法氏囊二价、双价苗 2 头份饮水。

发生法氏囊病后，应立即采取如下治疗方法：使用鸡干扰素配合法氏囊高免卵黄或高免血清抗体，法氏囊病高免卵黄或高免血清使用剂量为 0.5～1 毫升/只，肌内注射，同时可用肾肿解毒灵 0.2% 饮水，三九清热散每袋 25 克加 50 千克水自由饮用。亦可用肾可舒饮水。瘟囊净 1% 拌料或饮水。另外，在饲料中添加广谱抗生素和多种维生素等。

（三）鸡传染性支气管炎

鸡传染性支气管炎（IB），是鸡的一种急性高度接触性传染性呼吸道病。以呼吸困难、发出啰音、咳嗽、张口呼吸和打喷嚏为特征。各种年龄的鸡都易感，但以 10～21 日龄的小雏鸡最严重；产蛋鸡群通常引起产蛋量显著下降，产畸形蛋、沙皮蛋等。

1. 病原和流行病学　本病的病原为鸡传染性支气管炎病毒（IBV），属冠状病毒科冠状病毒属。单股 RNA 病毒，具囊膜。近年来发现一株嗜肾型毒株，侵入机体后使肾脏发生病变，同时引起一定的呼吸道症状，称为肾型支气管炎，常见于雏鸡。该病毒主要存在于病鸡的呼吸道渗出物中，肝、脾、肾和法氏囊中也能发现病毒。病毒能在9～11日龄的鸡胚中生长，也能在鸡胚的肾、肝、肺培养细胞上生长。

鸡是本病的唯一自然宿主，各种年龄的鸡都有易感性，尤以雏鸡特别严重。其流行特点为5周龄以下的雏鸡和产蛋鸡感染严重，青年鸡（7～21周龄）很少发生。发病季节主要在秋末至翌年春末，以冬季最为严重。寒冷、过热、拥挤、通风不良都是本病的诱因，特别是强烈的应激作用，对本病的流行有明显影响。一般认为，该病不能通过种蛋垂直传播。本病的传播方式主要是通过直接接触传播，也可通过空气传播。

2. 症状和病理变化　本病毒引起鸡的传染病，主要有呼吸型、生殖型、肾型、腺胃型。

（1）呼吸型：主要发生于雏鸡群。全群几乎同时发病，最初主要表现呼吸道症状，流鼻涕，流泪，咳嗽，打喷嚏，常伸颈张口喘气。随着病情的发展，全身症状加重，精神委顿，缩头闭眼沉睡，两翅下垂，怕冷挤堆，采食减少，但饮欲增加，死亡率增加。病鸡如果体质较好，无其他并发症。病后及时使用抗菌药物防止继发感染，死亡率可控制在10%以下。

（2）生殖型：多发生于产蛋母鸡。病鸡首先表现为呼吸困难，咳嗽，打喷嚏，发出“呼噜”声。精神不振，采食减少，部分鸡排黄色稀粪。发病第二天产蛋开始下降，1～2周可降到最低点，并产生软壳蛋和畸形蛋，鸡蛋质量下降，蛋清稀薄。产蛋量回升快慢及回升程度，主要与鸡的日龄有关。处于产蛋高峰期的青年母鸡，如果饲养管理好，经过2个月，基本能恢复到原来的水平。但老龄鸡发病时，产蛋率下降幅度大，且不能恢复到原来水平，应考虑及早淘汰。

（3）肾型：多发生于20～50日龄的幼鸡。除发生呼吸道症状外，可引起肾炎和肠炎。常见急性下痢，排水样乳白色稀粪或绿色粪便。由于肾功能受损害，粪便中常混有大量尿酸盐。病鸡失水，表现虚弱嗜酸，鸡冠褪色或呈紫蓝色。

剖检病变主要在呼吸道。在鼻道、气管、支气管内有浆液性、黏液性或干酪样渗出物。在雏鸡的气管和支气管内，有时可发现淡黄色干酪样物质形成的栓子。产蛋母鸡的腹腔内可发现卵黄物质，形成卵黄性腹膜炎。输卵管缩短，肥厚，粗糙，局部充血、坏死。若雏鸡在 18 日龄以下发病者，输卵管所受损害不能彻底恢复，长大后一般不能产蛋。大龄鸡发病后，输卵管的病变轻一些，能有一定程度的恢复，长大后产蛋所受影响小。肾型支气管炎主要是肾肿大、苍白，肾小管由于尿酸盐沉积而扩张，使肾脏呈花斑状，输卵管因尿酸盐沉积而变粗。心脏、肝脏的表面有时也有沉积尿酸盐，似一层白霜。

（4）腺胃型：多发生于3～14 周龄的育成蛋鸡，以流泪、眼肿、极度消瘦、拉稀和死亡伴有呼吸道症状为特征。剖检腺胃肿大如球状，腺胃壁增厚，黏膜出血溃疡，胰腺肿大出血。发病率可达 100%，死亡率为 3%～95% 不等。

3. 诊断与防治　根据雏鸡和幼鸡的急性、高度接触性呼吸道感染以及母鸡产蛋显著下降和产畸形蛋、卵黄性腹膜炎等可做出初步诊断。确诊需实验室诊断：如病毒分离、间接血凝试验、琼脂扩散试验、荧光抗体试验等方法。

本病预防以疫苗接种为主。疫苗免疫选用 H120 和 H52，根据具体需要，可考虑使用含肾型的疫苗。免疫程序：蛋鸡分别于 7～10 日龄、30～35 日龄、120～130 日龄接种 3 次，种鸡在开产前要注射 1 次油乳剂苗。

在治疗上可选用鸡干扰素，配合抗病毒中草药、广谱抗生素药物以及多种维生素，在感染早期和受威胁鸡群使用，对治疗和预防本病的暴发有较好的效果。

（四）鸡传染性喉气管炎

鸡传染性喉气管炎（LT）是由病毒所引起的一种急性呼吸道病。以呼吸困难、喘气、咳出血样渗出物为特征，受侵害的喉部和气管黏膜肿胀和水肿，甚至糜烂和出血。

1. 病原和流行病学　本病的病原体是一种疱疹病毒，有囊膜，对乙醚敏感。病毒主要存在于鸡气管组织及其分泌液中，在肝、脾等器官和血液中病毒含量很少，人工将此病毒接种于鸡泄殖腔黏膜上，易于生长繁殖。病毒在鸡胚内增殖，使组织增生并产生坏死灶，引起鸡胚绒毛尿囊膜形成不透明痘斑。受感染的鸡胚存活时间随传代次数的增加而缩短。本病毒对外界环境抵抗力弱，常用消毒药均可将其杀死。

各种日龄的鸡均可感染，但通常成年鸡发病率高，而且症状典型。本病呈高度接触性传染，病毒由呼吸道和眼睛侵入鸡体。被污染的饲料、饮水、垫草、用具及人员衣物均为本病的传播媒介。康复鸡在气管黏膜和喉头中带毒可达 1 年之久，是本病重要传播来源。

本病一年四季均可发生，但秋冬季节发病较多。所有不良因素均可促进本病发生。

2. 症状和病理变化　本病自然感染的潜伏期为 6～12 天，人工感染为 2～4 天。病鸡由于喉部肿胀、通气不畅而呼吸困难，常咳出带血黏液。病鸡因窒息，鸡冠变为青紫色。打开口腔可见喉头和气管内有淡黄色纤维蛋白覆盖物。有时排出绿色稀粪，产蛋量下降。有些鸡群发病时，还出现严重的眼炎。眼皮肿胀凸起，眼内蓄有豆渣样物质。重病鸡多因窒息或迅速消瘦衰弱而死亡。同群鸡发病率 60%～100%，病程 7～15 天或更长一些，死亡率按全群计，一般为 20%～50%。

有一些缓和型传染性喉气管炎，呈地方性流行。病鸡表现流鼻液，流眼泪，眼结膜充血，轻微的咳嗽，产蛋减少。发病率

5%，多数在14天内，少数在4周内康复。

病变主要在喉部与气管，表现肿胀、充血、出血，覆有多量黏稠液和黄白假膜，并常有血凝块。气管的病变在靠近喉头处最重。鼻腔和眼内蓄有浓稠渗出物及其凝块。

3. 诊断与防治 本病急性病例根据症状及病理变化可做出初步诊断。确诊需要实验室诊断。常用的方法有鸡胚绒毛尿囊膜接种，培养出特征性痘斑；琼脂扩散试验；中和试验。注意该病与呼吸型支气管炎的区别。

本病在治疗上首先使用抗生素投服以控制病情，防止继发感染。对大群可使用干扰素饮水，配合抗病毒中草药及多种维生素。同时对病鸡要加强护理，搞好环境卫生。

疫苗接种：一般要求4～6周龄进行疫苗接种，并在14～16周龄时再接种1次。

（五）鸡马立克病

鸡马立克病（MD）是由疱疹病毒引起的鸡的一种高度接触传染性的肿瘤性疫病，以内脏、肌肉、皮肤淋巴瘤的形成和周围神经的淋巴细胞浸润为特征。

1. 病原和流行病学 鸡马立克病病毒属B型（细胞结合型）疱疹病毒。该病毒在鸡体组织内有三种存在形式：第一种是无囊膜的裸病毒，存在于肿瘤细胞和其他一些细胞内，与细胞共存亡；第二种是病毒的核酸整合到细胞中，没有完整的病毒，也是与细胞共存亡；第三种是在羽毛囊上皮中产生的有囊膜病毒，称为完全病毒，可脱离细胞而存活，排出体外后抵抗力较强，常伴随鸡的皮屑及灰尘散播，1年后仍有感染力。这种细胞外的完全病毒在马立克病的传染中起最主要的作用。

本病毒接种于4日龄鸡胚的卵黄囊内，接种后12～15天检查，在鸡胚绒毛尿囊膜可形成白色斑点病灶。病毒接种于初生雏鸡3～6周龄时，在其内脏器官产生肉眼可见的病变。

完全病毒对外界抵抗力强，细胞结合病毒与细胞共存亡。

鸡对本病最为易感，其次是火鸡，野鸡、珍珠鸡也可自然感染，各种哺乳动物对本病不感染。日龄越小易感性越高。母鸡较公鸡易感性高。

病鸡是本病的主要传染源。有囊膜的完全病毒存在羽毛囊上皮细胞中，可以脱离细胞而存活，其污染物可在较长时间内具有感染性，通过空气传播，经呼吸道感染。被污染的饲料、饮水、用具等可以成为传播媒介。

在自然条件下，由于病毒株毒力差异较大，所引起的病变种类和强度有很大不同。强毒株一般引起急性型马立克病较多，而且内脏常发生肿瘤；弱毒株一般引起神经系统病变较多，而内脏发生肿瘤比例则较低。

2. 症状和病理变化　本病从感染到发病潜伏期较长，人工感染最短的潜伏期为 3～4 周。根据病变发生的部位和症状，一般可将本病分为神经型、内脏型、眼型和皮肤型四型。如有二型以上同时发生，则称为混合型。

（1）神经型：又称古典型。其特征是鸡的外周神经被病毒侵害，不同部位的神经受侵害时表现出不同的症状。当一侧或两侧坐骨神经受侵害时，病鸡一条腿或两条腿麻痹，步态失调，两腿完全麻痹则瘫痪。较常见的是一条腿麻痹，当另一条正常的腿向前迈步时，麻痹的腿跟不上来，拖在后面，形成“劈叉”样特殊姿势；当臂神经受害时，病鸡一侧或两侧翅膀麻痹下垂。支配颈部的肌肉神经受害时，引起扭头、仰头现象。颈部迷走神经受害时，嗉囊麻痹、扩张、松弛、形成大嗉子，有时张口大声喘气。

（2）内脏型：又称急性型。此型的特征是一种或多种内脏器官及性腺发生肿瘤。病鸡起初无明显症状，逐渐消瘦，冠髯萎缩，极度瘦弱，最后衰竭死亡。

(3) 眼型：单眼或双眼发病。表现虹膜的色素消失，呈同心环状（以瞳孔为圆心的多层环状）、斑状或弥漫的灰白色，俗称“灰眼”。瞳孔边缘不整齐，呈锯齿状，而且瞳孔逐渐缩小，最后仅有粟粒大，不能随外界光线强弱而调节大小。鸡眼视力丧失，双目失明。

(4) 皮肤型：肿瘤大多发生于翅膀、颈部、背部、尾部上方及大腿的皮肤，表现为个别羽毛囊肿大，并以羽毛囊为中心，在皮肤上形成结节，有玉米至蚕豆大，较硬，少数溃疡。

以上四型，内脏型发生最多，神经型也很常见，眼型、皮肤型及混合型发生得较少。

剖检：神经型马立克病，可见受害的神经由于淋巴细胞浸润而肿胀，有时呈水肿样，比正常的粗 2～3 倍，同一条神经上还可见到小的结节，使神经变得粗细不均。神经的颜色由正常的银白色变为灰色、灰黄色。对称的神经通常是一侧受害，与对侧正常的神经作比较，有利于诊断。

内脏型马立克病剖检可见脏器上的肿瘤呈巨块状、灰黄白色、质硬，切面平整呈油脂状；也有的肿瘤组织浸润在脏器实质中，使脏器异常增大。

3. 诊断与防治 根据本病的流行特点、特征性神经症状及死亡病理变化，即可在现场做出初步诊断。

实验室诊断常用鸡胚绒毛尿囊和卵黄囊膜接种，30% 以上鸡胚绒毛尿囊膜上产生典型痘斑。用鸡肾细胞培养分离病毒，细胞单层常有松散的灶形病变。血清学诊断可用琼脂扩散试验、荧光抗体法、酶标抗体法及间接血凝试验等方法对本病进行诊断。

诊断本病时，应注意与淋巴白血病的区别。

本病目前尚无特效药物治疗。预防本病应采取接种疫苗，并结合卫生防疫等综合措施。雏鸡出壳后 24 小时之内，要接种鸡马立克病疫苗。目前研制的疫苗有三种：一是强毒经培养致弱制成的致弱疫苗，致弱疫苗很少应用；二是从自然界分离的弱毒株培养制成的自然弱毒疫苗；三是火鸡疱疹病毒疫苗。

（六）鸡白血病

鸡白血病是由禽白血病病毒所引起的一种慢性传染性肿瘤病。最常见的是淋巴细胞性白血病。流行面广，但发病率不高。

1. 病原和流行病学 病原是一群有共同特征的病毒，根据其宿主范围和抗原性及病毒之间的干扰现象不同，可将禽白血病肿瘤病毒分为 A、B、C、D、E、F、H 7 个亚群（型），A 和 B 亚群是最常见的 2 个病毒亚群。

病毒在 11 日龄鸡胚绒毛尿囊膜上生长，8 天后即产生病变。将病毒接种于 5~8 日龄鸡胚卵黄囊内，也可产生肿瘤。在鸡胚成纤维细胞上，病毒能很好地生长繁殖，并产生细胞病变。将病毒接种于1 日龄易感雏鸡，也能引起雏鸡发病。

本病毒对外界环境的抵抗力较低，对紫外线和 X 射线的抵抗力强，在 pH 值 5~9 时稳定。

本病传染方式主要是经蛋垂直传播，也能经消化道传播。在自然感染条件下，仅发生于鸡。人工接种某些病毒有时可使多种禽类甚至哺乳动物发生肿瘤。鸡由于日龄、性别及品种不同，发病率有很大差异。6~18 日龄的鸡易感，母鸡比公鸡易感，芦花鸡的发病率高于来航鸡，来航鸡的不同品系发病率也有明显差别。

2. 症状和病理变化 本病的潜伏期和病程比较长，基本症状是进行性消瘦，鸡冠萎缩，产蛋停止。不同病型的症状和病理变化有一定差别。

（1）淋巴细胞性白血病：自然病例常于 14 周龄后出现，到性成熟发病率最高。本型外表无特殊症状，仅见食欲减退、消瘦和衰弱、精神委顿、病鸡下痢、产卵停止、鸡冠苍白，偶见蓝紫色。严重病例腹部膨大，用手按压时，可摸到肿大的肝脏，所以又叫“大肝病”。

剖检：可见到不同的器官有大小不一、数量不等的肿瘤，肿瘤可发生在肝、脾、法氏囊、肾、肺、性腺、心、骨髓和肠系膜等器官，但常见于肝、脾和法氏囊。

（2）成红细胞性白血病：本型分为增生型和贫血型两种。增生型是以血液中出现大量幼稚型成红细胞为特征；贫血型是以发生严重贫血为特征，但少见。

增生型和贫血型均表现为衰弱、消瘦、嗜睡、鸡冠苍白或呈紫色、下痢，病程长短不一，从几天到几个月。

增生型病理特征为肝和脾显著肿大，肾脏肿大较轻，这些器官呈樱红色到暗红色，质脆而柔软，骨髓增生，很软呈水样，颜色为暗红色到樱红色，并常有出血。贫血型呈现内脏器官萎缩，骨髓苍白呈胶冻样，骨髓间隙大部分被疏松骨质所代替。

（3）成骨髓细胞性白血病：本病的临床表现与成红细胞性白血病相似。剖检可见实质脏器肿大，特别是肝脏呈现粒状或斑纹状坏死，呈灰白色。骨髓增生苍白色，成骨髓细胞大量增生。

（4）骨髓细胞淋巴白血病：在病鸡的骨髓上常见到由骨髓细胞增生所形成的肿瘤，病鸡头部出现异常突起，胸和肋骨也会有这种突起。剖检可见骨髓的表面靠近软骨处发生肿瘤。骨髓细胞呈淡黄色，柔软，质脆或似干酪样，呈弥漫状结节状，常为散发性，且常两侧对称。

3. 诊断与防治　本病可根据特征性病理变化，再结合临床症状、流行特点做出初诊。实验室诊断可进行病毒分离培养。本病应与鸡马立克病相区别。

防治本病目前尚无有效药物，亦无有效疫苗。由于其经蛋垂直传播，因此，种鸡、种蛋必须来自无本病的鸡场。发现病鸡要及时淘汰，加强消毒，防止直接接触和水平传播。

（七）禽痘

禽痘是由痘病毒引起的禽类一种高度接触性传染病，是鸡的一种常见病，死亡率不高，但影响生长和产蛋。

1. 病原和流行病学　禽痘病毒为痘病毒科禽痘病毒属的成员，可通过绒毛尿囊膜途径感染10日龄鸡胚，出现绒毛尿囊膜增厚，呈灰色并形成单个略呈圆形痘斑病变。病毒对干燥的抵抗力很强，但对消毒剂抵抗力不强。

在家禽中以鸡和火鸡最为易感，鸭、鹅极少感染。雏鸡较少发病，如发病则症状严重。大约70日龄至开产前后青年鸡发病最多。发病季节以夏秋为主，冬季较少。夏秋发病常表现为皮肤型，冬季发病的以白喉型为多。

禽痘病毒随病鸡的皮屑及脱落的痘痂等散布在饲养环境中，经皮肤或黏膜侵入鸡体，在创伤部位更易侵入。蚊、蝇、螨、虱等吸血昆虫是重要传播媒介。

2. 症状和病理变化　本病的潜伏期为4～8天。根据患病部位和症状可分为皮肤型、白喉型、眼鼻型和混合型。

（1）皮肤型：最常见，病鸡冠、髯、眼皮、耳球、嘴角等部位起初出现麸皮样覆盖物，继而形成白色小结节，很快增大，略发黄，相互融合，最后变为棕黑色痘痂，经20～30天脱落。严重时，引起精神、食欲不振，产蛋下降，如无并发症，病鸡很少死亡。

（2）白喉型：也称黏膜型。病鸡起初流鼻涕，有的流眼泪，经2～3天，在口腔和咽喉黏膜上出现灰黄色小斑点，很快扩散，相互融合，形成假膜。如用镊子撕去，下面露出溃疡灶。全身症状明显，精神委靡，采食与呼吸发生障碍，病鸡死亡率一般在50%以上。雏鸡严重发病时，死亡率可达50%。

（3）眼鼻型：病鸡眼鼻起初流出稀薄液体，逐渐浓稠，眼内蓄积豆渣样物质，使眼皮肿起，严重时可失明。此型很少单独发生，往往伴随白喉型发生。

(4) 混合型：同时发生以上三型或两型，病情较重。

剖检：在口腔、喉头、气管发生湿润样隆起，以后形成干酪样伪膜。病变有时出现在支气管，呈现黏膜肥厚并发生肺炎。肝、脾和肾常肿大，肠黏膜可能有出血点，心肌有时呈现实质变性。

3. 诊断与防治 本病的皮肤型和混合型可根据症状做出诊断。对单纯黏膜型或眼肿大型，则需进行实验室诊断。将病料悬液涂在拔去羽毛的健康鸡皮肤毛囊上，1 周左右即可在涂抹处出现典型的痘疹症状。也可采取鸡胚接种、琼脂扩散试验或荧光抗体检查法，可较快地做出诊断。

对本病可采用对症治疗，剥除痂块，伤口涂擦紫药水或碘酊。除局部治疗外，每千克饲料加氯霉素 2 克，连用 5 ~ 7 天防止继发感染。该病可用鸡痘疫苗预防，一般于 25 日龄接种 1 次，或按疫苗说明书使用。

(八) 鸡传染性脑脊髓炎

鸡传染性脑脊髓炎是由病毒引起的一种地方流行性传染病，主要侵害 1 月龄以下的雏鸡，以腿软无力、运动失调和头颈震颤为特征。

1. 病原和流行病学 禽脑脊髓炎病毒属小 RNA 病毒科中的肠道病毒。该病毒的不同毒株间无血清学差异，但野毒株和鸡胚适应毒株之间有明显生物学区别。野毒株的致病性有差异，但都嗜肠道，易经口感染雏鸡，从粪中排毒。有一些野毒株嗜神经性较强，在幼雏产生严重的中枢神经症状和损害。野毒株在通过快速继代适应于鸡胚之前，对鸡胚不致死。鸡胚适应毒株是高度嗜神经的，不能经口感染，不从鸡传给鸡。它们对非免疫鸡胚有致病性。

鸡、雏火鸡和鹌鹑对本病有易感性，但以鸡最为易感，各种年龄的鸡均可感染，但以1月龄以内的雏鸡易于患病。本病可水平传播和垂直传播。垂直传播是本病主要的传播方式，种鸡被病毒感染后，通过血液循环将病毒转移到卵中感染胎儿，一般在孵出7～10天发病。发病季节主要在冬季。

2. 症状和病理变化 通过水平传播感染其最短潜伏期为11天，通过垂直传播感染其潜伏期为1～7天。病雏鸡起初表现精神沉郁、闭眼欲睡，以后呈现运动失调，逐渐不能站立，最后坐下或卧于一侧。有的鸡利用跗部和胫部着地走路，前进时翅膀张开。震颤症状也随活动失调同时出现，有时单独出现。震颤症状多发生于头部和颈部，全身震颤很少亦不明显。病雏鸡始终有食欲，病雏大多因为不能行走，得不到食物和饮水而死亡。病程一般为6～8天。大雏和成鸡群感染后，仅见产蛋鸡于1～2周内产蛋急骤下降（16%～43%），产蛋量由下降到恢复正常的过程为9～16天。雏鸡的发病率一般为20%～60%，死亡率平均为25%左右，高的可达50%。

病雏唯一可用肉眼看到的病理变化，是腺胃、肌胃的肌肉层及胰脏中有许多浸润的淋巴细胞团块所形成的白色小病灶，比针尖略大，不太容易观察，用锋利刀片从肌胃的肌肉上切下薄片，在较强光线下用放大镜观察可以看到。

取病雏的脑和脊髓做病理切片镜检，可见到有一定特征性的组织学病变，主要是非化脓性脑脊髓炎和脊神经节炎，整个脑和脊髓的血管周围出现淋巴细胞浸润，形成“管套”，胶质细胞呈弥漫或结节状增生，脑干尤其是延脑的神经细胞中央染色质溶解等，周围神经无病理变化。

3. 诊断与防治 根据本病流行的特点、雏鸡的特征性症状及种鸡一过性产蛋下降的情况，即可初步诊断，但确诊本病应进行实验室诊断。琼脂扩散试验，鸡胚接种孵出的雏鸡出现神经症状，一般就可以做出诊断。

本病无法治疗，应加强预防。在疫区，种鸡应于 100～120 日龄接种禽脑脊髓炎疫苗。种鸡发生本病后，蛋不得留作种用。雏鸡发生本病，应立即挑出淘汰，深埋处理，以防水平感染。

（九）鸡减蛋综合征

鸡减蛋综合征又称产蛋下降综合征（EDS），是一种由腺病毒引起的以产蛋量下降和蛋壳质量降低为特征的传染病。

1. 病原和流行病学 本病是由一种特殊的禽腺病毒——减蛋综合征病毒感染所致。属于第Ⅲ群禽腺病毒。没有囊膜，但有血凝性。减蛋综合征病毒稳定的 pH 值为 6～9，对酸具有较强的抵抗力。能耐受 pH 值为 3～5，对脂溶剂稳定（丙酮除外），对热抵抗力较强。减蛋综合征病毒能凝集鸟类动物的红细胞，但不凝集哺乳动物的红细胞。

鸡减蛋综合征的自然宿主为水禽。从 3～5 周龄的小鸭的肛拭中很容易分离到病毒，但感染鸭、鹅不发病，对产蛋量亦无影响。有人推测，通过使用鸭胚或鸭胚细胞疫苗而将病毒带至鸡群并扩散开来。

鸡减蛋综合征既可水平传播，又可垂直传播，但主要是经种蛋传递的垂直传播。病毒还可能通过公鸡的精液传播，也可能由病鸡排毒污染外界环境，敏感鸡通过口、鼻、眼黏膜而水平传播，但传播较慢。

2. 症状和病理变化 鸡减蛋综合征的典型症状为，新母鸡产蛋量上升即将达到高峰（26～30 周龄）时，产蛋量突然下降，下降幅度可达 20%～60%；蛋壳质量低劣，大量出现薄壳、软壳、无壳蛋，有色蛋壳颜色变浅，持续 4～6 周，6～10 周后大多数鸡转为正常。病鸡蛋的受精率正常，但孵化率明显降低，死胚率由正常的 6%～8% 增至 10%～12%。

单纯的鸡减蛋综合征没有明显的病理变化，有时可看到卵巢发育不良、输卵管萎缩、子宫水肿等。

3. 诊断与防治　本病的诊断必须依据流行病学调查、临床观察、血清学检查及病毒分离和鉴定才能确诊。

（1）流行病学调查：暴发性的鸡减蛋综合征多为垂直感染所致，与种鸡群关系密切，流行病学的这一特点具有重要的诊断意义。

（2）血清学检查：根据本病毒的血凝特性，常用的血清学方法是血细胞凝集（抑制）试验。另外，还可用琼脂扩散试验、血清中和试验、免疫荧光试验等。

（3）鉴别诊断：除了饲养管理不当会造成产蛋量下降外，引起产蛋量下降的传染病主要是鸡减蛋综合征、鸡新城疫和传染性支气管炎，临床上应注意区别。

1）鸡减蛋综合征：多见于产蛋达高峰的新母鸡，无典型症状，只见蛋异常，以软壳蛋多为特征，也有沙壳蛋、浅色壳蛋，蛋内容物正常，有时蛋清稀薄，产蛋量下降 40% ~60% 。剖检无典型病变。HI 抗体高达 10 以上。

2）非典型新城疫：任何年龄均可发生，呼吸困难，个别有神经症状。产蛋鸡产蛋下降 20% ~30% ，蛋异常，软壳蛋、畸形蛋增多，蛋内容物正常，有时蛋清稀薄。剖检可见十二指肠黏膜、盲肠扁桃体有出血点。抗体高达 10 以上。

3）传染性支气管炎：任何年龄的鸡均可发生，有轻微呼吸道症状，产蛋鸡产蛋下降 10% ~25% 。以畸形蛋（包括小蛋）为特征。也有软壳蛋，恢复期蛋白稀薄呈水样，蛋白黏附壳膜。剖检可见卵泡充血、出血，有时变形，输卵管变形。

（4）防治：本病没有很好的治疗方法，只能从免疫、隔离、消毒、扑杀等方面采取措施来预防本病，最为有效的措施是免疫预防和隔离。

预防接种：国内外研制的灭活油乳剂苗已被广泛应用。产蛋鸡应于 14 ~16 周龄时进行免疫。免疫后非感染鸡群 HI 抗体滴度可达 8~9，感染鸡群则能高达 12~14。免疫后 7 天能检出抗体，2~5 周达到峰值，至少持续 1 年。

种鸡的母源抗体对保护雏鸡免受感染也很有重要意义，能保持雏鸡出壳后 4 周内有抗病毒能力。也可用鸡减蛋综合征的高免血清或卵黄进行治疗，可大大缩短产蛋下降的病程。

二、常见细菌性传染病

（一）鸡霉形体病

鸡霉形体病是指由鸡败血霉形体和滑液囊霉形体引起的鸡的一类疾病的总称。通常把鸡败血霉形体引起的感染称鸡慢性呼吸道病。其特征是上呼吸道及邻近窦黏膜引起发炎肿胀，并经常蔓延到气囊、气管等处。临床上表现为咳嗽、流鼻液，呼吸时发出啰音。鸡滑液囊霉形体的感染常被称为鸡传染性滑膜炎或传染性关节炎等，是一种以侵害关节滑膜和腱滑膜为主的传染病，其特征为关节肿大、滑膜囊和腱鞘发炎以及肝、脾、肾肿大。

1. 病原和流行病学 霉形体是介于细菌和病毒之间的一种较小的微生物，通常为球形，直径为 0.25~0.5 微米，革兰染色为阴性。

鸡败血霉形体和鸡滑液囊霉形体均为兼性厌氧和好氧。在特殊培养基上可进行人工培养，可形成直径 0.2~0.3 毫米的无色、透明、中心致密而突起的露滴状菌落。用低倍显微镜观察，可见菌落中央部呈乳头状，似煎的荷包蛋形态。

本菌可在 7 日龄鸡胚卵黄囊中生长繁殖。卵黄囊接种后 5~7 天可引起部分鸡胚死亡。通过连续传代，可使鸡胚产生典型病变，如胚胎矮小化，全身性水肿，皮肤、尿囊膜及卵黄囊有点状出血，肝坏死以及脾肿大等。鸡胚临死时的卵黄囊与绒毛尿囊膜中霉形体的浓度最高。

鸡败血霉形体对外界环境的抵抗力不强，离体后迅速失去活力。在低温条件下可长期保存，对热敏感，45 ℃加热 1 小时，50 ℃ 20 分钟即被杀死。一般消毒药均能迅速杀死鸡败血霉形体或滑液囊霉形体，链霉素、四环素族、红霉素、泰乐菌素和北里霉素对鸡败血霉形体也有明显的抑制和杀灭作用。

鸡败血霉形体和滑液囊霉形体的自然宿主是鸡和火鸡，其他禽类很少感染发病。病鸡和带菌鸡是主要传染源，其排泄物及分泌物中含有大量病原。传播方式有水平传播和垂直传播两种。易感鸡和感染鸡直接接触常引起鸡败血霉形体病的暴发感染，也可通过尘埃或飞沫经呼吸道吸入而传染，通过被污染的器具、饲料、饮水等方式经消化道传染。垂直传播是经卵传播，病鸡和带菌鸡的精液、输卵管中都含有病原体，并能将病原体通过鸡蛋传给下一代，特别是正在发病的和病后不久的种鸡所产蛋中含菌较多。种蛋在孵化过程中，本菌逐渐增殖，使鸡胚在 14 ~ 21 日龄时发生死亡，或出现难脱壳的弱雏。这种弱雏在早期发生气囊炎，并成为新的传染源。

鸡败血霉形体，常与非致病性霉形体共同存在于感染鸡的呼吸道、卵巢及输卵管中，尤其在上呼吸道较多。但一般情况下，可长期不引起健康鸡发病。当某些诱因致使鸡的抵抗力降低时，病原体便大量繁殖并促使本病的发生甚至暴发。这种诱因包括卫生状况差、通风不良、粪便清理不及时、饮水不卫生、饲养管理不善、密度过大、温度过低、饲料突然改变、长途运输、转群、免疫、断喙等。其他病原体的侵袭也是本病暴发的主要诱因。

2. 症状和病理变化　鸡败血霉形体病主要呈慢性经过。人工感染的潜伏期为 4 ~ 21 天，自然感染可能会更长或终身为隐性感染而不发病，典型症状主要发生于幼龄鸡群。若无并发症，主要以上呼吸道黏膜发炎开始，流浆液性、黏液性鼻涕，摇头，有吞咽动作，鼻孔周围附有饲料，有时鼻孔冒气泡，打喷嚏，眼睛畏光流泪，进而出现咳嗽、气喘、呼吸困难、张口呼吸，并有气管啰音。眼结膜充血、发炎，眼睑肿胀闭合，眼眶内积蓄有黄白色干酪样物。鼻腔、鼻窦发炎，眶下窦中含有干酪样物质而使颜面部肿胀。成年鸡多为慢性散发或隐性感染。若无并发症则死亡率降低，主要表现产蛋少，受精率和孵化率降低，弱雏、病雏增多。

败血霉形体感染病鸡的病理变化主要见于呼吸系统。鼻腔、喉头、气管、肺、气囊和眶下窦中含有黏液性渗出物，气管黏膜增厚。气囊膜轻度混浊、增厚、水肿，有灰白色增生性结节，有时呈含珠状。随着病情的发展，气囊膜混浊或浅黄色肥厚，囊腔内有大量干酪样物，气囊膜上的结节可增至芝麻大到黄豆大，有的大如核桃。此外，还可见不同程度的肺炎，肺背侧可见大小不等的灰色硬结，肺表面可见以支气管炎为中心的小叶性肺炎。鼻腔和眶下窦黏膜充血、出血和水肿，窦腔内有大量的混浊黏液和干酪样物，可蔓延至眼部，使一侧或两侧的眼部肿胀，眼球破坏，可从眼结膜中挤出灰黄色干酪样物质。严重的病例还有纤维素性或化脓性心包炎，肝包膜炎，心包增厚，肝脏覆有一层淡黄色伪膜，输卵管炎症，体腔内可见大量干酪样物质。

滑液囊霉形体感染早期，病变关节腱鞘的滑液囊内常积有黏稠的干酪样渗出物，肝脾肾肿大，气囊受侵害后，可出现混浊增厚，有干酪样结节，公鸡有睾丸炎，母鸡有卵巢萎缩，足趾有时破溃、结痂，胸部有囊肿，并伴有卡他性肠炎。

3. 诊断与防治

（1）诊断与鉴别诊断：鸡败血霉形体病根据流行病学、临床症状及病理变化可做出初步诊断，但本病的确诊须进行病原体分离鉴定或血清学检查，同时注意与以下疾病相区别。

1）传染性支气管炎：鸡败血霉形体病传播缓慢，而传染性支气管炎则极为迅速，并对产蛋率和蛋白质的影响也较严重。

2）鸡传染性喉气管炎：鸡传染性喉气管黏膜呈明显的出血

性炎症。鸡传染性喉气管炎传播迅速，发病率高达 90% ~ 100%，但死亡率 5% ~8% 不等，死亡鸡大多数以窒息死亡为主，病程短，2 ~3 周可康复。而鸡败血霉形体病则发病缓慢，病程较长，时好时坏。

3）传染性鼻炎：鸡传染性鼻炎多呈急性经过，呼吸道症状轻微。

实验室诊断中，因霉形体病原需要特殊培养基，分离较困难，并且往往病原体特别是细胞内的病原体在机体中处于潜伏状态，一般方法较难分离，因而在生产中用分离鉴定病原的方法诊断本病，远不如血清方法简单、快捷。

血清学试验中应用最广的是全血平板凝集反应和血清平板凝集反应，其次是血凝抑制试验。其他还有荧光抗体、间接血凝等试验方法。

（2）防治：多种抗生素对本病有一定的疗效，但无论哪种药物都只能控制病原体在体内的活动，减轻症状和减少死亡，而不能根除。

其中比较有效的药物是庆大霉素、泰乐菌素、北里霉素及高力米先。链霉素容易引起鸡的中毒反应，1 月龄内雏鸡更敏感，应严格控制剂量。链霉素饮水效果不如注射，但注射费工、费时，对鸡群应激大，同时有些菌株的霉形体对该药有耐药性，因此，如果连用 3 天无效时，要及时更换其他药物。泰乐菌素和高力米先、北里霉素高效、安全，不易产生耐药性，防治并发症的范围也很广，亦可作为首选药物，但价格较高；土霉素、四环素等的治疗效果和价格均属中等，又较安全，防治并发症的范围也很少。青霉素和磺胺类药物对本病无效。

链霉素饮水每千克加 1 克，连用 5 ~7 天，对于个别病弱鸡挑出每天肌内注射 2 次，成鸡 200 毫克，2 月龄以下鸡 50 毫克，连用 3 天。

土霉素拌料每千克加2克，连用5天；泰乐菌素饮水每千克加1克，连饮7天；北里霉素拌料每千克加0.5克，连用5天；高力米先饮水每千克加2.5克，连用5天。

本病目前尚无有效菌苗防疫。防治本病的根本措施是对种鸡进行检疫、淘汰，并配合消毒、投药等综合性防病措施，建立无霉形体病的健康鸡群。对于污染的种鸡群，要经常用抗生素拌料或饮水进行药物预防。种蛋在入孵前，先用0.1%红霉素或高锰酸钾浸泡消毒，装入孵化器后，再连同孵化器一起用甲醛蒸气消毒。雏鸡出壳时每只用（2 000单位/毫升）链霉素滴鼻，3周龄时再重复1次。

（二）鸡传染性鼻炎

鸡传染性鼻炎是由鸡副嗜血杆菌所引起的一种急性呼吸道病。症状主要表现为鼻腔和鼻窦发炎、打喷嚏、流眼泪、脸部肿胀。本病广泛分布于世界各地，在生长鸡和产蛋鸡均有发生。其最大的经济损失是产蛋量减少，淘汰鸡增加。

1. 病原和流行病学 鸡副嗜血杆菌是革兰阳性菌，极性染色，无运动性，有毒力的菌株可能带有荚膜。本菌于48～60小时发生退化，表现为碎片和不完整形态。本菌可以单个、成双或短链形式出现，在感染鸡的窦分泌物中检出的本菌有两极染色特征。

本菌为兼性厌氧，人工培养需特殊条件。本菌血清型分为A型、B型和C型。

对外界环境的抵抗力较弱，在体外只能存活数小时至几天，对热和消毒剂均很敏感，50℃以上几分钟即死亡，一般消毒剂可很快将其杀死。对抗生素和磺胺类药物很敏感。

鸡是副嗜血杆菌的自然宿主，各种年龄的鸡均易感，3～5日龄的鸡有一定程度的抵抗力，所以，实验感染通常经鼻腔内接种于7日龄的鸡。在成年鸡，传染性鼻炎的潜伏期缩短而病程延长。人工感染 4 ~ 8 周龄小鸡，约 90% 出现典型鼻炎症状，在 13 周龄或 13 周龄以上的鸡群，发病率可达 100%。

病鸡或健康带菌鸡是本病主要的传染源。本病主要以飞沫及尘埃经呼吸道传染，也可通过污染的饲料和饮水经消化道传染。在秋冬季节发病较多。

本病的发生与一些能使机体抵抗力下降的诱因密切相关。如鸡群拥挤、不同年龄的鸡群混养、通风不良、鸡舍寒冷潮湿、营养缺乏等，均可促使鸡群发病或加重病情。

2. 症状和病理变化　本病潜伏期极短，易感染鸡与感染鸡接触 1 ~ 3 天即可表现出本病的特征症状。

病鸡鼻道和鼻窦充满浆液性到黏液分泌物，面部水肿和结膜炎是本病的典型特征，有时可见病鸡打喷嚏，食欲及饮水减少，有时伴有下痢，体重减轻。严重者整个头部水肿，甚至波及喉部，一侧或两侧眼睛闭合，造成一时性失明。随着病情发展，鼻液黏稠性增加，炎症蔓延至气管。由于黏液增多，病鸡呼吸困难，张口伸颈并有啰音，不断甩头，常因窒息而死。

本病以高发病率和低死亡率为特征。当有其他病原体侵害时，会使本病更加严重，病程延长，死亡率增加。主要病变在鼻腔、眶下窦和气管黏膜，可见有急性卡他性炎症。鼻腔、眶下窦有灰白色黏液，黏膜发红、水肿。喉头、气管黏膜呈桃红色并有黏液，严重者见有干酪样物，下颌部皮下有浆液浸润，卡他性结膜炎，结膜充血、水肿，眼窝内有干酪样物填充。有时可见肺炎和气囊炎，气囊、腹腔及输卵管内有黄色干酪样物，产蛋鸡有时可见卵黄性腹膜炎，其他脏器无明显变化。

3. 诊断与防治

（1）诊断与鉴别诊断：根据流行特点和特征性症状，一般可以在现场对本病做出初步诊断，确诊需要实验室检验。由于本病常有并发感染，因此，诊断时必须考虑到其他病原体参与致病的可能性。

本病易与慢性呼吸道病、传染性喉气管炎及传染性支气管炎、维生素A缺乏症等相混淆。慢性呼吸道病是由败血霉形体引起，病程长，发病慢，除有明显的呼吸道和全身症状外，眼部表现主要是眼睑肿胀，眼部突起如瘤状物，整个头部很少发生肿胀，可与本病区别开。

1）维生素A缺乏症：头、面部一般不肿胀，仅见眼部黏膜有炎症，口腔、喉和气管黏膜有白色小结节等。补充维生素A后，可很快控制病情。

2）传染性喉气管炎：主要侵害成鸡，以呼吸困难和咯血最为突出，无头部肿胀。

3）传染性支气管炎：主要侵害小鸡，呼吸症状明显，无头部肿胀现象，死亡率较高，药物治疗无效。成鸡感染后主要表现产蛋急剧下降，下痢及呼吸困难。

（2）防治：多种磺胺药物和抗生素对本病都有疗效，但只能减轻病的严重程度和缩短病程，而不能消除带菌状态。

首选药物为磺胺二甲氧嘧啶，按0.05%浓度饮水3～7天。也可用双氢链霉素，按每只鸡每次5万～10万单位或庆大霉素8 000单位肌内注射，每天2次，连用3天。

治疗本病以饮水和喷雾效果好。用药同时补充一定量的维生素A、维生素D和维生素E。当有霉形体和葡萄球菌并发感染时，必须同时使用泰乐菌素和青霉素才有效。

国内外已研制出预防本病的灭活菌苗，但其免疫效果差，免疫期短，故须连续进行2～3次菌苗接种，以后每3个月进行1次。

三、常见寄生虫病

（一）鸡球虫病

鸡球虫病是由艾美耳属的一种或几种球虫所引起的雏鸡原虫

病。15～50 日龄的雏鸡最易感染，发病率很高，死亡率达 80%以上。本病的主要特征是患鸡消瘦、贫血和下痢。病愈的小鸡发育受阻，成鸡感染此病多为带虫鸡，使产蛋和增重受到严重影响。

1. 病原和流行病学　球虫是一种单细胞原生动物，品种较多，多为混合感染。其中以柔嫩艾美耳球虫和毒害艾美耳球虫毒力最强，寄生于消化道，常引起发病。

鸡感染球虫病主要是吃了被虫卵污染的饲料、饮水而引起的。此外，野禽、昆虫、家禽用具或工作人员也能机械传播此病。虫卵抵抗力较强，对潮湿而温暖的条件比较喜好，对干燥和高温比较敏感。不良的饲养管理条件也是球虫病发生的一个主要因素，如饲料中缺乏维生素 A、维生素 K，鸡舍及运动场潮湿，鸡只饲养密度大、卫生条件差等都是诱发因素。各个品种的鸡对球虫病都有易感性，其中以 15～50 日龄的雏鸡发病率及死亡率较高，2 个月以上的鸡发病率较低，成年鸡更低，多为带虫者。鸡球虫病的流行季节多在春夏，尤其是春季正是育雏旺季，气候温暖，雨水较多，最易造成流行。其他季节则较少发生。

2. 致病作用及症状　球虫在肠道大量繁殖，引起肠道的炎性变化和肠壁血管破裂，造成出血，很容易被细菌感染。病鸡可见消瘦、贫血和血痢等症状，如果发生自体中毒，临床上表现精神委顿，昏迷，足、翅轻瘫等全身中毒现象。

本病的临床特征主要是引起病鸡的卡他性出血性肠炎，根据病程不同可分为急性和慢性两种。

（1）急性型：病程为 2～3 周，雏鸡多发，病鸡精神沉郁、羽毛蓬乱、食欲减退或废绝、饮水增加。鸡冠、肉髯及可视黏膜苍白，日渐消瘦，排出水样稀便，并带有少量血液。如由柔嫩艾美耳球虫引起的盲肠球虫病，潜伏期为 4 天，从第五天开始突然排出棕红色血便。如毒害艾美耳球虫所致的小肠球虫病，感染后

4～5 天发病，排出大量黏液性血便，1～2 天死亡。雏鸡的死亡率通常在 50% 以上。

（2）慢性型：多发于 2～4 月龄幼鸡或成年鸡，临床症状与急性型相似，但主要是病程较长，长达数周到数月。病鸡消瘦，足和翅呈轻瘫，成年母鸡产蛋量减少，间歇性下痢，但死亡较少。

3. 剖检及诊断

（1）剖检：尸体消瘦，黏膜、冠髯苍白或发绀，泄殖腔周围被粪、血污染，羽毛逆立散乱，体内的病变主要在肠道，其性质与部位和球虫的种类有关。

1）鸡盲肠球虫：主要侵害盲肠，急性病例两侧盲肠明显肿大，肠内充满凝固血液，盲肠上皮变厚，被侵蚀。

2）毒害艾美耳球虫：主要侵害小肠中部，使肠壁扩张、松弛、增厚，有严重坏死，肠黏膜上有许多小出血点，有时有淡白色斑点。

3）堆型艾美耳球虫：主要侵害十二指肠和小肠前段，出现淡灰色斑点，横过肠管，汇成带。

4）其他艾美耳球虫：布氏艾美耳球虫主要引起卡他性肠炎；哈氏艾美耳球虫主要在十二指肠和小肠前段引起肠壁上出现大针头样红色出血圆斑点；巨型艾美耳球虫侵害肠管中央，使肠内容物呈黏性淡灰色、褐色或淡红色，有时混有细小血块。

（2）诊断：对本病的诊断主要根据流行病学、临床症状、病理剖检变化及粪便检查等结合各方面的材料，才能做出正确的诊断。诊断方法如下：①在临床症状上，雏鸡排出新鲜血便或黑色血便，应怀疑此病。②剖检病鸡，在盲肠和直肠有出血性病变，小肠中部肿胀，有许多出血点，十二指肠黏膜上皮细胞坏死，小肠为灰白色，无弹性。③治疗性诊断。将典型病鸡挑出，然后用抗球虫药物进行治疗。如见痊愈可确诊此病。④用显微镜检查粪便或肠管内坏死灶，发现卵囊即可确诊。

4. 防治　实践证明，球虫病必须采取综合防治措施才能收到满意的效果。

（1）预防：①发现有排血便的雏鸡或幼鸡，应马上隔离，尽快确诊及早治疗，同时将鸡舍和运动场等彻底清扫和消毒。②将雏鸡和成鸡分开饲养，减少感染机会。③鸡舍要通风干燥，鸡粪要常打扫，发酵消毒，死鸡和淘汰鸡远离鸡舍处焚烧或深埋。④加强饲养管理，提倡科学养鸡，增强雏鸡的抵抗力，尤其是要多喂一些含有维生素 A 的饲料。暴发球虫病时要尽量限制日粮中麸皮及贝壳粉的含量。⑤鸡舍的地面、用具定期消毒，最好用火焰或1%～2%热碱水定期消毒。⑥在温暖潮湿季节，提前做好药物预防工作，可在饲料中按 120×10^{-6}，饮水中按 66×10^{-6}加入磺胺喹啉，或在饲料中加入 0.01%～0.02%的球痢灵，或每千克饲料中加入 30 毫克氯苯胍，能预防本病。⑦防治本病最好的方法是用弱毒虫苗。

（2）治疗：治疗球虫病的药物很多，其中疗效较好的有以下几种：①硝苯酰胺（球痢灵）。它具有高效低毒等优点，治疗病雏可用 0.025%～0.030%球痢灵混入饲料内，连用 3～5 天。②磺胺噻唑钠。用 0.25%的溶液代替饮水，连用 5 天，停药 3 天，重复用药 3 次。③氯苯胍。为广谱抗球虫药。对急慢性球虫病均有效。每吨饲料加入 33 克氯苯胍，拌匀，喂服 1～2 个月，起预防和治疗作用。④用敌菌净磺胺合剂及克球粉，疗效也很好。⑤据报道，抗菌物质 A3329（蒙乃辛）对防治鸡球虫病有很好的效果，用量是按 0.02%比例拌入饲料中喂服。⑥常山柴胡合剂。30 日龄左右的雏鸡用量每只喂服 10 毫升，连喂 3 天，大群治疗可以用此量拌入饲料中自食（常山 500 克、柴胡 75 克的比例，加清水 500 毫升，煎汁。灭菌后可贮存）。

（二）鸡蛔虫病

鸡蛔虫病是一种最常见的蠕虫病，寄生于鸡的小肠内，常常抑制雏鸡的生长发育，严重时使雏鸡大批死亡。

1. 病原和流行病学 鸡蛔虫是鸡体内最大的一种线虫，虫体呈黄白色或乳白色，表皮有横纹，头端有3片唇围绕，唇边的游离缘有小齿，每片唇上还附有2个齿状块。

本病主要侵害雏鸡，1年以上的鸡为带虫鸡，虫卵在外界环境中有很强的抵抗力，喜温暖、潮湿、凉爽，对干燥和高温敏感。雏鸡采食被虫卵污染的饲料和饮水，引起感染。特别是饲料中缺乏维生素A、蛋白质、钙和磷等，容易感染此病。

2. 致病作用及症状 雏鸡一般发生慢性卡他性肠炎。表现精神不振，行动缓慢，站立不动，羽毛蓬松，鸡冠和肉髯贫血、苍白，两翅下垂，发育不好，食欲减少，消化不良，下痢和便秘交替，有时稀便中带有血液，日渐消瘦，如不及时治疗，体质衰弱而发生死亡。成虫大量寄生时，可引起肠阻塞，严重时可引起肠管破裂和腹膜炎。成年鸡在轻度感染时，不表现临床症状，个别严重感染时，表现日渐消瘦、贫血、下痢、母鸡产蛋量下降。

3. 剖检及诊断 剖检病雏，可见肠黏膜出血、发炎，如继发感染，可见肠壁上有颗粒状化脓性病灶，或形成结节。严重时，可看到肠管阻塞和肠管破裂，肝脏也常见淤血。

此病在临床上不易确诊，必须结合粪便检查和尸体解剖。可取病鸡粪便直接涂片检查，也可采用饱和盐水漂浮法进行检查，即可发现蛔虫卵。将病死鸡剖检，检查肠道蛔虫寄生情况最易确诊。治疗性诊断：直接选出几只典型病鸡，用驱虫药如噻苯唑或噻咪唑混入饲料中，让鸡自由采食，然后收集粪便，用眼检查虫体即可确诊。

4. 防治 要有计划地预防驱虫。在有此病的鸡群，每年可进行2次驱虫，雏鸡在孵化后2个月左右驱虫，第二次在冬季。成鸡第一次在10～11月，第二次在春季产蛋前1个月进行。提倡科学养鸡，将成鸡与雏鸡分开饲养；每天要收集粪便，堆积用生物热发酵处理。加强对雏鸡的饲养管理，注意使用全价饲料，尤其维生素A、维生素B的含量更要充分满足需要。

本病的治疗选用驱蛔灵，配成1%的水溶液让其自饮，或每千克体重200~300毫克；四咪唑（驱虫净），粉碎后拌料喂服，每千克体重40~50毫克，效果良好；用硫化二苯胺（酚噻嗪），拌料喂给成年鸡，每千克体重300~500毫克。

（三）鸡羽虱、鸡刺皮螨

羽虱是鸡常见的一种体表寄生虫，主要寄生于鸡体表或附入羽毛上，引起奇痒。由于啄痒造成羽毛断折、消瘦、产蛋减少。鸡虱形体很小，呈淡黄色或黄色，感染方式主要是直接感染，此外亦可通过公共用具而间接传播。羽虱的寄生引起病鸡逐渐消瘦，产蛋量下降，奇痒，雏鸡和幼鸡不安，影响采食和休息。有时皮肤上出现小结节、小出血点及坏死灶，严重时，可引起化脓性皮炎，出现脱皮、脱毛现象。

常用的防治方法有撒粉法或喷粉法和药浴法，防治措施主要有以下几点：一是及时检查，发现后及时治疗；二是加强饲养管理，搞好鸡舍卫生；三是用0.5%~1%的敌百虫水溶液，喷洒地面；四是冬季采用撒粉法，即用5%氟化钠粉撒在鸡的羽翼下、两腿内侧、胸腹、颈部等羽虱寄生部位。

鸡刺皮螨也是鸡体上常见的体外寄生虫，虫体呈长椭圆形，后部略宽，体表密被着短绒毛，呈淡灰色或棕灰色，足很长，有吸盘，有1对呈针状的螯肢，用以穿刺宿主皮肤而吸取血液。鸡刺螨白天离开鸡体，隐藏在墙壁、栖架或产蛋箱的缝隙里，夜间出来咬刺鸡群，引起鸡日渐消瘦、贫血、产蛋率下降，可能使小鸡致死，消灭此病可用1%敌百虫溶液、0.1%溴氰菊酯。具体方法是把药物喷洒或涂抹到栖架、板壁、产蛋箱等缝隙中去，产蛋箱最好用沸水浇烫后，再在阳光下暴晒，以彻底杀灭虫体。

四、常见营养代谢病

（一）维生素类缺乏症

维生素是动物维持生命和正常生长、发育所不可少的一类微量物质，其功能主要是参与组成各种酶和辅酶，对蛋白质、脂肪和碳水化合物的代谢起一种催化、控制和调节作用，缺乏任何一种维生素，都会造成某些物质代谢的障碍和紊乱，引起一定的症状。鸡所需要的主要有以下 13 种：维生素 A、维生素 D、维生素 E、维生素 K、维生素 B_1、维生素 B_2、维生素 B_3、维生素 B_6、维生素 B_{11}、维生素 B_{12}、维生素 P、胆碱和维生素 C。除维生素 C 外，机体合成量都不能满足需要，必须由饲料供给。

1. 维生素 A 缺乏症 维生素 A 主要是维持上皮组织的完整性，参与合成眼底感光物质，而且与免疫抗体密切相关。正常情况下，鸡对维生素 A 的需要量，每千克饲料的最低添加量为：雏鸡和青年鸡 1 500 单位，肉仔鸡 2 700 单位，产蛋鸡 4 000 单位。如有疾病等诸因素的影响，产蛋鸡饲养维生素添加量应达到每千克 8 000～10 000 单位。种蛋缺乏维生素 A，孵化初期死胚较多，或胚胎发育不良，出壳后体质较弱，肾脏、输尿管及其他脏器常有尿酸盐沉积，眼球干燥或分泌物增多，对传染病的易感性增高。雏鸡的维生素 A 缺乏症表现为发育不良，嘴角黄色变淡，眼内流出一种水样液体，眼皮下蓄积黄豆大的白色干酪样物质，眼球凹陷，角膜混浊呈云雾状，半失明或失明。成年鸡缺乏维生素 A，呈现一种精神不振、鸡冠不红、腿脚不灵、羽毛不鲜、杂病不一的衰弱状态，最后出现眼部病变，与雏鸡相似。剖检病死鸡或重病鸡，可见口腔、咽部及食道黏膜上出现许多灰白色小结节，有时融合连片，成为假膜，内脏器官尿酸盐沉积，肾肿大。发生本病时，可于每千克饲料中添加浓鱼肝油 5 毫升，连用 10～15 天。成年重病鸡每日经口投浓缩鱼肝油丸 1 丸，幼龄重病鸡每日滴服鱼肝油数滴，连续数日。

2. 维生素D缺乏症 维生素D可在家禽肠道中造成一种酸性环境，使钙、磷盐类易于溶解而被肠壁吸收，并能促进钙、磷在骨骼中沉积和减少磷从尿中排出。如果缺乏，鸡就会出现一系列缺钙、缺磷症状。维生素D主要有维生素D_3和维生素D_2两种，对家禽来说维生素D_3的作用比维生素D_2强。正常情况下，0~20周龄鸡每千克饲料添加维生素D 3 200单位；20周龄之后进入产蛋期，要增至500单位。雏鸡缺乏维生素D，食欲虽好而发育不良，两腿无力，步态不稳，腿骨变脆易折断，喙和趾变软易弯曲，肋骨变软，椎肋与胸肋交接处肿大，触之有一排5个小球的感觉。椎肋与脊椎交接处也有类似情况，并凹陷，也称为佝偻病。成鸡缺乏维生素D，蛋壳明显变薄，出现软壳蛋，产蛋减少，种蛋孵化率显著降低。治疗可于每千克饲料中添加鱼肝油10~20毫升，成鸡和雏鸡均可。

3. 维生素E缺乏症 维生素E具有维持鸡的正常生育功能，维持肌肉和外周血管的正常通透性，以及抗氧化作用，保护饲料中维生素A及多种营养物质不被氧化破坏；缺硒时，维生素E充足，可减轻缺硒的不利影响。成鸡缺乏维生素E时，弱精蛋多；雏鸡缺乏主要发生在15~30日龄出现脑软化症、渗出性素质和白肌病，治疗应根据病情补充维生素E。

4. 维生素K缺乏症 维生素K其功能是促进肝脏合成凝血酶原，促进正常血液凝固性。雏鸡缺乏时，病鸡蜷缩发抖，挤堆，胸、腿、翅部皮下和肌肉出血，血液不易凝固，严重贫血，部分鸡很快死亡。治疗时，可在每千克饲料中添加0.5~1毫克维生素K_3。

5. B族维生素缺乏症

（1）维生素B_1：其功能主要是保证碳水化合物的正常代谢，雏鸡缺乏时，呈现多发性神经炎和特殊的“观星”姿势，成年鸡与雏鸡相似，但比较缓慢。

（2）维生素 B_2：其功能主要是调节细胞呼吸的各种氧化还原过程，雏鸡缺乏时，足趾向内蜷曲，中趾尤为明显，两腿不能站立，以跗关节着地；行走时，常展翅维持身体平衡。剖检病雏或死雏可见坐骨神经和臂神经肿大变软。

（3）维生素 B_{12}：其功能主要是促进新细胞的形成，保护胚胎正常发育，缺乏时，无特征性症状，主要表现贫血、发育不良，成鸡产蛋量减少。

B 族维生素缺乏时，治疗以补充相应的维生素为主。

（二）矿物质缺乏与过量

鸡所需要的矿物质主要有 14 种，其中包括常量元素钙、磷、镁、钾、钠、氯、硫和微量元素铁、铜、锰、锌、碘、硒和钴，这些矿物质对维持鸡的生命正常生长繁殖都具有重要作用。

1. 钙的缺乏与过量　鸡所需要的钙绝大部分用于构成骨骼和蛋壳。雏鸡和青年鸡要求饲料中含钙 0.99% 左右，缺乏时，则表现为生长滞缓、骨骼发育不良、骨脆易折断，或变软易弯曲，形成佝偻病。产蛋期，要求饲料含钙 3% ~3.5%，缺乏时，引起产蛋减少，蛋壳变薄，产软蛋、无壳蛋，但饲料含钙过量也会引起痛风病、成年鸡蛋壳粗糙等。

2. 磷的缺乏与过量　磷主要同钙一起构成骨骼，其中鸡可以吸收利用的称为有效磷，雏鸡要求饲料中含有效磷 0.55%，青年鸡 0.5%，产蛋鸡 0.4%。当磷缺乏时，也存在像缺钙一样的骨软症和佝偻病，成鸡产蛋减少，但饲料中磷过多也会影响钙的吸收利用。

3. 锰的缺乏与过量　锰对骨骼发育、蛋壳形成、胚胎发育及能量代谢都起到重要作用。在正常情况下，每吨饲料中含纯锰 55 克，即可满足各种鸡的需要。缺乏时，雏鸡会发生骨粗短症和脱腱症；成年鸡缺锰，产蛋量显著减少，蛋壳变薄易破碎，种蛋入孵后在出雏前一两天大批死亡；但饲料中含锰过多时对维生素 A 有一定的破坏作用。

4. 硒的缺乏与过量　硒的主要作用，是与维生素 E 协同阻止体内某些代谢产物对细胞膜的氧化作用，保护其不受损害。在正常情况下，每千克配合饲料应添加亚硒酸钠 0.22 毫克，即可满足鸡的需要。雏鸡轻度缺硒，生长发育不良；严重缺硒，在 3～6 周龄发生渗出性素质病。对缺硒病鸡，生产上用亚硒酸钠与维生素 E 的混合制剂治疗，但过量的硒也会引起毒性反应。

（三）其他营养代谢病

常见的营养代谢病，如蛋白质缺乏症、痛风、脂肪肝综合征及肉鸡腹水综合征，主要是由饲料搭配不当或某物质含量不足或过量引起的，在生产上预防措施主要在于合理搭配饲料，使各种营养物质既能满足鸡的生理需要，又不过剩。同时，应改善鸡舍卫生条件，减少应激，更好地控制此类病的发生。

五、常见中毒性疾病

（一）食盐中毒

食盐具有增进食欲、增强消化、保持体液的正常酸碱度等功能，鸡对食盐的需要量以 0.37% 较为适宜，但鸡摄入过量的食盐会很快出现毒性反应，尤其是雏鸡很敏感。当食盐含量雏鸡达 0.7%、成鸡达 1% 时，会引起明显口渴。如果雏鸡饲料中含食盐达 1%、成鸡达 3% 时，能引起大批中毒死亡。轻微中毒，表现饮水增多；严重中毒时，饮欲强烈，无休止饮水，口鼻流黏液，嗉囊胀大，腹泻，步态不稳，后期出现昏迷，有时出现神经症状，最后衰竭死亡。本病根据症状、病理变化及饲料情况可做出诊断。供给中毒鸡充足的新鲜饮水，可逐渐好转。

（二）棉酚中毒

棉酚是棉籽中所含的一种低毒物质，饲料中含量过高，易引起慢性中毒。其中毒反应主要表现为：刺激胃肠黏膜，引起出血性炎症；病鸡食欲减退，排黑褐色稀粪，常混有黏液、血液和脱落的肠黏膜；种蛋的受精率和孵化率降低；腹腔积水，肝脏充血肿大，色黄质硬，肺充血水肿，呼吸困难等。为防止中毒，不用带壳棉籽饼喂鸡，并合理使用。主要方法是：①去毒处理，每100千克棉籽饼，拌入1千克硫酸亚铁。②限量使用，以占饲料5%～6%为宜，最多不超过8%。③间歇使用，每隔1～2个月停用10～15天。④雏鸡及产蛋鸡少喂，青年鸡多喂。⑤增喂青料。

（三）菜籽饼中毒

菜籽饼的有害成分主要是硫葡糖苷，此外还有芥子酸和单宁等。鸡长期摄入过多会引起甲状腺肿大和肝、肾的损害，形成慢性中毒。鸡慢性中毒的最初反应是采食细慢，耗料量减少，粪便干硬、稀薄、带血等，逐渐生长受阻，产蛋减少，蛋形变小，软壳蛋增多，蛋带有一种鱼腥味，种蛋孵化率降低。剖检主要见甲状腺肿大，胃肠黏膜充血或出血性炎症，肾肿大，发现此症状立即停喂。本病无特效治疗药物，生产上，蛋鸡6周龄以下、肉仔鸡4周龄以下不用菜籽饼配料，以后限量，但在饲料中的所占比例不超过5%。

（四）高锰酸钾中毒

高锰酸钾是一种消毒药和外用药，饮水中加0.01%～0.02%的高锰酸钾，具有消毒作用。如果饮水中浓度达到0.03%以上，对消化道黏膜就有一定的刺激性、腐蚀性；浓度达0.1%能引起明显中毒，中毒鸡的口腔、舌和咽部黏膜变为紫红色并水肿，呼吸困难，有的腹泻，严重的常导致死亡。剖检可见整个消化道都有腐蚀现象和轻度出血，严重时嗉囊黏膜大部分脱落。对中毒鸡供给充足的洁净饮水，可逐渐康复。

（五）硫酸铜中毒

硫酸铜在生产上是用作微量元素添加剂的成分，将其溶于水中饮服，浓度应为1/3 000～1/2 000，连用不超过10天。如浓度达1/1 500，即能引起中毒，1/400可迅速致死。轻度中毒表现精神不振，生长受阻，肌肉营养不良。严重中毒时，先表现短暂的兴奋，然后委靡、衰弱、麻痹、惊厥、昏迷、死亡。剖检可见食道、嗉囊黏膜因硫酸铜的腐蚀作用而出现凝固性坏死，胃肠黏膜有轻度炎症，肝、肾变性。发现中毒，应立即停喂，对急性中毒的雏鸡，可用鸡蛋清加水少许打匀，经口灌服，每只3～5毫升。

（六）一氧化碳中毒

一氧化碳俗称煤气，是煤炭在氧气不足的情况下燃烧所产生的气体，无气味。一氧化碳与血红蛋白结合后不易分开，使血液输送氧气的能力大大降低，造成缺氧。雏鸡轻度中毒时精神呆滞，不活跃，羽毛松乱，生长发育不良。严重中毒时，先表现烦躁不安，不久变为呼吸困难、运动失调、呆立、昏睡、头向后仰，临死前发生痉挛和惊厥。剖检可见血液和脏器呈樱桃红色。发现中毒，应立即换新鲜空气即可缓解。

（七）有机磷农药中毒

有机磷农药种类很多，常用的有乐果、敌敌畏、敌百虫等，性质都属于剧毒。家禽对此类农药特别敏感，更易于中毒。有机磷农药中毒，主要症状是口角流出多量黏液，频频做吞咽动作，流泪，腹泻，站立不稳，呼吸困难，冠髯变为青紫色，最后卧倒、抽搐、昏迷、死亡。剖检时，胃内有一种大蒜味，胃肠黏膜出血、溃疡，有时脱落，肝肾肿大、质脆、脂肪变性。解毒药物有：解磷定，具有特效，成年鸡肌内注射0.2～0.5毫升；硫酸阿托品，效果也比较好，但本身注射剂量过大也会造成中毒死亡。参考剂量为成年鸡肌内注射0.2～0.5毫升。

六、鸡病防治的常用药物

目前，市场上的养鸡药物分为以下六类：用于预防、治疗和诊断鸡群疾病的生物制品类药物，用于鸡场环境及种蛋等的消毒防腐药物，用于构成饲料成分的饲料添加剂类药物，用于预防、治疗鸡只疾病的各种抗生素和其他化学合成药物，用于抗寄生虫及鸡场常用解毒急救药物。

（一）常用抗生素类药物

抗生素类药物是一类能够抑制或杀灭微生物的药物。根据每种药物的抗菌范围可将其分为以下四类：

一类是主要作用于革兰阳性菌的抗生素，包括青霉素 G、大环内酯类、林可霉素类、万古霉素及杆菌肽等。

二类是主要作用于革兰阴性菌的抗生素，包括氨基苷类及多肽类。

三类是广谱抗微生物药物，包括广谱青霉素类、头孢子菌素类、氯霉素、四环素类、喹喏酮类、磺胺类、硝基呋喃类、喹啉类等。

四类是抗真菌药物，如多烯类、咪唑类等。

养鸡常用抗生素的用途、用法与用量，见表 7－3。

表 7－3　养鸡常用抗生素的用途、用法与用量

药名	用途	用法与用量
青霉素 G	治疗葡萄球菌病、链球菌病、坏死性肠炎、鸡霍乱、李氏杆菌病、丹毒病及各种并发或继发感染	（1）肌内或皮下注射，雏鸡 2 000～5 000 单位/只，成鸡 5 000～10 000 单位/只，每天 2～3 次饮水 （2）饮水：雏鸡 2 000～5 000 单位/只，成鸡 5 000～10 000 单位/只，每天 2～3 次，或每千克水中加药 50 000～100 000 单位

续表

药名	用途	用法与用量
链霉素	治疗鸡霍乱、传染性鼻炎、白痢、伤寒、副伤寒大肠杆菌病、溃疡性肠炎、慢性呼吸道病、弧菌性肝炎	(1) 肌内或皮下注射，雏鸡5 000单位/只，成鸡10 000 ~ 20 000单位/只，每天2 ~ 3次 (2) 饮水：雏鸡5 000单位/只，成鸡10 000 ~ 20 000单位/只，每天2 ~ 3次，或每千克水中加药80 000 ~ 100 000单位 (3) 气雾：每立方米20万单位，雏鸡30 ~ 40分钟
庆大霉素	治疗大肠杆菌病、鸡白痢、伤寒、副伤寒、葡萄球菌球、慢性呼吸道病、绿脓杆菌病	(1) 肌内或皮下注射，3 000 ~ 5 000单位/只，每天1次 (2) 混饮3 000 ~ 5 000单位/只，每天1次，连续3 ~ 5天
卡那霉素	治疗大肠杆菌病、鸡白痢、伤寒、副伤寒、霍乱、坏死性肠炎、慢性呼吸道病	(1) 肌内或皮下注射，10 ~ 15毫克/千克体重，每天2次 (2) 混饲 400×10^{-6} ~ 500×10^{-6}，混饮 250×10^{-6} ~ 350×10^{-6}
四环素 金霉素 土霉素	治疗鸡白痢、伤寒、副伤寒、鸡霍乱、鸡传染性鼻炎、传染性滑膜炎、慢性呼吸道病、葡萄球菌病、链球菌病、大肠杆菌病、李氏杆菌病、溃疡性肠炎、坏疽性皮炎、球虫病	(1) 肌内或皮下注射，10 ~ 25毫克/千克体重，每天2次 (2) 混饲：治疗量：200×10^{-6} ~ 600×10^{-6}；预防量：100×10^{-6} ~ 300×10^{-6} (3) 混饮：治疗量：150×10^{-6} ~ 400×10^{-6}；预防量：80×10^{-6} ~ 200×10^{-6}

续表

药名	用途	用法与用量
新霉素	治疗大肠杆菌、鸡白痢、鸡伤寒、副伤寒、肠杆菌科细菌引起的呼吸道感染	(1) 混饲：$70 \times 10^{-6} \sim 140 \times 10^{-6}$ (2) 混饮：$40 \times 10^{-6} \sim 80 \times 10^{-6}$ (3) 气雾：1 克/米^3，吸入 1 小时
强力霉素	治疗鸡白痢、伤寒、副伤寒、鸡霍乱、鸡传染性鼻炎、传染性滑膜炎、慢性呼吸道病、葡萄球菌病、链球菌病、大肠杆菌病、李氏杆菌病、溃疡性肠炎、坏疽性皮炎、球虫病	(1) 注射：20 毫克/千克体重，每天 1 次 (2) 混饲：$100 \times 10^{-6} \sim 200 \times 10^{-6}$ (3) 混饮：$60 \times 10^{-6} \sim 120 \times 10^{-6}$
红霉素	治疗慢性呼吸道病、传染性滑膜炎、传染性鼻炎、葡萄球菌病、链球菌病、弧菌性肝炎、坏死性肠炎、丹毒病	(1) 肌内或皮下注射：4～8 毫克/千克体重，每天 2 次 (2) 内服：7.5～10 毫克/千克体重，每天 2 次 (3) 混饲：$180 \times 10^{-6} \sim 220 \times 10^{-6}$ (4) 混饮：$105 \times 10^{-6} \sim 130 \times 10^{-6}$
泰乐菌素	治疗慢性呼吸道病、传染性关节炎、坏死性肠炎、坏疽性皮炎，促进生长，提高饲料报酬	(1) 肌内或皮下注射：25 毫克/千克体重，每天 1 次 (2) 内服：25～50 毫克/千克体重，每天 1 次 (3) 混饲：$250 \times 10^{-6} \sim 550 \times 10^{-6}$ (4) 混饮：$140 \times 10^{-6} \sim 300 \times 10^{-6}$，促生长饲料添加剂量，$5 \times 10^{-6} \sim 10 \times 10^{-6}$

续表

药名	用途	用法与用量
北里霉素	治疗慢性呼吸道病，促进生长，提高饲料报酬	（1）肌内或皮下注射：25～50毫克/千克体重，每天1次 （2）混饲：500×10^{-6}，连用5天。 （3）混饮：300×10^{-6}，连用5天。促生长饲料添加量5.5×10^{-6}～11×10^{-6}
支原净	治疗慢性呼吸道病、传染性滑膜炎、气囊炎、葡萄球菌病	（1）肌内或皮下注射：25毫克/千克体重，每天1次 （2）混饲：治疗量为335×10^{-6}，预防量减半 （3）混饮：治疗量为250×10^{-6}，预防量减半
新生霉素	治疗葡萄球菌病、鸡霍乱、溃疡性肠炎、坏死性肠炎	（1）内服：15～25毫克/千克体重，每天1～2次 （2）混饲：260×10^{-6}～350×10^{-6}，连用5～7天 （3）混饮：130×10^{-6}～210×10^{-6}，连用5～7天
林可霉素	治疗慢性呼吸道病、葡萄球菌病、坏死性肠炎，促进肉鸡生长	（1）肌内或皮下注射，10～20毫克/千克体重，每天1次 （2）口服：15～20毫克/千克体重，每天1次 （3）混饲：300×10^{-6}～400×10^{-6} （4）混饮：130×10^{-6}～240×10^{-6}，促生长饲料添加剂量为2×10^{-6}～4×10^{-6}

续表

药名	用途	用法与用量
制霉菌素	治疗曲霉菌病、念珠菌病、鸡冠癣	(1) 内服：10～15 毫克/千克体重 (2) 混饲：$100\times10^{-6}\sim130\times10^{-6}$，连用7～10天 (3) 气雾：50 万单位/米^3，吸入30～40分钟 (4) 预防混饲：$50\times10^{-6}\sim65\times10^{-6}$，每月喂1周
磺胺二甲基嘧啶磺胺异噁唑	治疗鸡霍乱、白痢、伤寒、副伤寒、传染性鼻炎、大肠杆菌病、葡萄球菌病、链球菌病、李氏杆菌病、球虫病	(1) 肌内注射：0.07～0.15 克/千克体重，每天2～3次，首次量加倍 (2) 混饲：0.5%～1%，连用3～4天 (3) 混饮：0.1%～0.2%，连用3天
磺胺嘧啶	治疗鸡霍乱、白痢、伤寒、副伤寒、大肠杆菌病、李氏杆菌病、卡氏白细胞原虫病	(1) 内服：0.05～0.13 克/千克体重，每天1次，首次量加倍 (2) 肌内或皮下注射：0.05～0.15 克/千克体重，每天1次 (3) 混饲：0.05%～1% (4) 混饮：0.03%～0.06%
磺胺-2，6-二甲氧嘧啶磺胺邻二甲氧嘧啶	治疗鸡霍乱、传染性鼻炎、卡氏白细胞原虫病、球虫病、链球菌病、葡萄球菌病、轻症的呼吸道消化道感染	(1) 内服：0.05～0.13 克/千克体重，每天1次，首次量加倍 (2) 肌内或皮下注射，0.05～0.15 克/千克体重，每天1次 (3) 混饲：0.05%～1% (4) 混饮：0.03%～0.06%

续表

药名	用途	用法与用量
胺喹啉	治疗鸡霍乱、白痢、伤寒、大肠杆菌病、卡氏白细胞原虫病、球虫病等	
磺胺甲基异唑	治疗鸡霍乱、慢性呼吸道病、葡萄球菌病、链球菌病、鸡白痢、伤寒、副伤寒、大肠杆菌病	（1）内服：0.05～0.15 克/千克体重，每天 2 次，首次量加倍 （2）肌内或皮下注射：0.05～0.15 克/千克体重，每天 2 次，首次量加倍 （3）混饲：0.1%～0.3% （4）混饮：0.05%～0.15%
磺胺-5-甲氧嘧啶	治疗鸡霍乱、慢性呼吸道病、鸡白痢、鸡伤寒、副伤寒、球虫病	
磺胺-6-甲氧嘧啶	治疗大肠杆菌病、白痢、伤寒、副伤寒、球虫病	
三甲氧苄胺嘧啶	治疗链球菌病、葡萄球菌病、大肠杆菌病、白痢、伤寒、副伤寒、坏死性肠炎，多与磺胺药配成复方制剂	（1）肌内或皮下注射：20～25 毫克/千克体重，每天 2 次 （2）口服：10 毫克/千克体重，每天 2 次 （3）混饲：200×10^{-6}
二甲氧苄胺嘧啶（敌菌净）复方敌菌净（包括 DVD + SMD）	治疗大肠杆菌病、白痢、伤寒、副伤寒等	预防： （1）口服：10 毫克/千克体重，每天 2 次 （2）混饲：$200\times10^{-6}\sim300\times10^{-6}$ 治疗： （1）口服：20～25 毫克/千克体重 （2）混饲：$200\times10^{-6}\sim500\times10^{-6}$

续表

药名	用途	用法与用量
氟哌酸	治疗鸡霍乱、鸡白痢、伤寒、副伤寒、葡萄球菌病、链球菌病、大肠杆菌病	混饲：$50\times10^{-6}\sim100\times10^{-6}$
喹乙醇	治疗鸡霍乱、鸡大肠杆菌病、鸡白痢、伤寒、副伤寒，并有促进生长、提高饲料利用率和产蛋率的作用	（1）口服：5毫克/千克体重，每天2次 （2）混饲治疗量：$50\times10^{-6}\sim80\times10^{-6}$ （3）饲料促生长添加量：$25\times10^{-6}\sim31\times10^{-6}$
增效磺胺药（包括TMP、SMZ、SMD、SMM、SO、SMP、SDM等）	治疗鸡霍乱、伤寒、白痢、葡萄球菌病、李氏杆菌病、链球菌病、丹毒、大肠杆菌病、球虫病、卡氏白细胞原虫病	（1）肌内或皮下注射：20～25毫克/千克体重，每天1～2次 （2）口服：20～25毫克/千克体重，每天1～2次 （3）混饲：$200\times10^{-6}\sim500\times10^{-6}$
复方泰乐菌素（泰乐加）	治疗大肠杆菌病、鸡白痢、伤寒、副伤寒、慢性呼吸道病及其他呼吸道感染、鼻炎	治疗量：饮水0.2%；预防量：饮水0.1%
高力米先	治疗鸡白痢、鸡伤寒、副伤寒、鸡霍乱、鸡传染性鼻炎、慢性呼吸道病、大肠杆菌病、葡萄球菌病、链球菌病、溃疡性肠炎、坏疽性皮炎、球虫病，并可促生长、缓解应激	预防量：每千克饮水中加入本品0.9～1.8克，连续用药5～7天
地灵霉素合剂	同高力米先。主要作用是促进生长、缓解应激，预防传染病	混饮：预防量为每千克水中加入本品0.625～2.5克，治疗量加倍

续表

药名	用途	用法与用量
威霸先	治疗慢性呼吸道病、传染性滑液囊炎、大肠杆菌病、鸡霍乱、沙门菌病、葡萄球菌病	见说明书
竹桃－四环素	治疗葡萄球菌病、链球菌病、慢性呼吸道病、关节炎，也用于雏鸡的促生长添加剂	混饲：$200\times10^{-6}\sim400\times10^{-6}$；促生长添加量：$3\times10^{-6}$
万能霉素	治疗葡萄球菌病、链球菌病、坏疽性皮炎、溃疡性肠炎、非特异性肠炎，且有促生长添加剂作用	治疗量：混饲每千克饲料加入本品 5 克；混饮每千克加入本品 3 克。预防量减半
施得福	治疗鸡霍乱、大肠杆菌病、白痢、伤寒、副伤寒、葡萄球菌病、坏死性皮炎、溃疡性肠炎、呼吸道继发感染、球虫病、盲肠肝炎	治疗量：混饲每千克饲料加入本品 5 克；混饮每千克饮水加入本品 3 克。预防量减半
鸡宝－20（AF－20）	治疗鸡白痢、伤寒、副伤寒、球虫病	预防量：每千克饮水加入本品 0.3 克，饮 5～7 天，治疗量加倍；混饮 7 天后，改用预防量混饮 7～14 天

（二）抗寄生虫药物

能够驱除或杀灭畜、禽体内外寄生虫的药称抗寄生虫药。根据抗虫作用和寄生虫的分类不同，抗寄生虫药可分为抗原虫药、抗蠕虫药、杀虫药等。

抗寄生虫药的种类繁多，临床上选用应依据以下几个原则：一是选择对虫体毒性作用强，而对鸡体毒性小或副作用轻微的药物；二是应选用对蠕虫的成虫、幼虫及虫卵或原虫、蜘蛛昆虫各发育阶段都具有较高驱杀效果的高效药物；三是选用能驱杀多种不同类别寄生虫的药物；四是选用驱虫药剂量小的药物；五是选用适口性好，使用方便的药物。

在生产实践中，抗寄生虫药的常用投药方法有群体给药法和个体给药法两种。

1. 群体给药法

（1）混饲法：用于驱除鸡体内寄生虫。

（2）混饮法：抗球虫的呋喃唑酮及驱线虫用的左旋咪唑等常用此法。

（3）喷洒法：喷洒于鸡体表及其活动场所，彻底杀死虫体。

（4）撒粉法：寒冷季节无法使用喷洒法时使用。

2. 个体给药法

（1）药浴法：杀死鸡体表外寄生虫。

（2）涂擦法：适用于突变膝螨等外寄生虫。

（3）内服法：驱除体内寄生虫。

（4）注射法：根据不同药物的性质、制剂，鸡只对药物的反应及不同驱虫目的选用不同注射法。养鸡常用的抗寄生虫药物，见表7－4。

表7－4　养鸡常用的抗寄生虫药物

药名	商品名	治疗量	预防量	用法
罗比尼丁	氯苯胍	0.003 3%	0.003 3%	（1）拌入饲料中，连喂3～5天 （2）拌入饲料中，雏鸡15～60日龄连续喂服；商品肉鸡从15日龄起喂至上市前5天止
安普罗林	氨丙啉	0.012 5%	0.025%	（1）拌入饲料中，连喂5天 （2）拌入饲料中，雏鸡15～60日龄，连续喂服

续表

药名	商品名	治疗量	预防量	用法
氯羟吡啶	克球粉	0.025%	0.012 5%	(1) 拌入饲料中，雏鸡7～10日龄喂服 (2) 拌入饲料中，雏鸡15～60日龄连续喂服
马杜拉霉素	加福		0.000 5%	雏鸡1～60日龄，连续喂服；商品肉鸡从1日龄起喂至上市前5天止
莫能菌素	瘤胃素		0.01%～0.012%	雏鸡15～60日龄，连续喂服；商品肉鸡从15日龄起喂至上市前3天止
磺胺喹啉制剂	球杀灵		0.05%～0.1%	拌入饲料中，连喂2～3天
硫双二氯酚		150～200毫克/千克体重		混入饲料中，1次内服
六氯酚		28～50毫克/千克体重		混入饲料中，1次内服
吡喹酮		10～20毫克/千克体重		混入饲料中，1次内服
氢溴酸槟榔碱		3毫克/千克体重		配成0.1%的水溶液，用小胶管插入食管内灌服
丙硫苯咪唑		20毫克/千克体重		拌入饲料中，1次内服

续表

药名	商品名	治疗量	预防量	用法
血防－67		250～300 毫克/千克体重		拌入饲料中，1 次内服
2.5%溴氰菊酯				配成1:80 000 浓度（2.5%溴氰菊酯1 毫升加水8 千克）喷洒或药浴
25%戊酸氰醚酯				用水稀释成1:4 000 的浓度直接向鸡体喷洒，或稀释成1:8 000 的浓度对鸡进行药浴
硝苯酰胺	球痢灵	0.025%	0.012 5%	（1）混入饲料中，连用3～5天 （2）拌入饲料中，雏鸡从15日龄起，连续喂45 天；商品肉鸡上市前5 天停药
沙利诺麦新	盐霉素		0.07%	混入饲料中，雏鸡从15 日龄起连续喂45 天
磺胺－6－甲氧嘧啶	制菌磺	0.2%		拌入饲料中，给药3 天，停2天，再给药3 天
磺胺二甲基嘧啶（SM2）		1%		饮水3～5 天
土霉素		0.02%		拌入饲料中，连喂5 天
青霉素		2 000 单位/只		溶于水中，连用3 天
四咪唑	驱虫净	40 毫克/千克体重		均匀混入饲料中，1 次服用
左咪唑		20 毫克/千克体重		均匀混入饲料中，1 次服用

续表

药名	商品名	治疗量	预防量	用法
阿苯咪唑	丙硫苯咪唑	5～10毫克/千克体重		均匀混入饲料中，1次服用
哔哌嗪	驱蛔灵	250毫克/千克体重		均匀混入饲料中，1次服用
噻苯咪唑		500毫克/千克体重		均匀混入饲料中，1次服用
酚噻嗪	硫化二苯胺	500～1 000毫克/千克体重		拌入饲料中，1次内服，每只鸡不得超过2克
四氯化碳		1～3毫升/只		用细胶管插入食道灌服，或用注射器做嗉囊注射
氯硝柳胺	灭绦灵	150～200毫克/千克体重		混入饲料中，1次内服

注：由于兽药生产厂家众多，即使是同一种药品，其含量也多有不同，在养殖实际使用中，以使用说明为准。本书所提供的用法和用量仅供参考。

（三）鸡常用消毒防腐药

鸡群与各种微生物有密切联系，有些微生物对鸡体有益，但有些对鸡体有害且可以引起各种疾病。为了保证鸡群的健康，常采取一些物理或化学方法消灭这些有害的微生物。常采用的措施有：一是灭菌，指杀死一切微生物及其芽孢和孢子；二是消毒，指用化学药品杀死物体上的病原微生物，用于消毒的化学药品称消毒剂；三是防腐，指利用化学药品或其他方法阻止微生物繁殖和发育。

影响消毒防腐剂作用的因素很多。从药物方面讲，首先，消毒剂对微生物具有选择性，某些药物只对某一部分微生物有作用；其次，消毒剂的作用效果与浓度成正比，但浓度越大对机体的损伤也越大。从微生物方面讲，不同种类微生物对不同消毒剂敏感程度不同。微生物不同存在状态对药剂敏感度也不同。同样条件下微生物数量不同，对消毒剂作用要求也不同。另外，外界环境中的蛋白质、外界温度、酸碱度及消毒剂作用方式、作用时间也与之有密切关系。鸡场常用消毒防腐药，见表7－5。

表7－5　鸡场常用消毒防腐药

药名	用途	用法及注意事项
石炭酸	消毒禽舍、墙壁、地面、用具、运动场、运输车辆	配成3%～5%的浓度，多用于喷洒
煤酚皂溶液（来苏尔）	消毒禽舍、墙壁、地面、用具、粪便	配成3%～5%浓度，用于喷洒；排泄物消毒用5%～10%的浓度；1%～2%浓度消毒手指、皮肤
克辽林（臭药水）	消毒禽舍、墙壁、地面、用具、粪便	配成3%～5%浓度喷洒，10%溶液浸浴鸡脚，治疗石灰脚
氢氧化钠	消毒被病毒或细菌污染的禽舍、器具、墙壁、地面、运输车辆等	常用含氢氧化钠94%左右的粗制碱。常配成2%～3%的浓度。但该溶液对金属、木器、纺织品及人皮肤等有腐蚀性，用时应注意；一般消毒后须用清水冲洗后再用。热碱水消毒效果更好
生石灰（氧化钙）	消毒墙壁、地面、粪池、污水沟等	配成10%～20%的石灰乳喷洒或涂刷，或直接撒用。以新鲜石灰为好，在外久放后吸收二氧化碳变成碳酸钙而失效，所以要现用现配

续表

药名	用途	用法及注意事项
漂白粉（含氯石灰）	消毒禽舍、墙壁、地面、饲槽、饮水器、用具、排泄物、车辆等	3%～5%澄清液消毒饲槽、饮水器等用具，10%～20%乳剂消毒禽舍及排泄物
高锰酸钾（灰锰氧）	主要为饮用；利用氧化性能加速福尔马林蒸发，用作空气消毒	饮用常配成0.1%浓度，空气消毒见福尔马林药物
甲醛	消毒禽舍、用具、孵化室、孵化器、种蛋及出壳雏鸡等	36%～40%甲醛水溶液称为福尔马林，多用作熏蒸消毒。3%～5%溶液用于喷洒。熏蒸消毒每立方米空间用福尔马林15～30毫升，加等量水加热蒸发，或每立方米空间用福尔马林32毫升，高锰酸钾16克，水16毫升，放在瓷、瓦器皿中，混合熏蒸消毒，或减半量消毒孵化器、种蛋等，消毒6小时后打开通气。雏鸡体表熏蒸消毒每立方米用福尔马林7毫升，水3～5毫升，高锰酸钾3.5克
乳酸	消毒空气	每100立方米用6～12毫升，加水稀释成20%浓度，放在器皿中加热，蒸气消毒60分钟后通风排气
过氧乙酸（过醋酸）	消毒禽舍、墙壁、地面、食槽、用具等。可用于带鸡消毒	配成0.2%～0.5%溶液喷雾消毒；也可按每立方米用5～10毫升，配成3%～5%溶液，加热熏蒸消毒室内空气，1～2小时打开门窗。此药性不稳定，高浓度溶液遇热易爆炸，所以，市售18%～20%溶液，无危险
新洁而灭	鸡舍、笼具、器械及种蛋的消毒	市售的2%或5%的浓度，用时稀释成0.1%

续表

药名	用途	用法及注意事项
次氯酸钠（电解盐水）	消毒鸡舍、孵化器及带鸡消毒	配成0.1%浓度
抗毒威（含氯消毒剂）	消毒鸡舍、水槽、饲槽、孵化器及带鸡消毒	1:1 000～1:2 000浓度喷洒、喷雾或浸泡、洗刷
农福	鸡舍及用具	1:100喷洒消毒鸡舍，1:60浸洗消毒器具、车辆等
复合酚	鸡舍、环境等	用1:100或1:300复合酚溶液消毒
百毒杀（双链季铵盐消毒剂）	鸡舍、用具及饮水消毒	一般用1:1 000～1:3 000倍浓度，饮水用1:10 000～1:20 000倍浓度
酒精（乙醇）	外用	70%酒精消毒皮肤、注射针头和体温表等碘酊外用2%或5%碘酊消毒皮肤、伤口，治疗皮肤型鸡痘等
紫药水	外用	1%～2%龙胆紫水溶液或酒精溶液，用以消毒皮肤、外伤，治疗皮肤型鸡痘等
碘甘油	外用	配法：碘化钾2克溶于100毫升蒸馏水中，加碘片3克，使之溶解，加甘油到100毫升即成。可治疗黏膜型鸡痘

（四）常用的生物制品

1. 兽医生物制品 所谓兽医生物制品，是根据免疫学原理，利用微生物本身或其生长繁殖过程中的产物制成的一类药品。包括供预防各种疫病所用的菌苗、疫苗和类毒素；供治疗或紧急预防某些传染病所用的抗病高免血清、高免卵黄液和抗毒素，以及各种供诊断或抗体监测用的诊断液。

（1）疫苗：是指将病毒减弱或灭活后，失去原有的致病性而仍具有良好的抗原性，用于预防病毒引起传染病的一类生物制品。包括：

1）灭活疫苗：用物理或化学的方法将强毒或弱毒株病毒灭活后制成的疫苗。为增强免疫原性，常加入一些佐剂，如氢氧化铝凝胶或白油等。灭活苗安全性好，不散毒，不受母源抗体干扰。但灭活苗用量大，免疫接种以注射为主，费时、费工。油乳苗产生免疫力也慢，且价格高。

2）活毒疫苗：其所用病毒通过筛选自然弱毒株或通过各种方法将毒力减弱到对本动物不致病而仍具良好的免疫原性，注射后动物不发生不良反应且性质稳定。

另外，将两种或两种以上的菌株或毒株混合培养，或分别培养再混合，按一定规程制备，用于预防相应的该两种或两种以上的细菌或病毒性传染病，称为联合苗。如果在制造疫苗时，使用同一种病毒的不同毒株，同一细菌的不同血清型所制成的疫苗或菌苗称多价苗。

（2）菌苗：将致病性细菌杀灭或致弱后而制成，主要用于细菌性传染病。但习惯上疫苗、菌苗都称疫苗。菌苗也分为活菌苗和死菌苗。

（3）高免血清或高免卵黄：鸡对某些疫病所产生的抵抗力以体液免疫为主，用此疫苗反复注射鸡只，使其对该病产生高度抵抗力，高免后动物体液中含有对该病的高效价抗体，该动物血清即为高免血清。这些鸡只所产蛋卵黄中含有高效价的抗体，其卵黄叫高免卵黄。

（4）诊断液：用病原微生物或其生长繁殖过程中的产物，或用特异性抗血清或抗体提取物制备的，用于诊断鸡的某些疫病或监测鸡只抗体水平所用的生物制品。

（5）基因工程技术生产新型疫苗及抗独特型生物制品：近

年来利用分子生物学技术研制产生的新型疫苗日渐增多，主要有：

1）亚单位疫苗：将病原保护性抗原基因重组到质粒噬菌体基因组中，经转化或转导到大肠杆菌、昆虫细胞、酵母细胞及动物细胞中表达生产。

2）活载体疫苗：应用动物病毒弱毒或无毒株作为载体，插入外源抗原基因构成活病毒载体，经感染病毒细胞而产生。

3）基因缺失疫苗：应用基因操作，将病原细胞或病毒中与致病性有关物质的基因序列除去或失活，使之成为无毒株或弱毒株，但仍保存免疫原性。这种基因苗稳定性好，不返毒。

4）核酸疫苗：一种病原微生物的抗原遗传物质，经质粒载体 DNA 接种给动物，能在动物体细胞中经转录转译合成抗原物质，刺激动物产生保护性免疫应答。此种疫苗不产生不良反应。

5）抗独特型抗体疫苗：由免疫球蛋白诱发产生抗体。可用于抗感染和诊断疾病。

（6）细胞因子及其诱导剂：随着基因工程技术的发展，细胞因子产品及其诱导剂在畜禽养殖生产中逐渐得到推广应用。目前常用的细胞因子产品主要有：

1）白细胞介素 2：由 T 淋巴细胞分泌的一种重要的淋巴因子，它可以促进 T 淋巴细胞、B 淋巴细胞的增殖、分化，并可增强 NK 细胞、单核细胞等细胞的杀伤活性，在免疫应答系统中起着极其重要的调节作用。在临床上具有增强免疫和抗感染、抗病毒、抗肿瘤的作用。

2）干扰素及其诱导剂：干扰素（IFN）是由细胞分泌的一种生物活性物质，因其可干扰病毒的复制，因而命名为干扰素。根据其来源和对酸的耐受程度，将干扰素分为Ⅰ型和Ⅱ型。Ⅰ型在 pH 值 2 的条件下活性仍稳定，其中由病毒感染的白细胞产生的干扰素称为白细胞干扰素，而由病毒感染的、成纤维细胞产生的干扰素称为成纤维细胞干扰素。Ⅱ型干扰素主要由抗原或丝裂原刺激的免疫细胞产生，所以又称免疫干扰素。后来，又根据干扰素分子结构和抗原性的差异，将白细胞干扰素、成纤维细胞干扰素和免疫干扰素分别命名为 IFN－α、IFN－β 和 IFN－γ。干扰素的抗病毒作用，是通过与敏感细胞表面上的受体结合，激活了目标细胞内的“抗病毒蛋白基因”，于是在细胞内合成“抗病毒蛋白”（AVP），这种“抗病毒蛋白”能切断病毒 mRNA 和抑制病毒蛋白质的翻译和子代 RNA 的合成，使敏感细胞呈现抗病毒状态。干扰素具有种属特异性。干扰素诱导剂主要有聚肌苷、聚胞苷等大分子物质、植物血凝素、弱毒病毒疫苗等。

3）转移因子：转移因子（TF）是具有免疫活性的 T 淋巴细胞在抗原或丝裂原的刺激下释放的一类可透析的小分子多肽。TF 携带有致敏淋巴细胞的特异性免疫信息，并且能够将其递呈给受体淋巴细胞，使受体无活性的淋巴细胞转变为特异性致敏淋巴细胞，从而激发受体细胞介导的免疫反应。转移因子无种属特异性。

4）其他：目前常用的主要有囊素、肿瘤坏死因子、趋化因子、抗菌肽、防御素以及小分子生物活性肽等细胞因子产品。

养鸡场常用疫苗及使用方法，见表 7－6。

表 7－6　养鸡场常用疫苗及使用方法

名称	用途	用法	免疫期	注意事项
鸡新城疫Ⅰ系活疫苗	中等毒力苗，供经过鸡新城疫弱毒疫苗免疫过的鸡应用	1 000 倍稀释注射 1 毫升，100 倍稀释皮下刺种两下，也可供发生鸡新城疫群紧急接种用。也可气雾免疫用	注射苗后 72 小时产生免疫力，免疫期 1 年	没经过弱毒疫苗免疫过的雏鸡不能用；对纯种鸡有反应；产蛋鸡免疫可能影响产蛋，产软壳蛋

续表

名称	用途	用法	免疫期	注意事项
鸡新城疫Ⅱ系活疫苗	预防鸡新城疫	10倍稀释后滴鼻、点眼、注射、饮水或气雾免疫	7~9天产生免疫力，免疫期受多种因素影响，3~6周不等	免疫后10天应监测抗体，滴度没上升时应继续免疫，并采取必要的措施
鸡新城疫Ⅲ系（F系）活疫苗	预防鸡新城疫	10倍稀释后滴鼻、点眼用。也可气雾免疫用	7~9天产生免疫力，免疫期受多种因素影响，3~6周不等	免疫后10天应监测抗体，没上升时应继续免疫。该苗生产少，应用少
鸡新城疫Ⅳ系（La-Sota）活疫苗	预防鸡新城疫	10倍稀释后滴鼻、点眼、饮水，可气雾免疫	7~9天产生免疫力，免疫期受多种因素影响，3~6周不等	免疫后10天应监测抗体。该苗免疫原性好，应用较多
鸡新城疫油乳剂灭活疫苗	预防鸡新城疫	雏鸡0.25毫升，成鸡0.5毫升，皮下注射	注射苗后2周产生免疫力，免疫期3~6个月不等	必须逐只注射，剂量一定要准确，严禁冻结保存；免疫后仍需要进行监测。疫苗质量影响免疫期
鸡马立克病疫苗（火鸡疱疹病毒苗，HVT）	预防鸡马立克病	1日龄雏鸡皮下或肌内注射0.02毫升，含2000个以上蚀斑单位	免疫期为1.5年。免疫后2~3周产生免疫力	（1）一定要使用专用的稀释液 （2）疫苗稀释后必须在1小时内注射完 （3）雏鸡免疫力产生前，严防鸡舍环境污染鸡马立克病强毒

续表

名称	用途	用法	免疫期	注意事项
814 细胞结合冷冻疫苗（湿毒）	预防鸡马立克病	1 日龄皮下或肌内注射 0.2 毫升	免疫期为 1 年半。注苗后 8 天产生免疫力	同鸡马立克病疫苗；液氮中（-196 ℃）保存和运输；从液氮中取出疫苗迅速放入 38 ℃左右温水中，溶化后稀释应用；用时摇动疫苗，混匀
鸡马立克病二价冷冻疫苗	预防高发区鸡马立克病	1 日龄皮下或肌内注射 0.2 毫升。0.2 毫升中含Ⅰ、Ⅱ型毒共 3 000 个蚀斑单位以上	免疫期为 1 年半。免疫后 10 天产生免疫力	（1）二价苗浸在液氮中（-196 ℃）保存 （2）使用专用的稀释液稀释 （3）疫苗稀释后必须在 1 小时内注射完 （4）雏鸡免疫力产生前，严防鸡舍、环境污染鸡马立克病强毒
鸡马立克病三价冷冻疫苗	预防高发区鸡马立克病	注射同二价苗。含Ⅰ、Ⅱ、Ⅲ型 3 000 个蚀斑单位以上	免疫期为 1 年半。免疫后 10 天产生免疫力	注意事项同二价苗

续表

名称	用途	用法	免疫期	注意事项
鸡传染性法氏囊病活疫苗（中等毒力）	预防法氏囊病	供有母源抗体的雏鸡饮水免疫用，也可用滴眼及口服法免疫，首次免疫在2周龄左右，二次免疫于3周后进行	3~5个月	（1）免疫前应按规定用琼脂扩散法测定母源抗体 （2）免疫前后应严格消毒，将鸡舍及环境中的传染性法氏囊病病毒降至最低程度，才能保证免疫效果
鸡传染性法氏囊病活疫苗（弱毒力）	预防法氏囊病	供无母源抗体的雏鸡在1~7日龄经饮水或点眼、口服用，二次免疫2周后进行	2~3个月	免疫前后应对鸡舍及环境进行严格消毒，将传染性法氏囊病病毒降至最低程度
鸡传染性法氏囊病灭活疫苗	通过种蛋传递母源抗体，保护雏鸡在3~4周龄不患法氏囊病	对经过二次活疫苗免疫过的种母鸡，在18~20周龄和40~42周龄时颈部皮下注射	10个月	在40~42周龄时注射第二次灭活苗后，才能保证产蛋后期的种母鸡有较高的母源抗体，并使子代抗体均匀一致
鸡痘鹌鹑化弱毒冻干活疫苗	预防鸡痘	按规定稀释后在翅下刺种，按说明书规定的稀释倍数并刺种	雏鸡2个月，大鸡5个月	接种苗后10天抽检0.5%的鸡，刺种部有痘痂形成则有效；否则，应重新接种

续表

名称	用途	用法	免疫期	注意事项
鸡痘弱毒冻干苗	预防鸡痘	按含毒实量，用50%甘油磷酸缓冲盐水稀释50倍，20日龄以下鸡刺种一下，20日龄以上刺种两下，60日后再刺一下	雏鸡2个月，大鸡5个月	接种苗后10天抽检0.5%的鸡，刺种部有痘痂形成则有效；否则，应重新接种
鸡传染性支气管炎疫苗H52	用于4周龄以上的鸡	滴鼻或饮水	5~6个月	本疫苗中等毒力，适用于经过H120免疫过的鸡应用。对肾毒株引起的肾型传染性支气管炎无效
传染性支气管炎、鸡新城疫二联活疫苗	预防鸡新城疫和鸡传染性支气管炎	（1）1日龄以上用H120+Ⅱ系二联苗进行滴鼻，饮水用量加倍 （2）4周后用H52+Ⅱ系二联苗饮水免疫 （3）4个月后用H52+Ⅰ系二联苗饮水免疫	1年	饮水免疫中不得使用金属饮水器；不用含氯的清洁水稀释疫苗；水中应加入0.5%的脱脂奶粉；根据日龄计算饮水量

续表

名称	用途	用法	免疫期	注意事项
鸡新城疫、传染性支气管炎、鸡痘三联活疫苗	预防雏鸡的这3种病	按瓶签上标明的羽份或含毒组织，用生理盐水做100倍稀释，做注射或点眼、滴鼻或刺种	约60天	在翅内侧无血管处皮下注射0.1毫升，或点眼、滴鼻1滴，或刺种2针，在第一次接种后20天，再用同样方法接种1次
鸡传染性喉气管炎弱毒活疫苗	预防鸡传染性喉气管炎	对8~10周龄的鸡经点眼、滴鼻或饮水接种	6个月	本疫苗毒力较强，不得用于8周龄以下的鸡，没发生过本病的地区不要使用此苗
鸡脑脊髓炎弱毒活疫苗	免疫种鸡，传递母源抗体，保护雏鸡	对10周龄及产蛋前1个月鸡饮水免疫	保护子代鸡6周龄内不发生本病	本疫苗对4周龄内的雏鸡毒力较强，使用中严防传染给易感雏鸡
鸡传染性支气管炎疫苗H120	预防3周龄以内鸡的支气管炎	滴鼻或饮水	3~4周	本疫苗弱毒力适用于1月龄的鸡，对肾毒株引起的肾型传染性支气管炎无效
产蛋下降综合征（EDS－76）灭活疫苗	预防EDS－76	上笼时（120~140日龄）皮下注射0.5毫升	1年以上	EDS－76主要在产蛋高峰期发病，上笼时注苗后，可避免发病

续表

名称	用途	用法	免疫期	注意事项
鸡葡萄球菌多价灭活苗	预防雏鸡葡萄球菌病	20日龄以内雏鸡皮下注射	1～1.5个月	免疫期不长，免疫后可保护易感鸡（40～60日龄）少发病
副鸡嗜血杆菌灭活油佐剂苗	预防鸡传染性鼻炎	30～40日龄的鸡肌内注射0.3毫升，120日龄左右再重复注射0.5毫升	大鸡6个月以上，40日龄以下鸡为3个月	根据疫情，必要时才免疫注射
禽霍乱灭活疫苗	预防禽霍乱	2月龄以下鸡肌内注射2毫升	3个月	为A群多杀性巴氏杆菌菌液，经甲醛灭活后，加氢氧化铝胶制成，用时摇匀，防止冻结
禽霍乱油浮剂灭活禽霍乱氢氧化铝弱毒疫苗菌苗	预防禽霍乱	2月龄以上鸡颈部皮下或肌内注射1毫升	6个月	严禁冻结保存
	预防禽霍乱	对3月龄的鸡注射0.5毫升含2 000万个活菌	3个半月	必须使用专用的20%氢氧化铝胶生理盐水稀释。若第一次注射后8～10天再注射1次，可使免疫力提高并延长

参 考 文 献

[1] 康相涛，崔保安，赖银生，等. 实用养鸡大全. 郑州：河南科学技术出版社，2007.
[2] 杨宁. 家禽生产学. 北京：中国农业出版社，2002.
[3] 杨志勤. 家禽安全生产与疫病防治新技术. 成都：四川科学技术出版社，2006.
[4] 文杰. 畜禽健康养殖. 北京：中国农业科学技术出版社，2007.
[5] 林伟. 蛋鸡高效健康养殖关键技术. 北京：化学工业出版社，2009.
[6] 高玉鹏，胡建宏. 无公害蛋鸡安全生产手册. 北京：中国农业出版社，2008.
[7] 臧素敏. 鸡高效养殖教材. 北京：金盾出版社，2008.
[8] 陈宝江. 畜禽营养与饲料. 北京：金盾出版社，2009.